国　家　级　职　业　教　育　规　划　教　材
人力资源和社会保障部职业能力建设司推荐
高等职业技术院校机电一体化技术专业任务驱动型教材

装配钳工技术

主　编　李　伟

中国劳动社会保障出版社

简介

本书主要内容包括：钳工基本操作、常用机构装配、部件装配、车床总装配。

本书由李伟主编，李永湧副主编，奚泉、吴鸿燕、汪涛、刘赣华、徐海青参加编写，吴利明主审。

图书在版编目(CIP)数据

装配钳工技术/李伟主编. —北京：中国劳动社会保障出版社，2013
高等职业技术院校机电一体化技术专业任务驱动型教材
ISBN 978-7-5167-0310-6

Ⅰ.①装… Ⅱ.①李… Ⅲ.①安装钳工-高等职业教育-教材 Ⅳ.①TG946

中国版本图书馆 CIP 数据核字(2013)第 067704 号

中国劳动社会保障出版社出版发行
（北京市惠新东街 1 号　邮政编码：100029）
出 版 人：张梦欣

*

北京市科星印刷有限责任公司印刷装订　　新华书店经销
787 毫米 ×1092 毫米　16 开本　13.5 印张　309 千字
2013 年 7 月第 1 版　　2024 年 12 月第 8 次印刷
定价：25.00 元

营销中心电话：400-606-6496
出版社网址：http://www.class.com.cn
http://jg.class.com.cn

前言

为了更好地满足企业对机电一体化技术专业高技能人才的需求，全面提升教学质量，人力资源和社会保障部教材办公室组织全国有关院校的一线教学专家、企业技术专家，在充分调研企业生产实际和学校教学需求的基础上，精心编写了高等职业技术院校机电一体化技术专业教材。本套教材紧紧围绕机电产品装调、机电产品维护、机电产品技改等岗位的要求，参照《国家职业标准·维修电工》《国家职业标准·装配钳工》《国家职业标准·数控机床装调维修工》等国家职业标准，以及企业机电一体化设备装调、维护、技改的基本工作流程，确定以机电产品装调能力、机电产品维护能力、机电产品技改能力培养为主要教学目标。

本套教材选用数控机床设备及自动化生产线设备这两类常用的机电一体化设备作为主要教学载体，并通过三个阶段实现对机电一体化产品的装调、维护、技改能力的培养。

第一阶段为基础通用能力培养。主要通过《机械制图与 AutoCAD 绘图》《机电电路制图与 CAD 绘图》《机械基础》《装配钳工技术》《电工电子技术》《机械制造技术》的教学，使学生能读懂机电一体化设备的机械机构图样、电气与电子电路图样并具备一定的图样绘制能力，能进行常用机械机构、电气与电子电路的装调、维护、技改工作，以及掌握检验机床设备加工精度的基本机械加工技术。

第二阶段为分系统装调、维护、技改能力培养。主要通过《气动液压传动技术》（机械运动系统），《电机控制技术》（伺服拖动系统），《传感器应用技术》（信号检测系统），《PLC 应用技术》《单片机应用技术》（电气控制系统）的教学，使学生能够熟练地进行对应分系统的装调、维护、技改工作。

第三阶段为全系统装调、维护、技改能力培养。在具备基础通用能力以及分系统装调、维护、技改能力的基础上，主要通过《数控设备装调诊断技术》《自动化生产线设备装调诊断技术》的教学，使学生能熟练地进行机电一体化设备的全系统装调、维护、技改工作。

在教材内容的组织上，采用任务驱动的编写思路。在教材的每一单元，首先提出具体的学习任务，使学生明确目标，产生学习的积极性；然后结合具体实例，讲解完成任务所需要的相关知识，使学生的认识由感性上升到理性；在任务实施环节，详细介绍完成任务的步骤和注意事项，使学生能够顺利完成任务，增强学生的成就感。

为方便教学，本套教材均配有免费电子课件，可在中国人力资源和社会保障出版集团网站（www. class. com. cn）下载。其中《机械制图与 AutoCAD 绘图》《机械基础》《电工电子技术》《机械制造技术》《气动液压传动技术》等专业基础课还配有习题册。

在本套教材的编写过程中，得到了有关省市人力资源和社会保障部门、高等职业技术院校和相关企业的大力支持，教材的编审人员做了大量的工作，在此表示衷心的感谢！同时，恳切希望广大读者对教材提出宝贵的意见和建议。

人力资源和社会保障部教材办公室

2012 年 6 月

目录

模块一 钳工基本操作

钳工是切削加工、机械装配和修理作业中的手工作业，是机械制造中最古老的金属加工技术，因常在钳工台上用台虎钳夹持工件操作而得名。19 世纪以后，随着各种机床的发展和普及，虽然大部分钳工作业实现了机械化和自动化，但在机械制造过程中钳工仍是广泛应用的基本技术。其原因是：划线、刮削、研磨和机械装配等钳工作业，至今尚无适当的机械设备可以全部代替；某些最精密的样板、模具、量具和配合表面（如导轨面和轴瓦等），仍依靠工人的手艺做精密加工；在单件小批生产、修配工作或缺乏设备条件的情况下，采用钳工制造某些零件仍是一种经济实用的方法。

一、钳工的主要任务

钳工是使用钳工工具或设备，按技术要求进行零件的划线与加工、机器的装配与调试、设备的安装与维修及工具的制造与修理等工作的工种，应用在以机械加工方法不方便或难以解决的场合。其特点是以手工操作为主、灵活性强、工作范围广、技术要求高，操作者的技能水平直接影响产品质量。钳工的主要任务是：

1. 零件的加工

如零件加工过程中的划线、精密加工（如刮削、研磨、锉削样板和制作模具等）以及检验和修配等。

2. 工具的制造和修理

制造和修理各种工具、夹具、量具、模具及各种专用设备。

3. 机器的装配与调试

把零件按照装配技术要求进行装配，并经调整、检验和试车等，使之成为合格机械设备。

4. 设备的安装与维修

当机械设备在使用过程中发生故障、出现损坏或长期使用后精度降低，影响使用时，可由钳工进行维护、修理及安装。

二、钳工的种类及基本操作技能

钳工的工作范围非常广泛，需要掌握的技术理论知识和操作技能也较为复杂。目前，我国《国家职业标准》将钳工划分为装配钳工、机修钳工和工具钳工三类。

1. 装配钳工

主要从事工件加工、机器设备的装配、调整。

2. 机修钳工

主要从事机器设备的安装、调试和维修。

3. 工具钳工

主要从事工具、夹具、量具、辅具、模具、刀具的制造和修理。

尽管分工不同，但无论哪类钳工，都应当掌握扎实的专业理论知识，具备精湛的操作技艺，如划线、錾削、锯削、锉削、钻孔、扩孔、锪孔、铰孔、攻螺纹、套螺纹、矫正、弯形、铆接、刮削、研磨以及机器装配调试、设备维修、基本测量和简单的热处理等。

任务1 划　　线

◆ **教学目标**

◎ 了解划线的作用和划线基准的概念

◎ 掌握复杂零件的划线基准与找正基准

◎ 能够正确选择划线基准

◎ 能够正确操作划线工具

◎ 能够合理确定复杂零件的划线方法

◎ 掌握找正与借料

◎ 掌握平面划线与立体划线的方法

划线是指在毛坯或工件上，用划线工具划出待加工部位的轮廓线或作为基准的点和线。如图1—1—1所示，这些点和线标明了工件某部分的形状、尺寸或特性，并确定了加工的尺寸界线。

在机械加工中，划线主要用于下料、锉削、钻削及车削等加工工艺中。在机械加工前，一些形状复杂的毛坯和半成品工件，需要划出基准线和加工界线，作为校正和加工的依据。通过划线还能及时发现和处理不合格的毛坯件，避免加工后造成损失。对于误差不大的毛坯件，往往又可依靠划线时借料的方法予以补救，使加工后的零件仍能符合要求。

划线分平面划线和立体划线两种。只需要在工件的一个表面上划线即能明确表示加工界线的，称为平面划线，如图1—1—1所示。需要在工件的几个互成不同角度（通常是互相垂直）的表面上划线，才能明确表示加工界线的，称为立体划线，如图1—1—2所示。

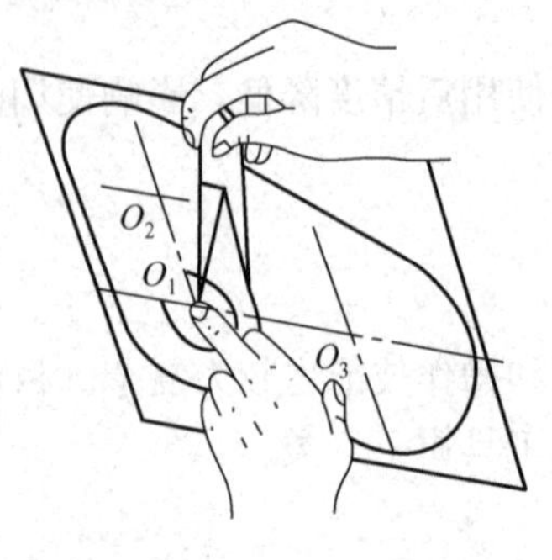

图1—1—1　平面划线

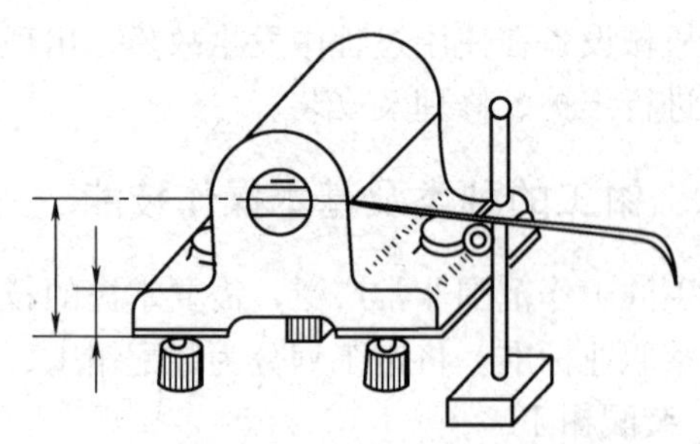

图1—1—2　立体划线

子任务1.1 平面划线

任务提出

用划线工具在工件毛坯上划出如图1—1—3所示的零件加工图，已知毛坯尺寸为120 mm×120 mm×2 mm。

任务分析

该零件以两条互相垂直的中心线为划线基准，在划线时应尽量使划线基准与设计基准重合一致，以减少换算过程，提高划线精度。划线时圆心的位置应准确，圆弧的内外相切、圆弧与直线的连接应圆滑。

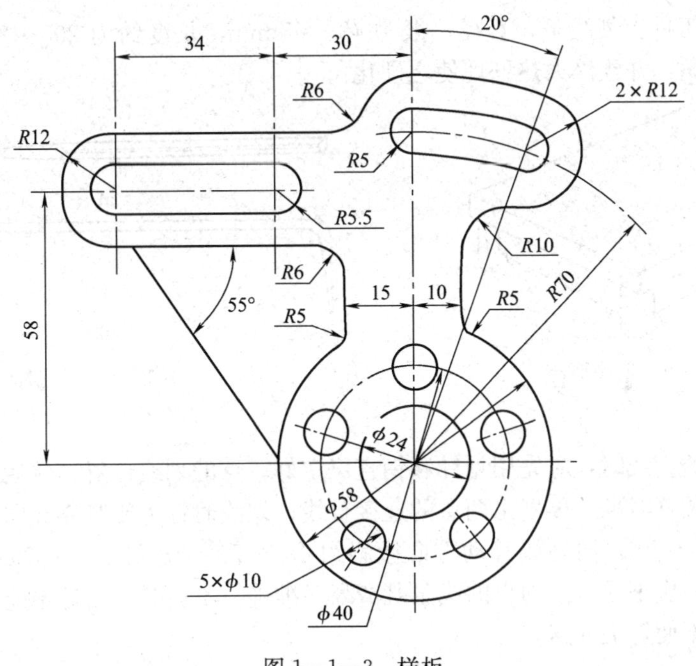

图1—1—3 样板

相关知识

一、平面划线工具及其使用方法

常用的平面划线工具包括钢直尺、划线平台、划针、90°角尺、划规、样冲、划线盘、游标高度尺等。

1. 钢直尺

钢直尺是一种简单的测量工具和划线的导向工具，其规格有30 mm、150 mm、500 mm和1 000 mm等。钢直尺的使用方法如图1—1—4所示。

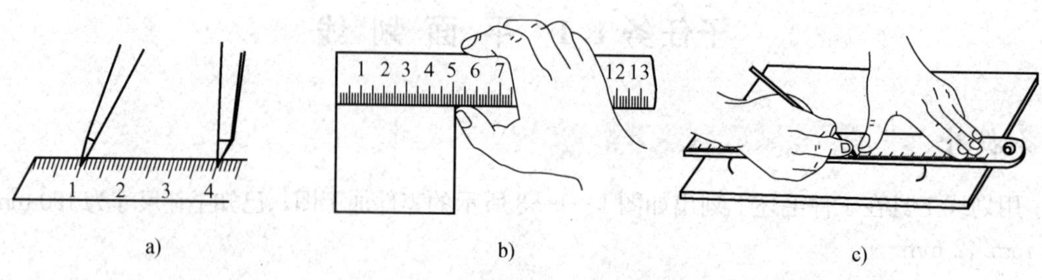

图 1—1—4　钢直尺的使用方法

a）量取尺寸　b）测量尺寸　c）划直线

2．划线平台（又称划线平板，见图 1—1—5）

划线平台的作用是用来安放工件和划线工具，并在其工作面上完成划线及检测过程。

3．划针（见图 1—1—6）

划针用来在工件上划线条，直径一般为 $\phi3\sim\phi5$ mm，长度约为 200～300 mm，尖端磨成 15°～20°的尖角，并经淬火热处理使之硬化。

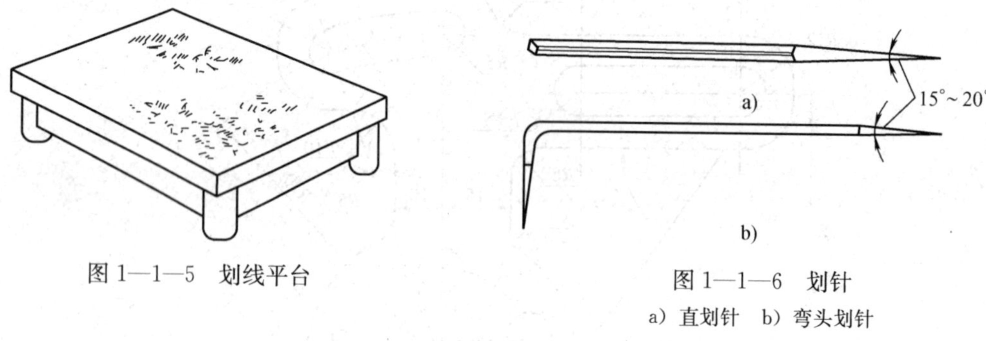

图 1—1—5　划线平台

图 1—1—6　划针

a）直划针　b）弯头划针

划连接两点的直线时，应先用划针和钢直尺定好一点的划线位置，然后调整钢直尺使之与另一点的划线位置对准，再划出两点的连接直线；划线时针尖要紧靠导向工具的边缘，上部向外侧倾斜 15°～20°，向划线移动方向倾斜约 45°～75°（见图 1—1—7）；针尖要保持尖锐，划线要尽量一次划成，使划出的线条既清晰又准确。不用时，划针不能插在衣袋中，必须套上塑料管而不使针尖外露。

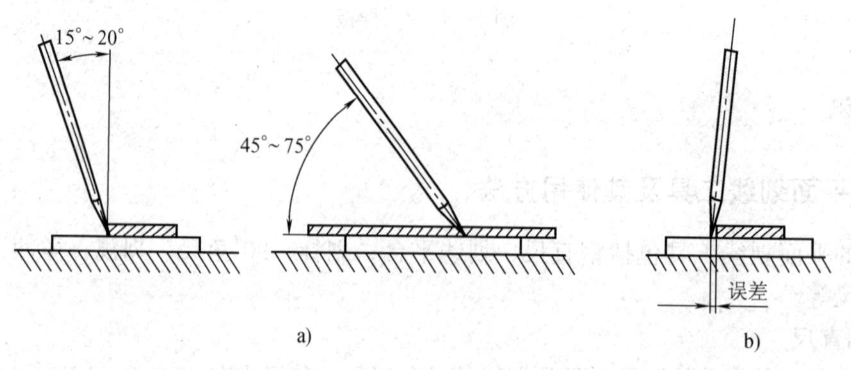

图 1—1—7　划针的使用方法

a）正确　b）错误

4. 90°角尺（见图 1—1—8a）

90°角尺是钳工常用的测量工具，划线时常用作划平行线（见图 1—1—8b）或垂直线（见图 1—1—8c）的导向工具，也可用来找正工件在划线平台上的垂直位置。

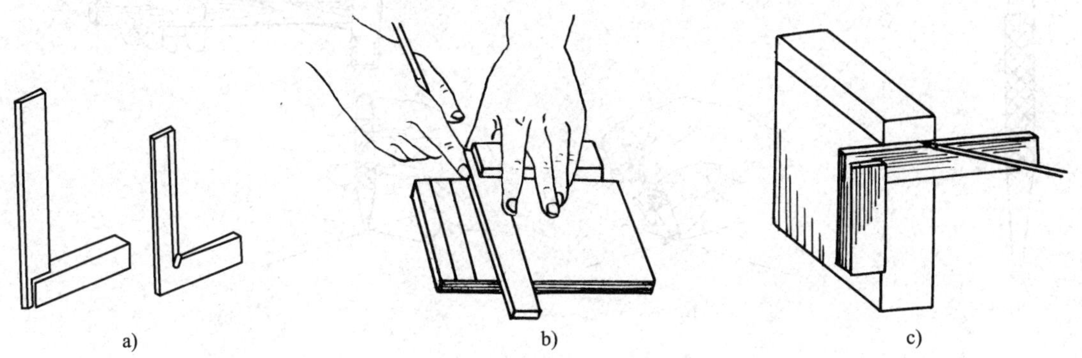

图 1—1—8 90°角尺及其使用方法
a）90°角尺 b）用 90°角尺划平行线 c）用 90°角尺画垂直线

5. 划规（见图 1—1—9）

划规用来划圆和圆弧、等分线段、等分角度以及量取尺寸等。在滑杆上调整两个划规脚，即可获得所需的尺寸。

使用时，划规两脚的长短要磨得稍有不同，而且两脚合拢时脚尖能靠紧，这样才可以划出尺寸较小的圆弧。划规的脚尖应保持尖锐，以保证划出的线条清晰。用划规划圆时，作为旋转中心的一脚应加以较大的压力，另一脚则以较小的压力在工件表面上划出圆或圆弧（见图 1—1—10），以避免中心滑动。

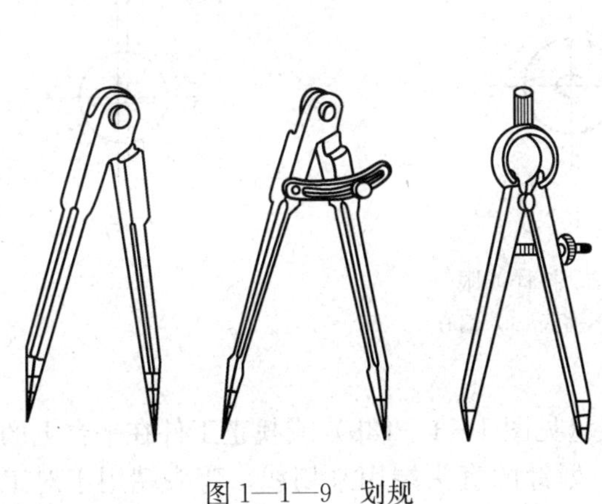

图 1—1—9 划规

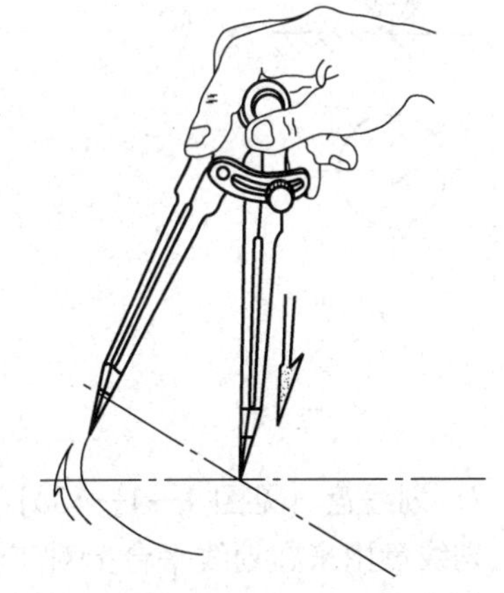

图 1—1—10 用划规划圆

6. 样冲（见图 1—1—11a）

样冲用于在加工线条上打样冲眼（冲点），作加强界线标志，或作划圆弧、钻孔时的定位中心（称中心样冲眼）。

开始打样冲眼时，样冲向外倾斜（见图 1—1—11b），使样冲尖端对正线的中部，然后直立样冲，用小锤子打击样冲顶部（见图 1—1—11c）。薄壁零件要轻打，粗糙表面要重打，精加工过的表面禁止打样冲眼。

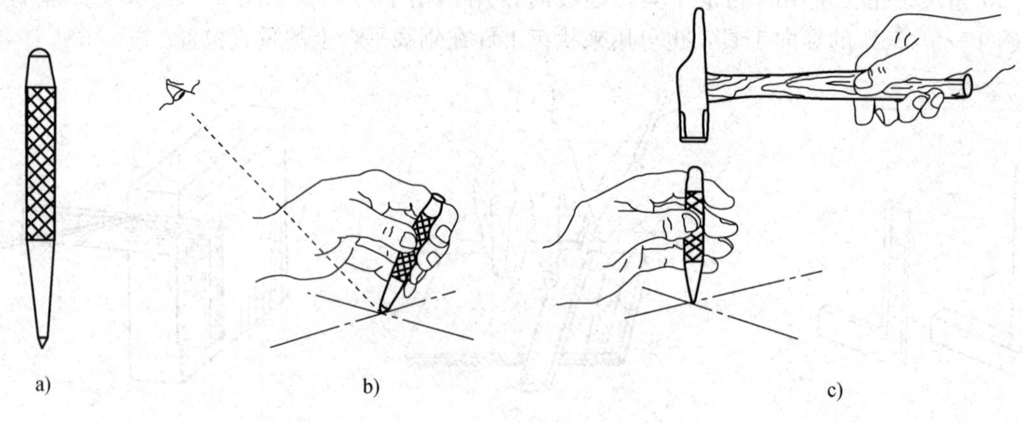

图 1—1—11　样冲及其使用方法

a）样冲　b）样冲对正　c）打样冲眼

冲点时，位置要准确，不可偏离线条（见图 1—1—12）。在曲线上冲点距离要小些，如直径小于 ϕ20 mm 的圆周线上应有 4 个冲点，而直径大于 ϕ20 mm 的圆周线上应有 8 个以上冲点；在直线上冲点距离可大些，但短直线上至少应有 3 个冲点；在线条的交叉转折处必须冲点；冲点的深浅要适当，在薄壁上或光滑表面上冲点要浅，在粗糙表面上冲点要深些。

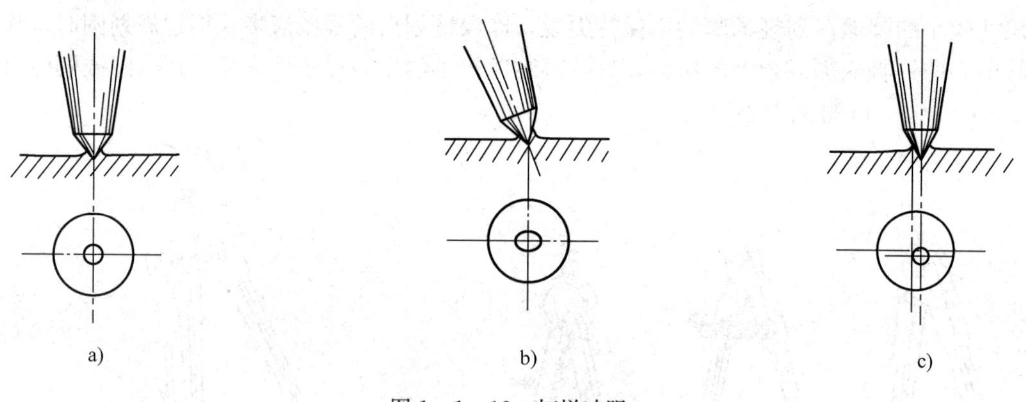

图 1—1—12　打样冲眼

a）正确　b）不垂直　c）偏心

7. 划线盘（见图 1—1—13a）

划线盘用来在划线平台上对工件进行划线（见图 1—1—13b）或找正工件在平台上的正确安放位置（见图 1—1—13c）。一般情况下，划针的直头端用来划线，弯头端用于对工件安放位置的找正。

8. 游标高度尺（见图 1—1—14a）

游标高度尺是一种既能划线又能测量的工具。它附有划线脚，能直接表示出高度尺寸，其读数精度一般为 0.02 mm，可作为精密划线工具。其使用方法如图 1—1—14b 所示。

使用前，应将划线刃口平面下落，使之与底座工作面相平行，再看尺身零线与游标零线是否对齐，零线对齐后方可划线。游标高度尺的校准可在精密平板上进行。

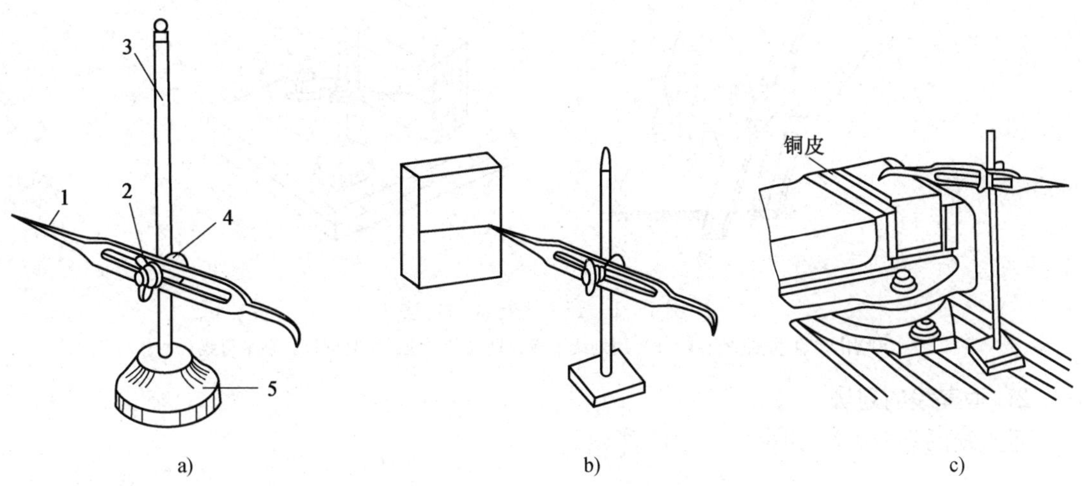

图 1—1—13　划线盘及其使用方法

a）划线盘　b）用划线盘划线　c）用划线盘找正

1—划针　2—锁紧螺母　3—立柱　4—升降块　5—底座

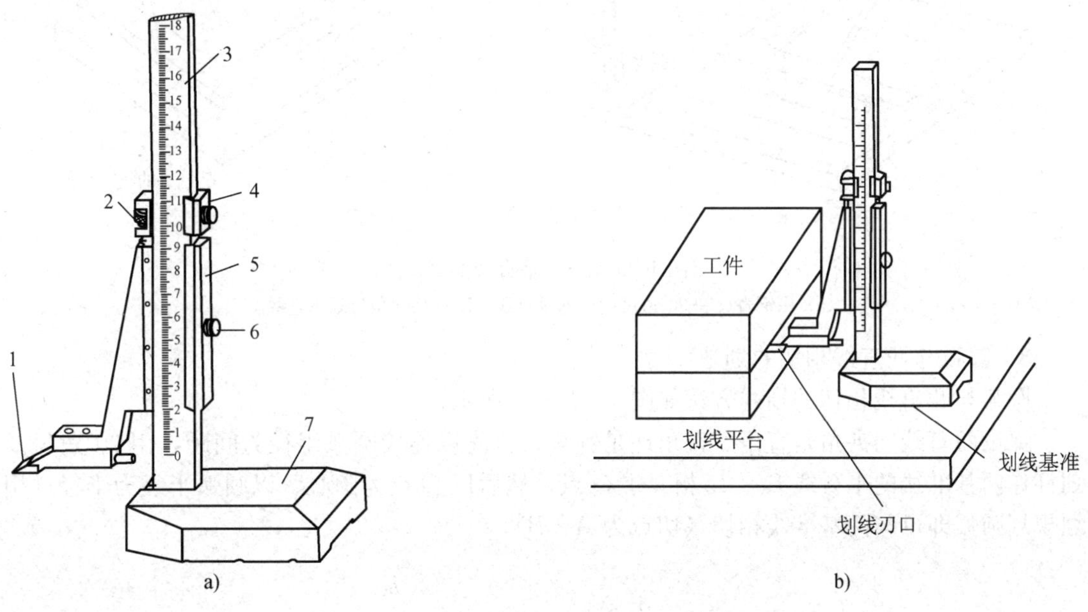

图 1—1—14　游标高度尺及其使用方法

a）游标高度尺　b）用游标高度尺划线

1—量爪　2—微调螺母　3—尺身　4—微调装置　5—游标　6—紧固螺母　7—底座

二、基本线条的划法

1. 平行线的划法

平行线的划线方法如图 1—1—15 所示。

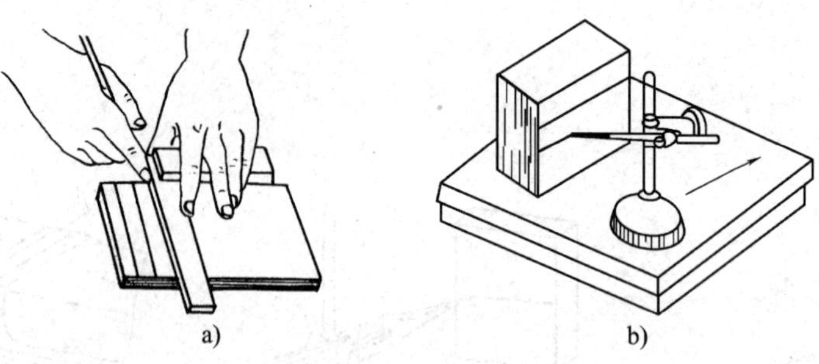

图 1—1—15　平行线的划法

a）用 90°角尺划平行线　b）用划线平板、划线盘（或游标高度尺）划平行线

2．垂直线的划法

垂直线的划线方法如图 1—1—16 所示。

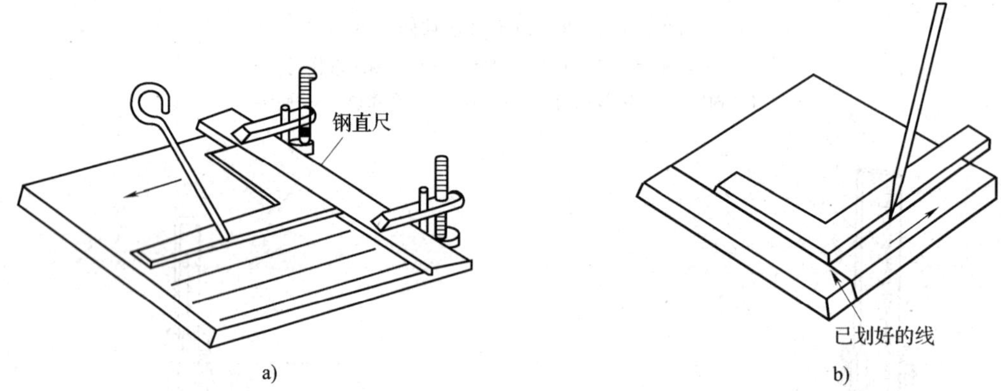

图 1—1—16　垂直线的划法

a）用钢直尺和 90°角尺配合划垂直线　b）用 90°角尺划垂直线

3．圆弧与两直线相切的划法

圆弧与两直线相切的划线方法如图 1—1—17 所示。

无论两直线间夹角是直角、锐角还是钝角，首先以连接圆弧半径为间距，用 90°角尺及划针作两基准线的平行线 L_1、L_2 相交于 O 点，然后以 O 点为圆心、以圆弧半径为半径，用划规划圆弧即可与两基准线相切（切点为 A、B）。

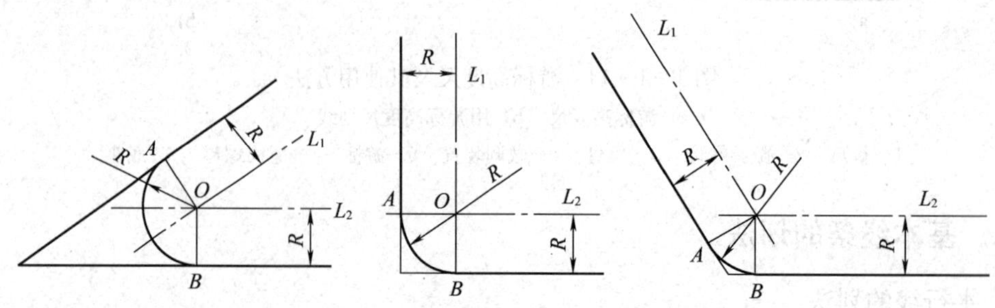

图 1—1—17　圆弧与两直线相切的划法

4．圆弧与两圆相切的划法

图 1—1—18a 为两圆之间外切的圆弧线划法。分别以 O_1 和 O_2 为圆心，以 R_1+R 及 R_2+R 为半径作圆弧交于 O 点；再以 O 为圆心，R 为半径作圆弧。

图 1—1—18b 为两圆之间内切的圆弧线划法。分别以 O_1 和 O_2 为圆心，以 $R-R_1$ 及 $R-R_2$ 为半径作圆弧交于 O 点；再以 O 为圆心，R 为半径作圆弧。

图 1—1—18c 为一圆外切、一圆内切的圆弧线划法。分别以 O_1 和 O_2 为圆心，以 $R-R_1$ 及 $R+R_2$ 为半径作圆弧交于 O 点；再以 O 为圆心，R 为半径作圆弧。

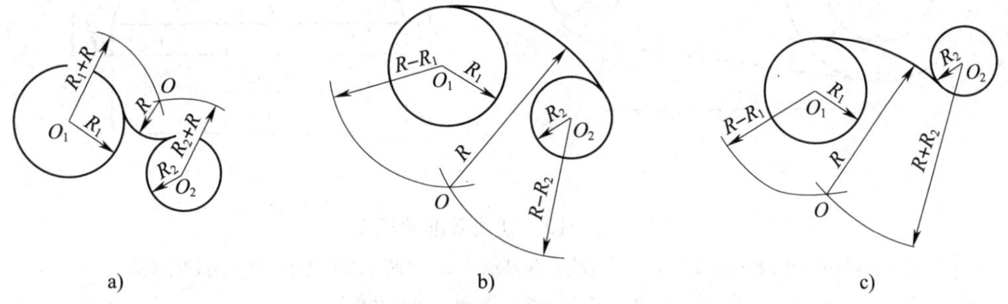

图 1—1—18　圆弧与两圆相切的划法

a）两圆间外切　b）两圆间内切　c）一圆外切、一圆内切

三、划线基准的选择

所谓基准，就是工件上用来确定其他点、线、面的位置所依据的点、线、面。设计时，在图样上所选定的基准，称为设计基准。划线时，在工件上所选定的基准，称为划线基准。划线应从划线基准开始。划线基准选择的基本原则是应尽可能使划线基准与设计基准相一致。

划线基准一般有以下三种选择类型：

（1）以两个互相垂直的平面（或直线）为基准，如图 1—1—19a 所示。

（2）以两条互相垂直的中心线为基准，如图 1—1—19b 所示。

（3）以一个平面和一条中心线为基准，如图 1—1—19c 所示。

划线时，在工件的每一个方向都需要选择一个划线基准。因此，平面划线一般选择 2 个划线基准；立体划线一般选择 3 个划线基准。

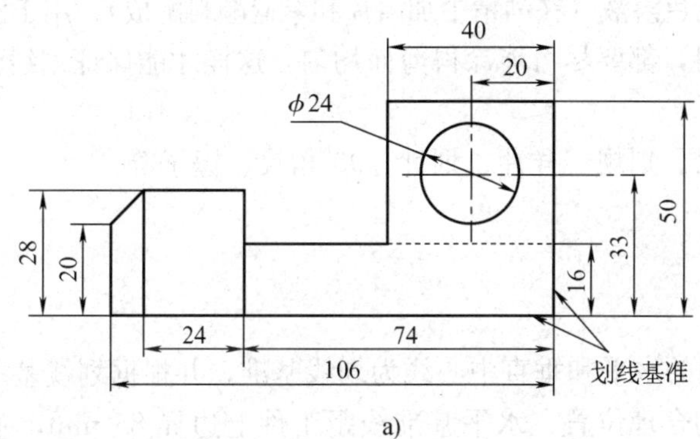

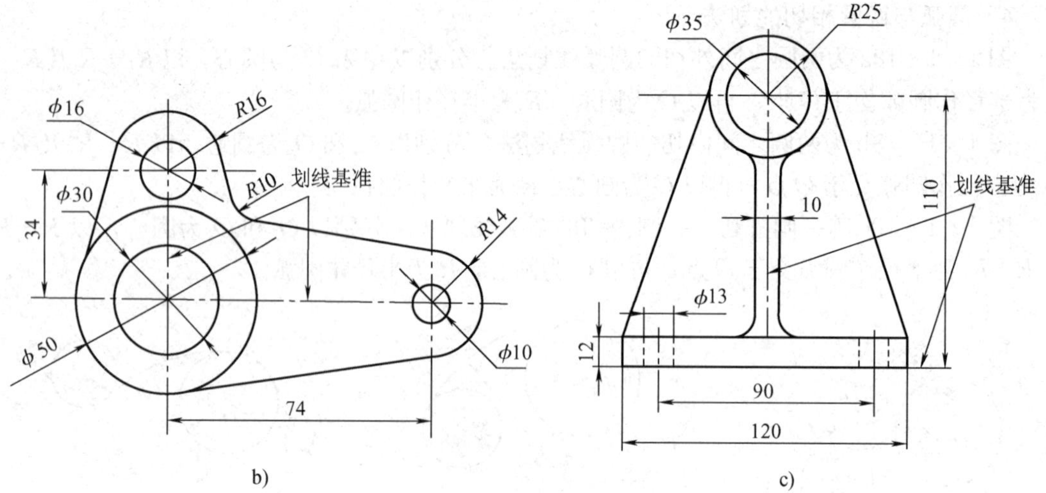

图 1—1—19　划线基准的类型

a）以两个互相垂直的平面（或直线）为基准　b）以两条互相垂直的中心线为基准

c）以一个平面和一条中心线为基准

任务实施

一、准备工作

1. 准备材料

Q235 钢板，毛坯尺寸为 120 mm×120 mm×2 mm。

2. 看清、看懂图样

了解工件上需要划线的部位，明确工件及其划线有关部分的作用和要求，了解有关的加工工艺。

3. 工件涂色

为了使划出的线条清楚，一般都要在工件的划线部位涂上一层薄而均匀的涂料。常用的涂料有：石灰水（常在其中加入适量的牛皮胶来增加附着力），一般用于表面粗糙的铸、锻件毛坯上的划线；酒精色溶液（在酒精中加漆片和紫蓝颜料配成），用于已加工表面上的划线。

无论用哪一种涂料，都要尽可能涂得薄而均匀，这样才能保证划线清楚。

4. 准备工具

划线平板、钢直尺、划规、样冲、划针、90°角尺、锤子等。

二、操作步骤

1. 确定划线基准

确定以 ϕ24 mm 圆的水平和垂直中心线为划线基准，并根据划线基准和最大轮廓尺寸安排两基准线在工件上的合理位置：水平基准线距工件上边界 85 mm，垂直基准线距左边界 80 mm。划出两基准线，并在两线交点处打样冲眼（见图 1—1—20）。

2. 划线

(1) 划 ϕ24 mm、ϕ40 mm 圆周线及 ϕ58 mm 圆弧，将 ϕ40 mm 圆周 5 等分后，在等分点上打样冲眼，并划出 5 个 ϕ10 mm 圆的圆周线（见图 1—1—21）。

(2) 划出尺寸 15 mm、尺寸 10 mm 的垂直线，并以 R5 mm 为半径分别作两线与 ϕ58 mm 圆弧的过渡圆弧（见图 1—1—22）。

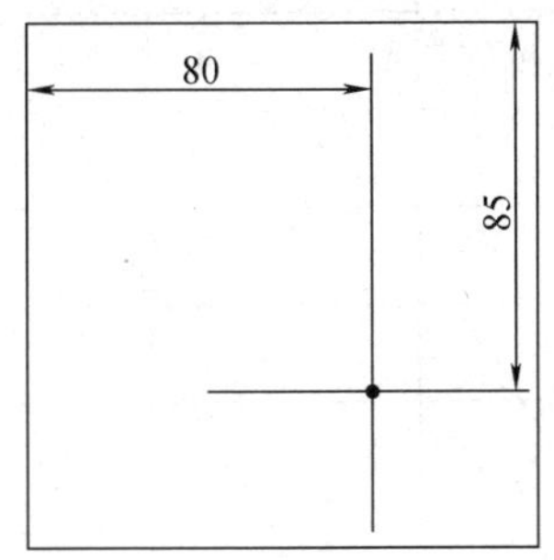

图 1—1—20　确定划线基准

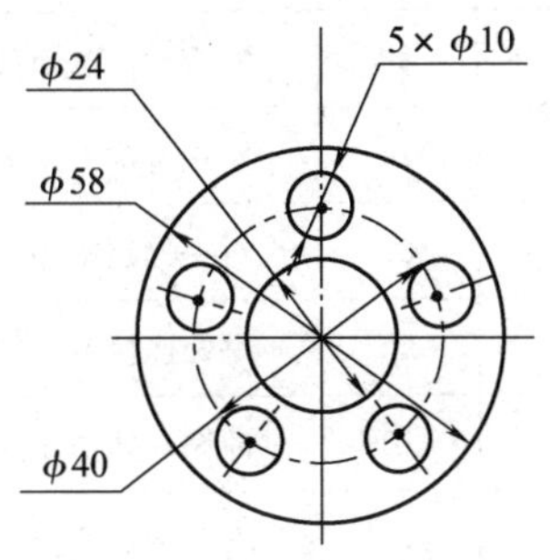

图 1—1—21　画圆周线

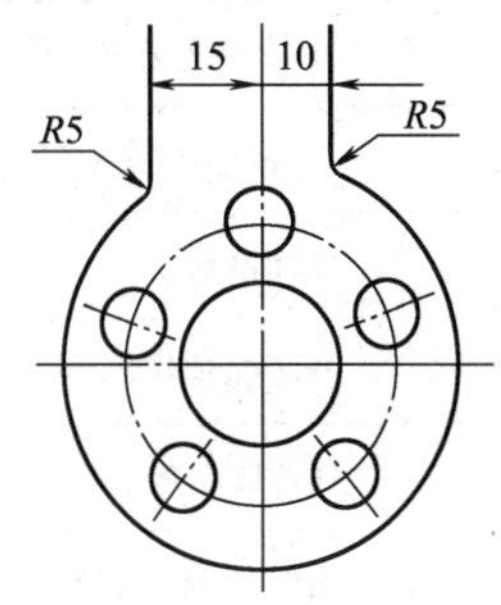

图 1—1—22　画过渡圆弧

(3) 作 20°倾斜线及 R70 mm 圆弧，在圆弧与 20°倾斜线及垂直基准线交点处打样冲眼，作 20°弧形腰孔及外围轮廓线，并作 R10 mm 过渡圆弧（见图 1—1—23）。

(4) 划出尺寸 30 mm、尺寸 34 mm 的垂直线、尺寸 58 mm 的水平线，在两交点处打样冲眼，划出 34 mm 长形腰孔、外围轮廓线和两 R6 mm 过渡圆弧，作 55°倾斜线（见图 1—1—24）。

3. 检查校对

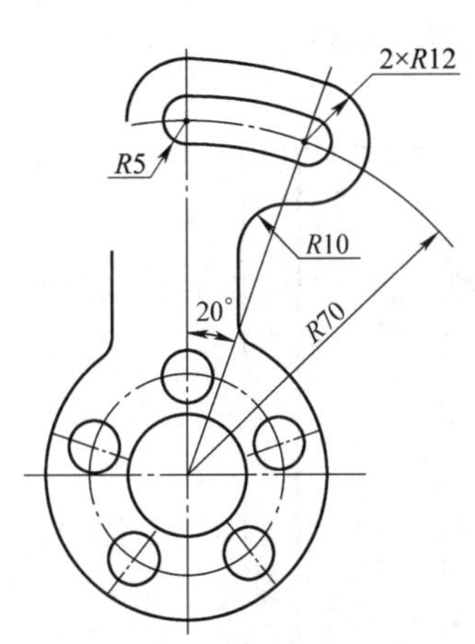

图 1—1—23　再画过渡圆弧

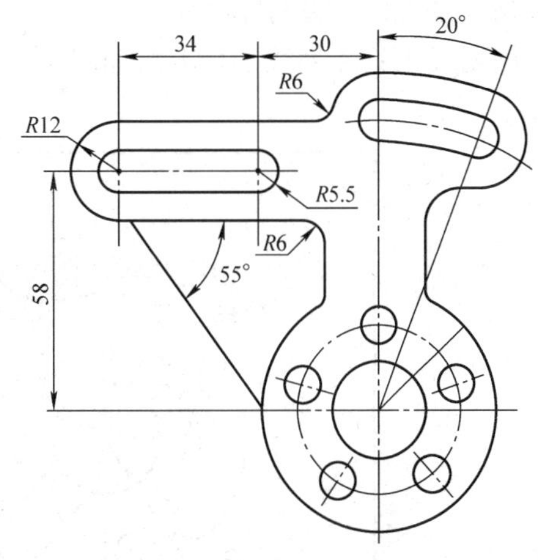

图 1—1—24　画轮廓线

三、注意事项

(1) 为熟悉各图形的作图方法，实际操作前可做一次纸上练习。

(2) 划线工具的使用方法及划线动作必须正确掌握。

(3) 线条尺寸准确、清晰、粗细均匀，冲点准确合理、距离均匀。

(4) 工具应合理放置。左手用的工具放在作业件的左边，右手用的工具放在作业件的右边，并要整齐、稳妥。

(5) 任何工件在划线后，都必须做一次仔细的复检校对工作，避免差错。

任务评价

评分标准

序号	项目与技术要求	配分	评分标准	检测结果	得分
1	线条清晰无重复线	20	线条不清楚或有重复线每处扣 1 分		
2	正确使用划线工具	10	发现一次不正确扣 2 分		
3	尺寸准确	20	每一处超差扣 3 分		
4	各圆弧连接圆滑	20	每处连接不好扣 3 分		
5	样冲眼分布合理	10	冲偏一处扣 5 分		
6	图形正确、布图合理	10	不合理每处扣 3 分		
7	安全文明操作	10	酌情扣分		

思考与练习

1. 选择划线基准的基本原则是什么？
2. 划线基准的类型有哪些？
3. 用划线工具在划线平台上对如图 1—1—25 所示样板进行划线。

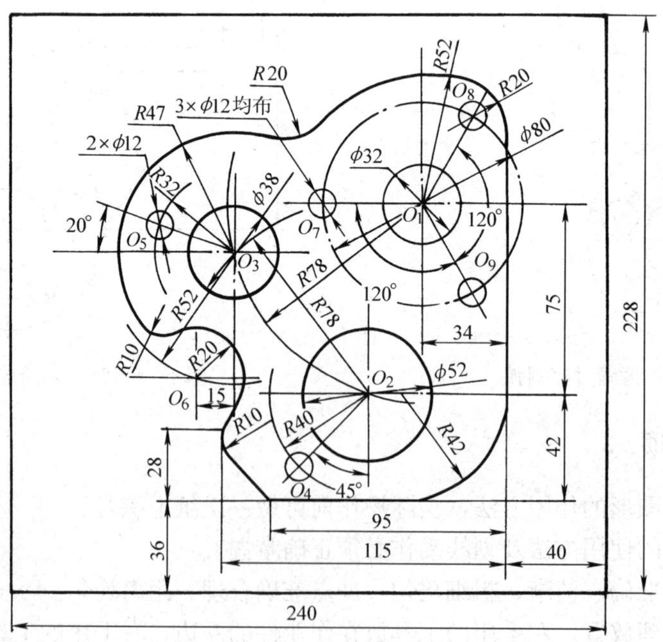

图 1—1—25　样板

子任务 1.2　立体划线

任务提出

按照如图 1—1—26 所示图样的技术要求，用划线工具在划线平台上对轴承座零件进行立体划线。

任务分析

如图 1—1—26 所示，轴承座需要加工的部位有底面、轴承座内孔、两个螺钉孔及轴承座上平面、两个大端面。需要划线的尺寸共有三个方向，工件需要三次安放才能划完全部线条。划线基准选定为 ϕ50 mm 孔的中心平面Ⅰ—Ⅰ、Ⅱ—Ⅱ和两个螺钉孔的中心平面Ⅲ—Ⅲ。

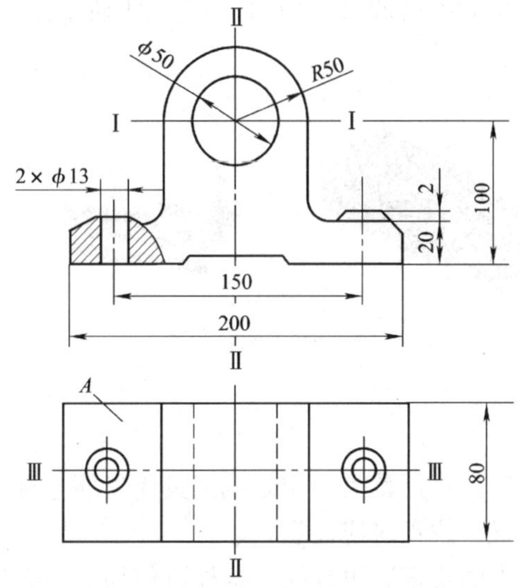

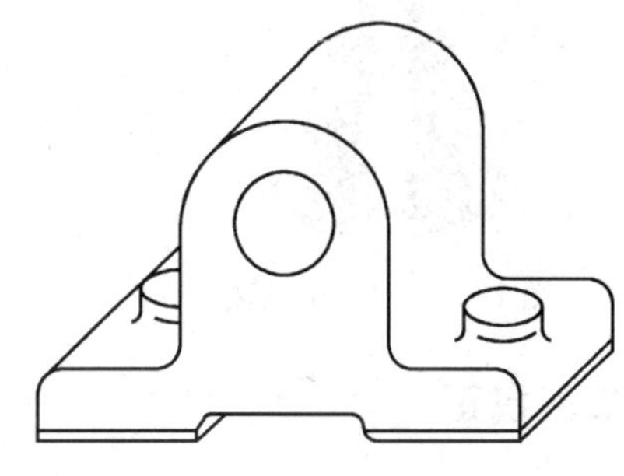

图 1—1—26　轴承座

相关知识

一、立体划线工具

常用的立体划线工具包括方箱、V 形架、直角铁、千斤顶、垫铁等。

1. 方箱

用于夹持工件并能翻转位置而划出垂直线，一般附有夹持装置和制有 V 形槽，如图 1—1—27 所示。

图 1—1—27　方箱

2. V 形架

通常是两个 V 形架一起使用，用来安放圆柱形工件，划出中心线、找出中心等，如图 1—1—28 所示。

3. 直角铁

可将工件夹在直角铁的垂直面上进行划线，如图 1—1—29 所示。

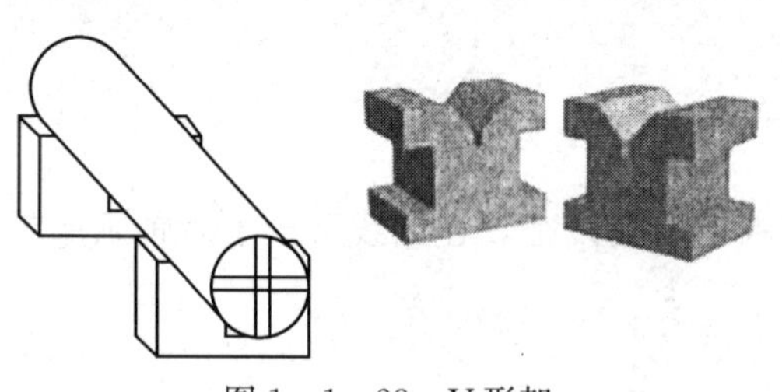

图 1—1—28 V 形架

图 1—1—29 直角铁

4. 千斤顶

通常是三个一组，用于支持不规则的工件，其支撑高度可做一定调整，如图 1—1—30 所示。

5. 垫铁

用于支撑毛坯工件，使用方便，但只能做少量的高低调节，如图 1—1—31 所示。

图 1—1—30 千斤顶

图 1—1—31 垫铁

二、找正

对于毛坯工件，划线前一般要先做好找正工作。找正就是利用划线工具使工件上有关的表面与基准面（如划线平台）之间处于合适的位置。找正时应注意：

（1）当工件上有不加工表面时，应按不加工表面找正后再划线，这样可使加工表面与不加工表面之间保持尺寸均匀。

如图 1—1—32 所示的轴承架毛坯，其内孔和外圆不同心，底面和 A 面不平行，这种情况划线前应找正。在划内孔加工线之前，应先以外圆（不加工）为找正依据，用单脚规找出其中心，然后按求出的中心划出内孔的加工线，这样内孔和外圆就可达到同心要求。在划轴承座底面之前，应以 A 面为依据，用划线盘找正成水平位置，然后划出底面加工线，这样底座各处的厚度就比较均匀。

（2）当工件上有两个以上的不加工表面时，应选重要的或较大的表面为找正依据，并兼顾其他不加工表面，这样可使划线后的加工表面与不加工表面之间尺寸比较均匀，而使误差集中到次要或不明显的部位。

（3）当工件上没有不加工表面时，通过对各加工表面自身位置的找正后再划线，可使各加工表面的加工余量得到合理分配，避免加工余量相差悬殊。

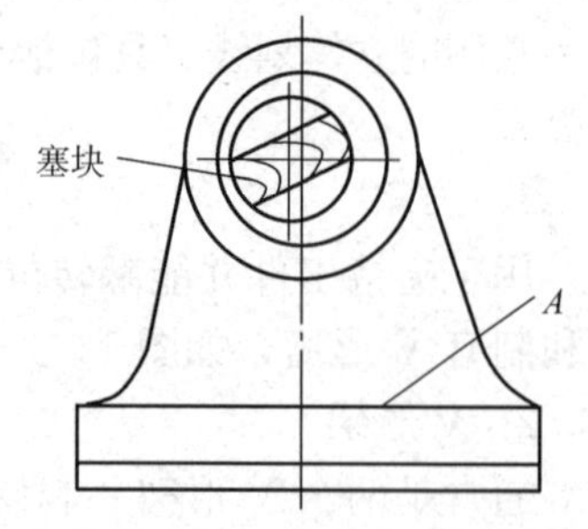

图 1—1—32 毛坯工件的找正

三、借料

当工件毛坯的位置、形状或尺寸存在误差或缺陷，用划线找正的方法不能补救时，可采用借料的方法来解决。

借料就是通过试划和调整，将工件各部分的加工余量在允许的范围内重新分配，互相借用，以保证各个加工表面都有足够的加工余量，在加工后可以消除工件自身的误差或缺陷。

借料的一般步骤是：

（1）测量工件各部分尺寸，找出偏移的位置和测出偏移量的大小。

（2）合理分配各部位加工余量，根据工件的偏移方向和偏移量，确定借料方向和大小，划出基准线。

（3）以基准线为依据，按图样要求，依次划出其余各线。

（4）检查各加工表面的加工余量，如发现有余量不足的现象，应调整借料方向和借料大小，重新划线。

要想准确借料，首先要知道毛坯的误差程度，然后确定需要借料的方向和借料的大小，这样才能保证划线质量，提高划线效率。对于较复杂的工件，往往要经过多次试划，才能确定合理的借料方案。

如图 1—1—33 所示的圆环，是一个锻造毛坯，其内孔、外圆都要加工。如果毛坯形状比较准确，就可以按图样尺寸进行划线，此时划线工作简单（见图 1—1—33b）。现在因锻造圆环的内孔、外圆偏心较大，划线就不是那么简单了。若按外圆找正划内孔加工线，则内孔有个别部分的加工余量不够（见图 1—1—34a）；若按内孔找正划外圆加工线，则外圆有个别部分的加工余量不够（见图 1—1—34b）。只有在内孔和外圆都兼顾的情况下，将圆心选在锻件内孔和外圆圆心之间的一个适当位置上划线，才能使内孔和外圆都有足够的加工余量（见图 1—1—34c）。这说明通过划线借料，有误差的毛坯仍能很好地利用。

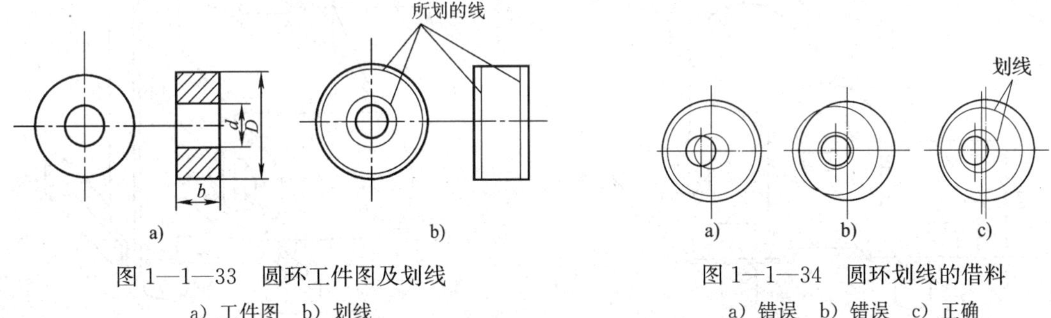

图 1—1—33　圆环工件图及划线

a）工件图　b）划线

图 1—1—34　圆环划线的借料

a）错误　b）错误　c）正确

任务实施

一、准备工作

1. 分析图样

根据图样分析工件形体结构、加工要求及各尺寸的关系，明确划线内容，选择划线基准。分析图样 1—1—26 所标的尺寸要求和加工部位可知，需要划线的尺寸共有三个方向，所以划线基准选定为 ϕ50 mm 孔的中心平面Ⅰ—Ⅰ、Ⅱ—Ⅱ和两个螺钉孔的中心平面Ⅲ—Ⅲ。

2. 清理工件

去除铸件上的浇冒口、披缝及表面粘砂等。

3. 工件涂色

参照水平划线时工件涂色方法涂色。涂色后在毛坯孔中装上中心塞块作辅助划线用。

4. 安放工件

用三只千斤顶支撑轴承座的底面，调整千斤顶的高度，用划线盘找正。将 ϕ50 mm 孔的两端面的中心调整到同一高度。因 A 面是不加工面，为保证底面加工厚度尺寸 20 mm 在各处均匀一致，用划线盘弯脚找正，使 A 面尽量达到水平。当 ϕ50 mm 孔的两端中心和 A 面保持水平位置的要求发生矛盾时，就要兼顾两方面进行安放，直至这两个部位都达到满意的安放效果。

二、操作步骤

1. 第一次划线

划底面加工线。这一方向的划线工作涉及主要部分的找正和借料。在试划底面加工线时，如果发现四周加工余量不够，还要把中心适当借高（即重新借料），直至不需要变动时，即可划出基准线Ⅰ—Ⅰ和底面加工线，并且在工件的四周都要划出，以备下次在其他方向划线和在机床上加工时找正用，如图 1—1—35 所示。

2. 第二次划线

划 2×ϕ13 mm 中心线。通过千斤顶的调整和划线盘的找正，使 ϕ50 mm 内孔两端的中心处于同一高度，同时用 90°角尺按已划出的底面加工线找正到垂直位置，这样工件第二次安放位置正确。此时，就可划基准线Ⅱ—Ⅱ和两个 2×ϕ13 mm 孔的中心线，如图 1—1—36 所示。

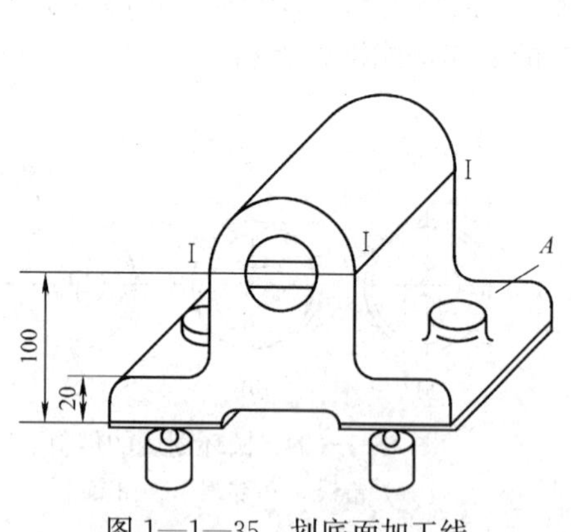

图 1—1—35　划底面加工线

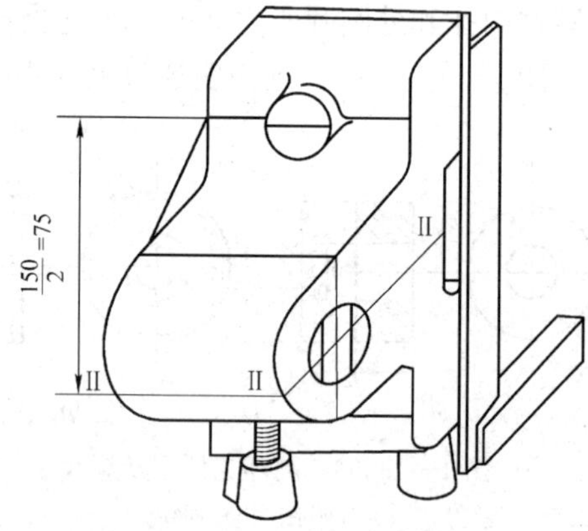

图 1—1—36　划螺钉孔中心线

3. 第三次划线

划两端面加工线。通过千斤顶的调整和 90°角尺的找正，分别使底面加工线和基准线Ⅱ—Ⅱ处于垂直位置（两 90°角尺位置处），这样工件的第三次安放位置已确定。以 2×ϕ13 mm 的中心为依据，试划两大端面的加工线，如两端面加工余量相差太大或其中一面加工余量不足，可适当调整 2×ϕ13 mm 中心孔位置，并允许借料。最后即可划基准线Ⅲ—Ⅲ和两端面的加工线。此时，第三个方向的尺寸线已划完，如图 1—1—37 所示。

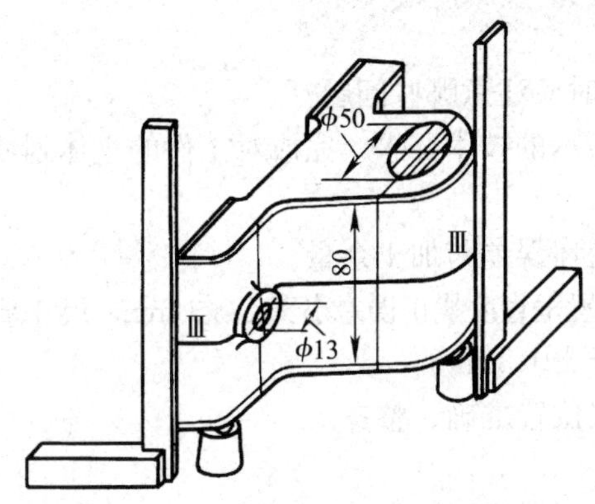

图 1—1—37　划大端面加工线

4. 划圆周尺寸线

用划规划出 ϕ50 mm 和 2×ϕ13 mm 圆周尺寸线。

5. 检查

对照图样检查已划好的全部线条，确认无误和无漏线后，在所划好的全部线条上打样冲眼，划线结束。

三、注意事项

（1）工件应在支撑处打好样冲眼，使工件稳固地放在支撑上，防止倾倒。对较大工件，应加附加支撑，使安放稳定可靠。

（2）在对较大工件划线，必须使用吊车移动时，绳索应安全可靠，吊装的方法应正确。大件放在平台上，用千斤顶调整时，工件下应垫上木块，以保证安全。

（3）调整千斤顶高度时，不可用手直接调节，以防工件掉下将手砸伤。

任务评价

评分标准

序号	项目与技术要求	配分	评分标准	检测结果	得分
1	使用划线工具准确	6	操作错误一处扣 2 分		
2	三个位置垂直度找正误差小于 0.4 mm	24	超差一处扣 8 分		
3	三个位置尺寸基准的误差小于 0.6 mm	24	超差一处扣 8 分		
4	线条尺寸误差小于 0.3 mm	18	超差一处扣 3 分		
5	线条清晰	8	模糊一处扣 4 分		
6	冲点位置准确	10	错误一处扣 5 分		
7	安全文明操作	10	酌情扣分		

思考与练习

1. 什么是找正？找正时应注意哪些问题？

2. 根据图 1—1—38 所示的技术要求，完成对工件的立体划线。

技术要求：

（1）检验毛坯，了解毛坯误差与加工余量。

（2）长、宽、高 3 个位置垂直度找正误差小于±0.3 mm，尺寸基准位置误差小于 0.5 mm。

（3）划线尺寸误差小于±0.3 mm。

（4）线条清晰，样冲眼位置准确、整齐。

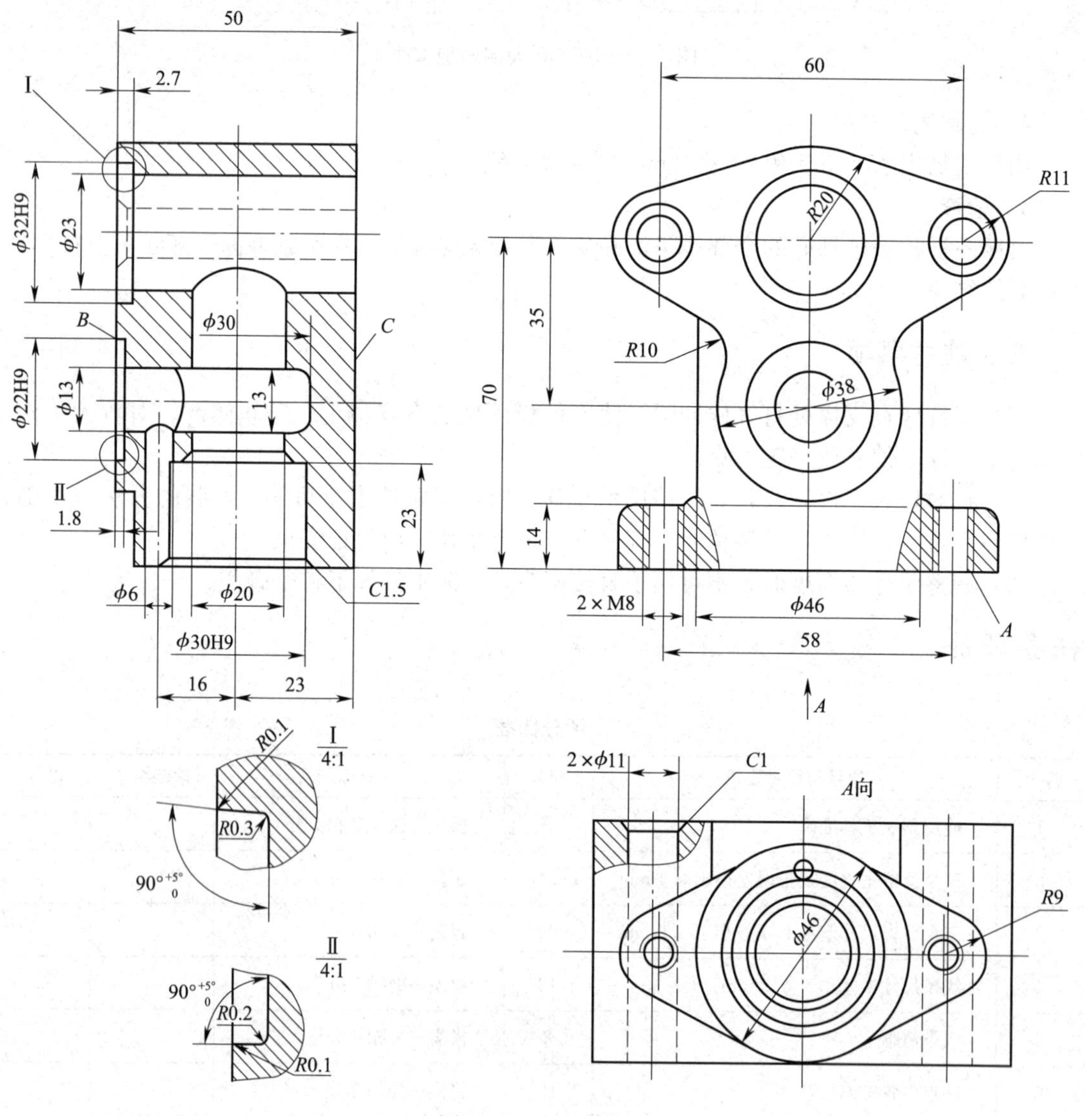

图 1—1—38　阀体

任务2　錾　　削

◆ **教学目标**

◎ 了解錾削的特点及应用

◎ 掌握錾削工具的正确使用和保养方法

◎ 掌握錾削的基本姿势和动作要领

◎ 了解錾子的热处理方法

◎ 能够完成平面錾削与板料錾削的基本操作

◎ 了解錾削加工过程中质量检验和质量控制方法

用锤子敲击錾子对金属材料进行切削加工，这项操作叫錾削。錾削一般用于难以机械加工的场合，如去除毛坯上的凸缘、毛刺、浇口、冒口，分割材料，錾削平面、沟槽及异形油槽等。

任务提出

根据如图 1—2—1 所示的零件尺寸图，在圆棒料上对称加工两个平行平面。应用錾削加工，达到图样技术要求。毛坯材料为 ϕ40 mm×110 mm 的 45 钢，完成工时为 4 h。

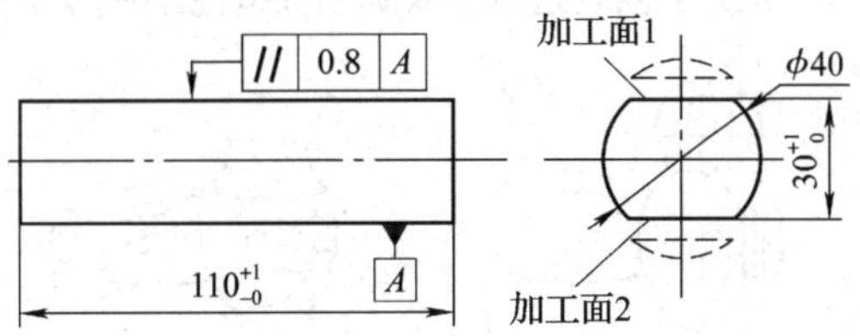

图 1—2—1　錾削平面

任务分析

分析图样，可以看出图样上各项精度要求较低，所以选用錾削加工比较合理。要完成工件的錾削任务，需要的操作步骤是：划线→选择錾削工具→装夹工件→錾削加工面 1→反转装夹工件→錾削加工面 2。

相关知识

一、錾削工具

錾削加工的主要工具是錾子和锤子，辅助工具有台虎钳。

1. 錾子

錾子是錾削工件的工具，它用碳素钢（T7A 或 T8A）锻打成形后再进行热处理和刃磨而成。常用的錾子有扁錾、窄錾和油槽錾三种。

（1）扁錾。扁錾如图 1—2—2a 所示，切削刃较长，略带圆弧，切削面扁平。常用于錾平面，切割板料，去凸缘、毛刺和倒角。

（2）窄錾（尖錾）。窄錾如图 1—2—2b 所示。切削刃较短，两切削面从切削刃到錾身逐渐狭小。常用于錾沟槽，分割曲面、板料，修理键槽等。

（3）油槽錾。油槽錾如图 1—2—2c 所示。切削刃很短，呈弧形，切削部分为弯曲形状。主要用于錾油槽。

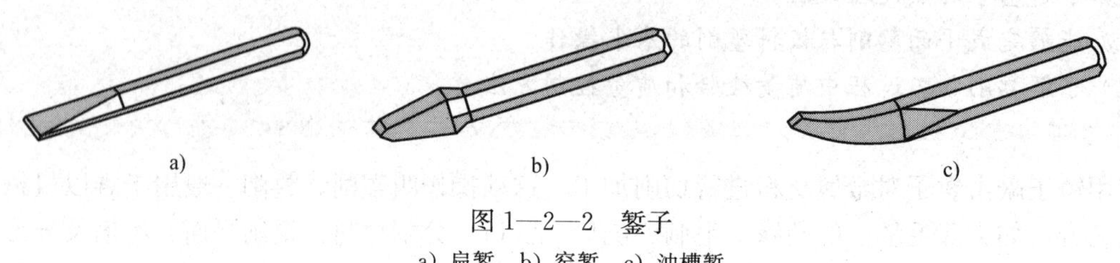

图 1—2—2　錾子

a）扁錾　b）窄錾　c）油槽錾

2. 锤子

锤子（榔头）是钳工常用的敲击工具，钳工用的锤子一般由锤头、手柄、楔子组成（见图 1—2—3）。锤头由碳素工具钢经热处理（淬硬）制成。锤子的规格是用质量来表示的，分为 0.25 kg、0.5 kg 和 1 kg 等。手柄用 300～500 mm 硬而不脆的木材（如檀木）制成，手握处断面为椭圆形，起定向作用。楔子是手柄装进锤头椭圆孔后的紧固件，防止手柄与锤头松动脱开。

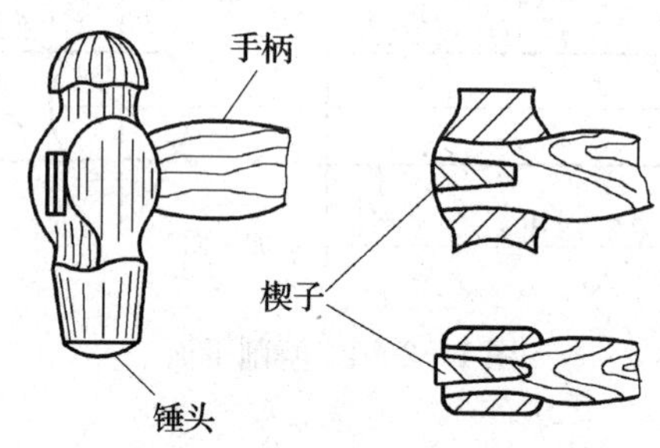

图 1—2—3　锤子

3. 台虎钳

（1）台虎钳的结构。台虎钳装在钳台上，用来夹持工件。其规格用钳口的宽度来表示，常用的有 100 mm、125 mm 和 150 mm 等。台虎钳有固定式和回转式两种。回转式台虎钳由于使用比较方便，故应用较广，如图 1—2—4 所示。固定式台虎钳的结构与回转式的结构基本相同，只是没有回转装置。

（2）台虎钳的使用。使用台虎钳时，顺时针转动手柄，可使丝杠在固定螺母中旋转，并带动活动钳身向内移动，将工件夹紧；相反，逆时针转动手柄可将工件松开。若要将回转式台虎钳转动一定角度，可逆时针方向转动锁紧螺钉，双手扳动钳台转动到需要的位置后，再将锁紧螺钉顺时针转动，将台虎钳锁紧在钳台上。

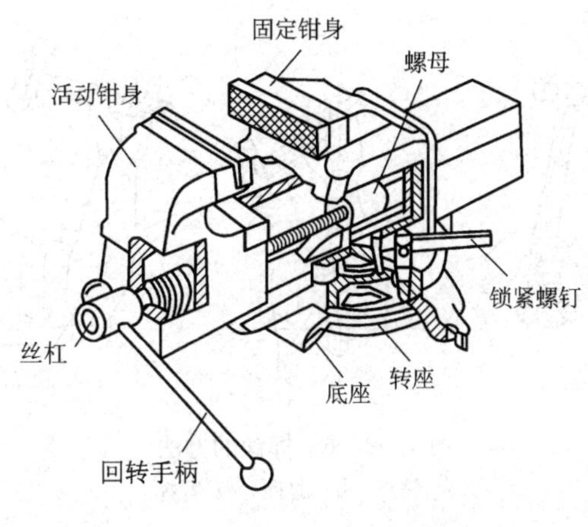

图 1—2—4　回转式台虎钳

(3) 使用注意事项

1) 在台虎钳上夹持工件时，只允许依靠手臂的力量来扳动手柄，决不允许用锤子敲击手柄或用其他工具随意加长手柄夹紧，以防止螺母或其他组件因过载而损坏。

2) 在台虎钳上进行强力作业时，强作用力的方向应指向固定钳身一方，以免损坏丝杠螺母。

3) 不能在活动钳身的工作面上进行敲击，以免损坏或降低其与固定钳身的配合性能。

4) 丝杠、螺母和其他配合表面应保持清洁，并加油润滑，防止锈蚀，使操作省力。

二、錾削操作要点

1. 锤子的握法

用右手的食指、中指、无名指和小指握紧锤柄，柄尾伸出 15～30 mm，大拇指贴在食指上。握锤的方法有松握法和紧握法两种，如图 1—2—5 所示。

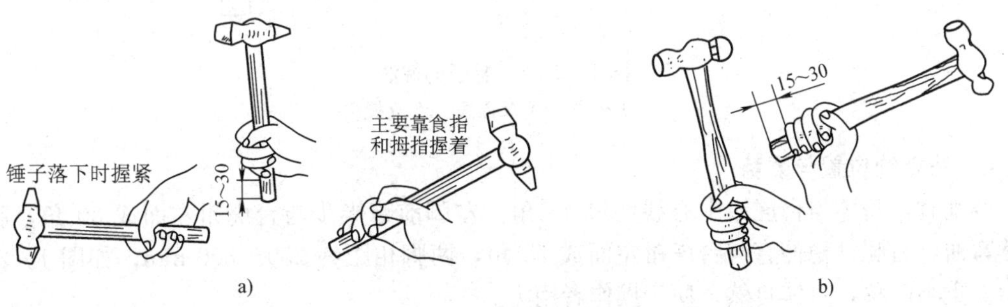

图 1—2—5　锤子的握法

a) 松握法　b) 紧握法

2. 挥锤的方法

挥锤的方法有腕挥、肘挥和臂挥三种，如图 1—2—6 所示。腕挥，用手腕运动锤击，锤击力较小，一般用于起錾、錾出、錾油槽、小余量錾削；肘挥，手腕与肘部一起运动，上臂不大动，锤击力较大，应用广泛；臂挥，手腕、肘部与全臂一起挥动，锤击力大，适用于大力錾削。

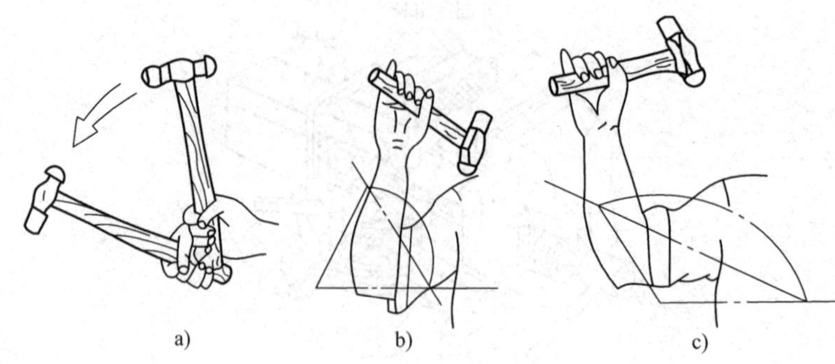

图 1—2—6 挥锤的方法

a）腕挥 b）肘挥 c）臂挥

3．錾子的握法

錾子的握法有正握法、反握法和立握法三种，如图 1—2—7 所示，一般采用正握法。

（1）正握法。如图 1—2—7a 所示，手心向下，腕部伸直，用左手的中指、无名指握住錾子，小指自然合拢，拇指、食指自然伸直地松靠，錾子头部应伸出手外约 20 mm。

（2）反握法。如图 1—2—7b 所示，手心向上并悬空，手指自然捏住錾子。

（3）立握法。如图 1—2—7c 所示，虎口向上，拇指放在錾子一侧，其余四指在另一侧捏住錾子。

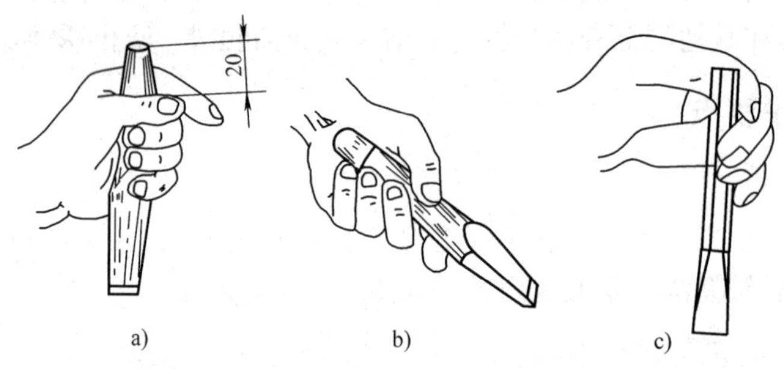

图 1—2—7 錾子的握法

a）正握法 b）反握法 c）立握法

4．站立的位置与姿势

錾削时，身体与台虎钳中心线约成 45°角。左脚前跨半步与台虎钳左面成 30°角，膝盖自然弯曲，右腿站稳伸直与台虎钳左面成 75°角，两脚相距约 250～300 mm，如图 1—2—8 所示。重心前移，身体自然，便于操作者用力。

5．锤击錾子时的要领

（1）挥锤时，肘收臂提，举锤过肩；手腕后弓，三指微松；锤面朝天，稍停瞬间。

（2）锤击时，左手小臂尽量与钳口方向平行，目光从左手背面上方注视錾刃，臂肘齐下；收紧三指，手腕加劲；锤錾一线，锤走弧线；左腿着力，右腿伸直。

（3）锤击要稳、准、狠，有节奏，肘挥时的锤击速度一般以 40～50 次/min 为宜。起錾及錾削快结束时锤击要轻。

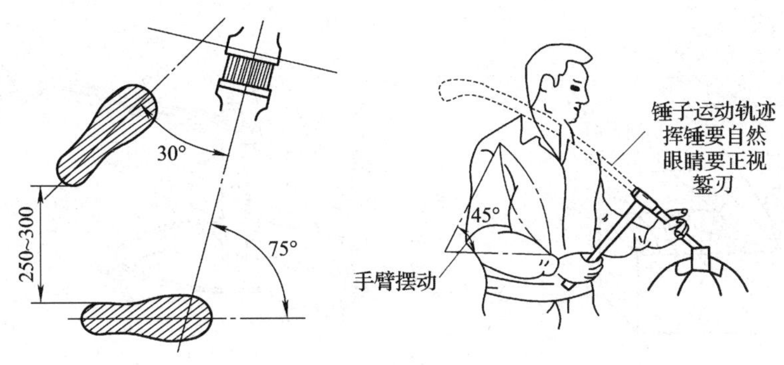

图 1—2—8　錾削站立位置与姿势

三、錾子的保养及注意事项

1. 錾子的刃磨

錾削过程中，錾子切削部分因磨损变钝而失去切削能力，需要到砂轮机上刃磨。刃磨方法如图 1—2—9 所示，右手拇指和食指捏紧錾子距刃口 30～40 mm 斜面处，左手拇指在上，其余四指在下，握紧錾柄。刃磨时，将切削刃放在稍高于砂轮片中心平面处，并沿砂轮宽度方向往返平稳移动，施力要均匀，不易过大，经常蘸水冷却。刃磨后，用角度样板检验楔角大小，如图 1—2—10 所示。錾子的几何角度如图 1—2—11 所示，錾削一般钢件和中等硬度材料时的楔角为 50°～60°，錾削硬钢和铸铁时的楔角取 60°～70°，錾削有色金属时的楔角小于 60°。

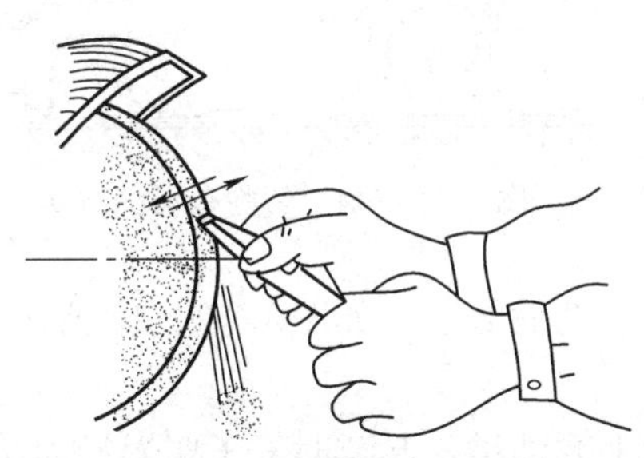

图 1—2—9　錾子的刃磨方法

图 1—2—10　用角度样板检查錾子楔角

2. 錾子的热处理

錾子的热处理是为了提高錾子的硬度和韧性，包括淬火和回火两个过程。

(1) 淬火。将錾子的切削部分（约长 20 mm）均匀加热到 750～780℃（樱红色），迅速放入冷水内冷却（浸入深度约 5～6 mm，见图 1—2—12），即完成淬火。錾子放入水中冷却时，应垂直水面并沿着水面缓慢移动。

(2) 回火。当淬火后錾子露出水面的部分呈黑色时，将其从水中取出，迅速擦去氧化皮，观察刃部颜色变化。扁錾刃口部分呈紫红色与暗蓝色时，尖錾刃口部分呈黄褐色与红色之间时，将錾子再次放入水中冷却，即完成了錾子的淬火—回火处理全过程。

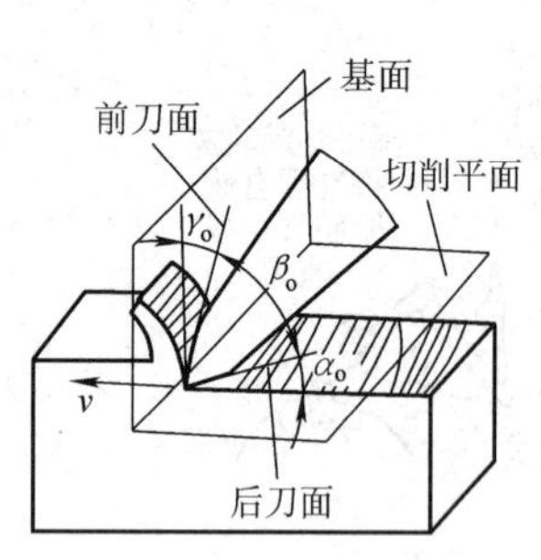

图 1—2—11 錾子的几何角度

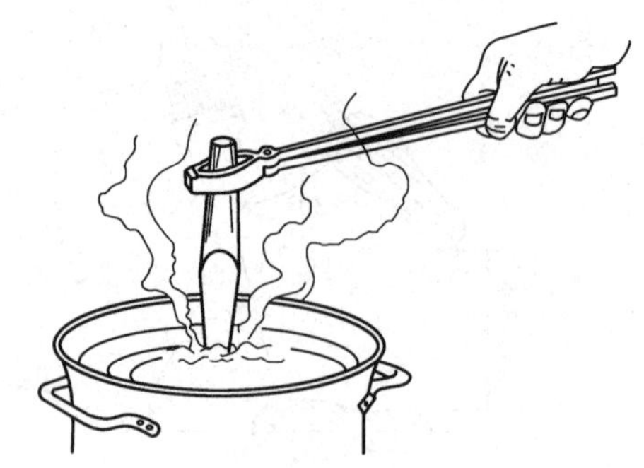
图 1—2—12 錾子淬火

四、板料、油槽的錾削方法

1. 板料錾削

切断薄板料（厚度 2 mm 以下）时，可将其夹在台虎钳上，并将板料按划线夹成与钳口平齐，用扁錾沿着钳口斜对着板料约成 45°角自左向右錾削，如图 1—2—13 所示。

錾削尺寸较大的板料或曲线形板料时，不能在台虎钳上进行，可在铁砧上进行。切断用錾子的切削刃应磨有适当的弧形；当錾削直线时，可用扁錾；錾削曲线时，刃宽应能保证錾痕与曲线相似，宜用尖錾。錾削时，应从前向后錾，起錾时应放斜些似剪刀状，然后逐步直立錾削，如图 1—2—14 所示。

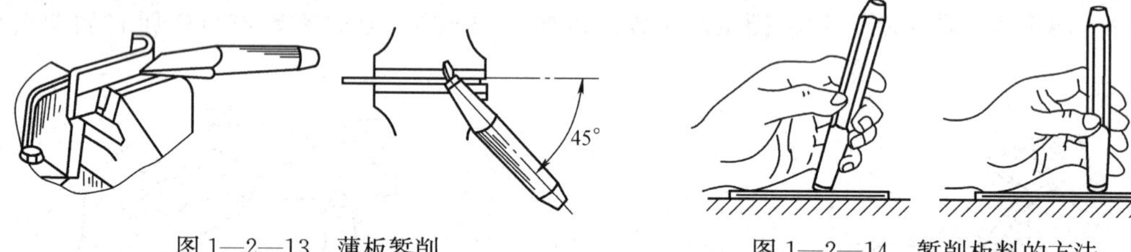

图 1—2—13 薄板錾削

图 1—2—14 錾削板料的方法

对形状复杂的板料，最好先在轮廓上钻一排小孔，然后錾削，如图 1—2—15 所示。

2. 油槽錾削

首先要选宽度与油槽宽度相同的油槽錾。在平面上錾油槽，起錾时錾子要慢慢加深至要求尺寸，錾到尽头时刃口要慢慢翘起，保证槽底圆滑。在曲面上錾油槽，錾子的倾斜角要随曲面而变动，保持錾削后角不变，以使油槽尺寸、光滑程度符合要求，錾好后，再用其他工具修好槽边毛刺，如图 1—2—16 所示。

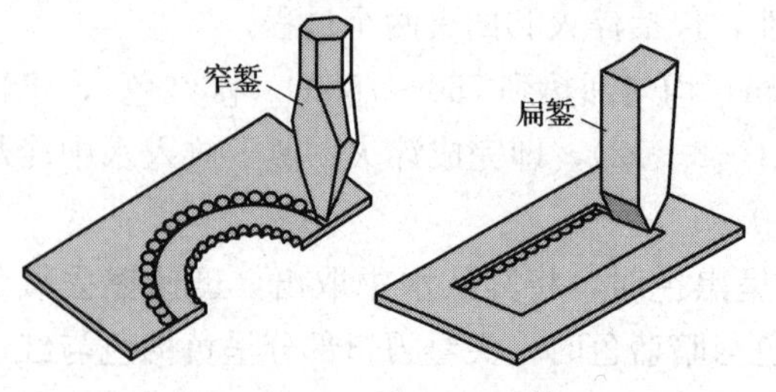

图 1—2—15 曲线板料錾削

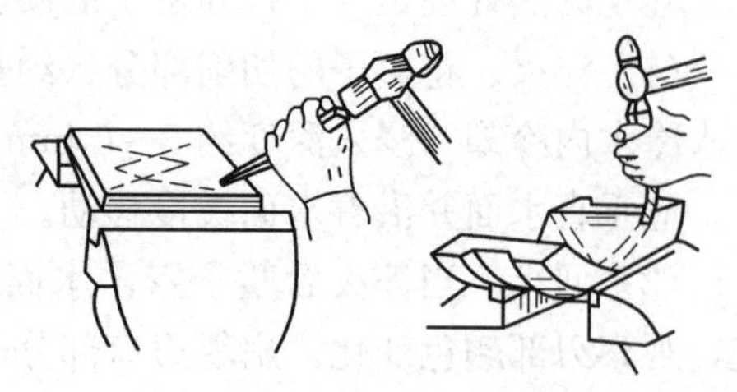
图 1—2—16 油槽錾削

任务实施

一、准备工作

1. 錾削材料

ϕ40 mm×110 mm 的 45 钢棒料一件。

2. 量具

游标卡尺。

3. 工具、设备

锤子（1 kg）、磨好的扁錾、台虎钳。

4. 划线工具

平台、V 形架、0～150 mm 的游标高度尺。

二、操作步骤

1. 划线

錾削时工件的划线方法如图 1—2—17 所示。将工件用 V 形架支撑，用游标高度尺划出图样中的錾削加工线，每层厚度 1 mm，以便控制各錾削层的厚度。划线步骤如图 1—2—18 所示。

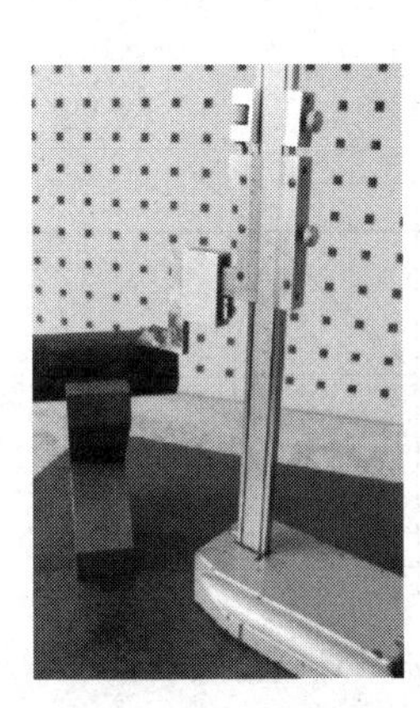

图 1—2—17 錾削划线方法

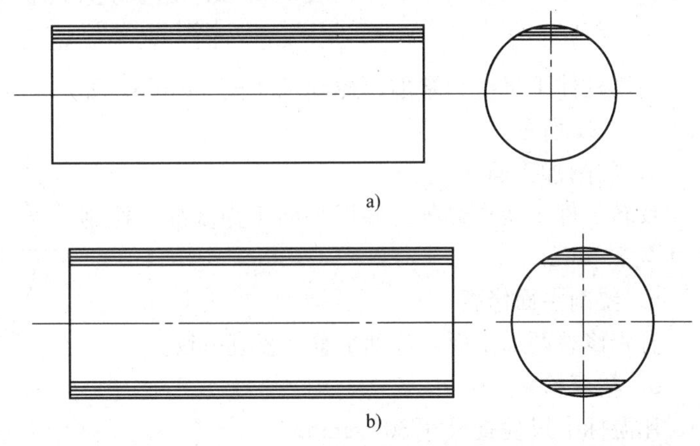

图 1—2—18 工件的划线图样

a）一次划线 b）二次划线

2. 装夹工件

将已划好线的工件垫上木衬装夹，使錾削加工线略高出钳口处于水平位置，夹紧在台虎钳上，如图 1—2—19 所示。

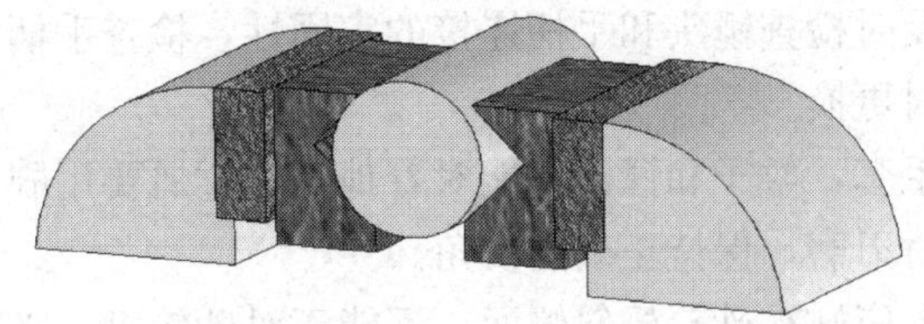

图 1—2—19 工件的装夹

3．錾削加工面 1

起錾时，应使錾身水平，錾子的刃口要抵紧工件，使錾子容易切入。錾槽时，应从开槽部分的一端边缘起錾；錾平面时，应从工件尖角处起錾，如图 1—2—20a 所示，待卷起切屑后，变换后角正常錾削。

錾削过程中要保持錾子的正确位置和方向，锤击有力，先粗錾后细錾，粗錾厚度取 1～2 mm，细錾厚度取 0.5 mm，控制好后角，一般取 5°～8°。每錾 2～3 次要退回一些，以观察錾削平面的平整情况，然后将刃口抵住錾削处继续錾削。

当錾削至尽头 10 mm 左右时，为防止边缘崩裂，应将工件调头錾削残余部分，如图 1—2—20b 所示，具体方法与起錾基本相同。

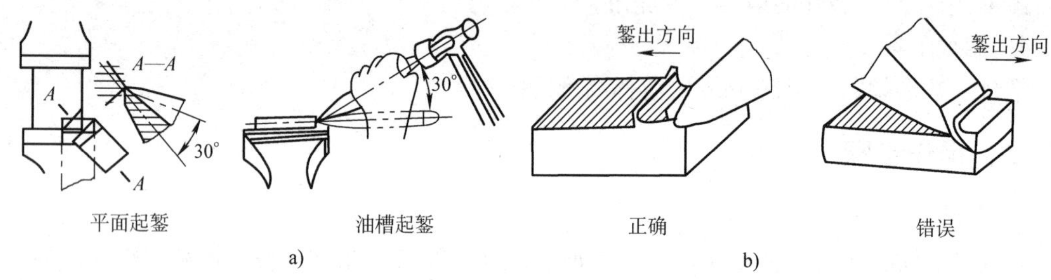

图 1—2—20　起錾与錾出方法

a）起錾　b）錾出

以圆柱体下母线为基准，控制尺寸至 35 mm，如图 1—2—21 所示。

4．錾削加工面 2

反转工件，装夹錾削，并以平面 1 为基准，控制尺寸至 30 mm。

5．錾削平面修整

分别修整两加工面，达到平整，錾痕一致。

6．精度检验

用游标卡尺检查尺寸 30^{+1}_{0} mm。

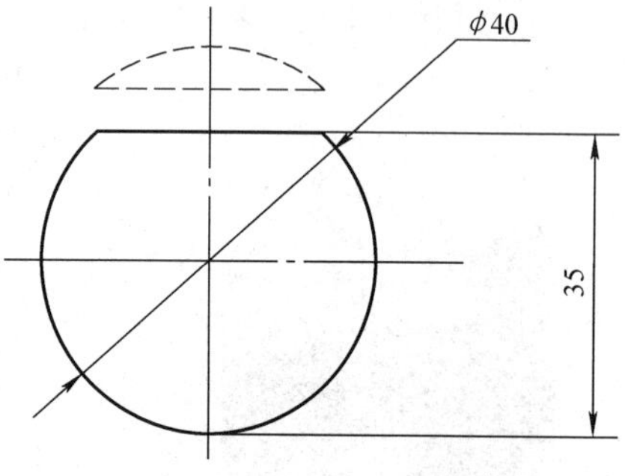

图 1—2—21　錾削加工面 1

三、注意事项

（1）工件装夹要牢固，防止錾削时飞出伤人。

（2）视线要对着工件的錾削部位，不可对着錾子的锤击头部，挥锤锤击要稳健有力。

（3）錾削过程中要及时检查锤头和手柄连接的牢固性，检查手柄是否有破损和油污，若有问题应维修加固或及时更换。

（4）錾削时不能戴手套，錾子和锤子不能对着他人，錾屑要用刷子清理。

（5）錾子用钝要及时刃磨，保持正确的楔角。

（6）刃磨錾子时，人应站在砂轮机斜侧面，不能正对砂轮机，必须戴防护眼镜。

（7）刃磨时，用力不可太大，不可戴手套或用棉纱裹住錾子刃磨。

任务评价

评分标准

序号	项目与技术要求	配分	评分标准	检测结果	得分
1	尺寸 30^{+1}_{0} mm 合格	15	每超差 0.2 mm 扣 5 分		
2	工、量具安放整齐	5	不符合要求酌情扣分		
3	握錾方法正确，自然	10	不符合要求酌情扣分		
4	挥锤动作正确	10	不符合要求酌情扣分		
5	錾削角度掌握稳定	10	不符合要求酌情扣分		
6	錾子刃磨角度合理	10	不符合要求酌情扣分		
7	錾切面平整，美观	10	总体评定，酌情扣分		
8	清屑方法正确	10	违者每次扣两分		
9	形位公差要求 // 0.8 A	10	超差不得分		
10	安全文明操作	10	酌情扣分		

思考与练习

1. 在 HT150 材料上錾削如图 1—2—22 所示槽。

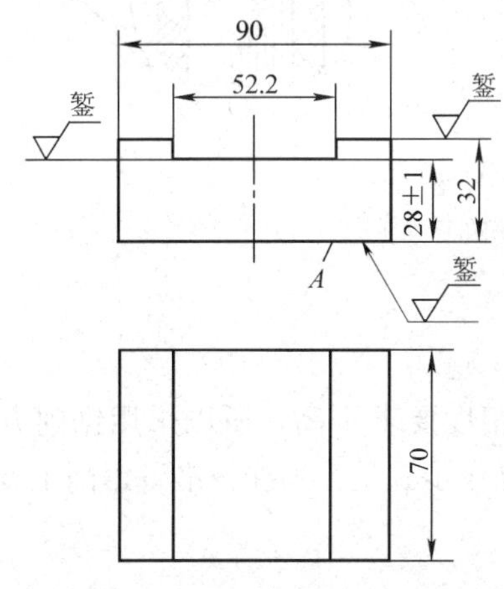

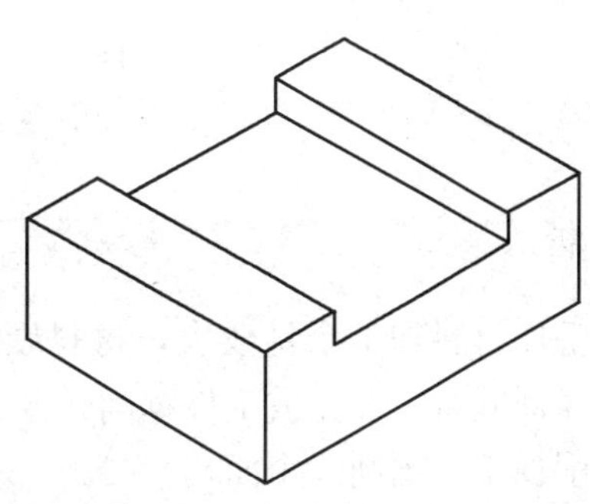

图 1—2—22　铸铁錾削

2. 錾削时錾子的后角为何不宜太大或太小？
3. 錾削时的锤击要领是什么？

任务3 锯 削

◆ **教学目标**

◎ 了解锯条的种类和选择方法

◎ 能够确定锯削工艺路线

◎ 掌握锯削方法和常用型材的下料方法

◎ 能够分析锯条损坏和折断的原因

◎ 掌握锯削加工过程中质量检验和质量控制方法

锯削是利用锯切工具旋转或往复运动，把工件、半成品切断或把板材加工成所需形状的切削加工方法，主要用于锯断各种原材料或半成品。

任务提出

如图 1—3—1 所示为 90°角尺尺座的半成品。该零件已在錾削任务中完成了两个平面的加工制作，现要求对另两个面进行加工，达到图样技术要求，工时 2 h，零件毛坯材料是 45 钢。

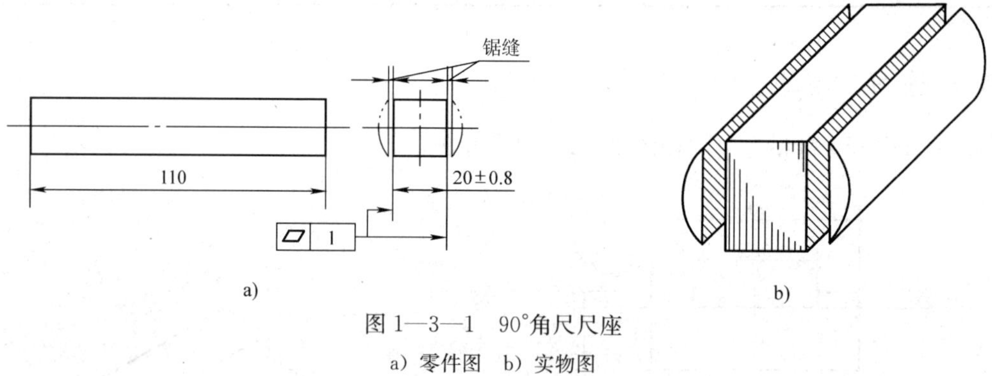

图 1—3—1 90°角尺尺座

a）零件图 b）实物图

任务分析

由于毛坯材料加工余量较大，材料硬度较高，精度要求不高，所以采用锯削方法效率高，也能保证质量。要完成工件锯削任务，需要的操作步骤是：划线→准备锯削工具→装夹工件→锯削加工（锯削 2 个面）。

相关知识

一、手锯

手锯是对材料或工件进行分割和切槽的锯削工具，它由锯弓和锯条组成。

1. 锯弓

锯弓用于安装并张紧锯条，分为固定式和可调式两种，如图 1—3—2 所示。固定式锯弓只能安装一种长度的锯条，可调式锯弓一般可以安装三种长度的锯条，通常采用可调式锯弓。

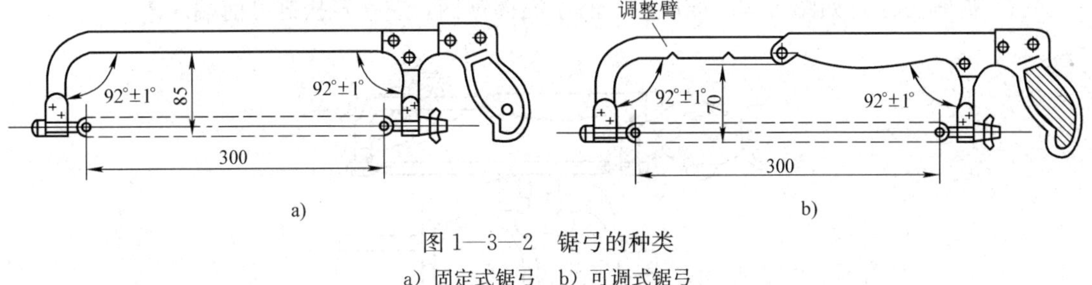

图 1—3—2 锯弓的种类

a）固定式锯弓 b）可调式锯弓

2. 锯条

锯条是直接锯削材料和工件的刀具。锯条的规格分为长度规格和粗细规格，长度规格以锯条两端安装孔的中心距表示，常用锯条长度是 300 mm；粗细规格是根据锯条每 25 mm 长度内所包含的锯齿数进行分类，分为粗、中、细三种，见表 1—3—1。

表 1—3—1 **锯条规格**

规格	每 25 mm 长度内齿数	应用
粗	14～18	锯削软钢、黄铜、铝、铸铁、紫铜、人造胶质材料
中	22～24	锯削中等硬度钢、厚壁的钢管、铜管
细	32	锯削薄片金属、厚壁的钢管
细变中	32～20	一般工厂用

（1）锯齿的切削角度。如图 1—3—3 所示，锯条的切削部分由许多形状相同的锯齿组成。每个齿相当于一把錾子，都有切削能力。常用锯齿角度为前角 $\gamma_o=0°$、后角 $\alpha_o=40°$、楔角 $\beta_o=50°$。

（2）锯路。为了减小锯缝两侧面对锯条的摩擦阻力，避免锯削时锯条被夹住，制造时将锯齿按一定的规律左右错开，排成一定的形状，这称为锯路。锯路有交叉形和波浪形两种（见图 1—3—4）。锯路使工件上的锯缝宽度大于锯条背部的厚度，防止“夹锯”和磨损锯条。

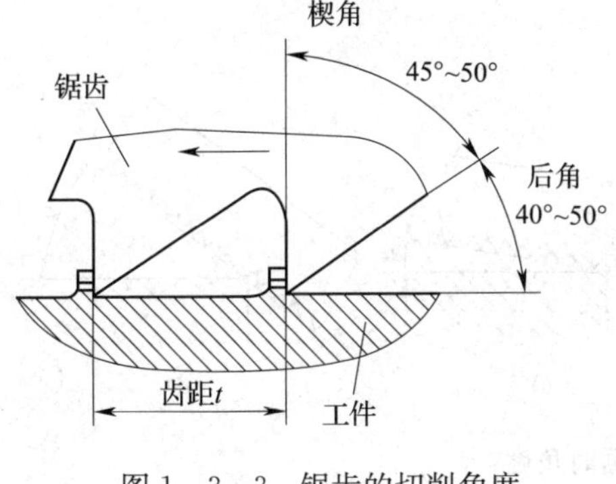

图 1—3—3 锯齿的切削角度

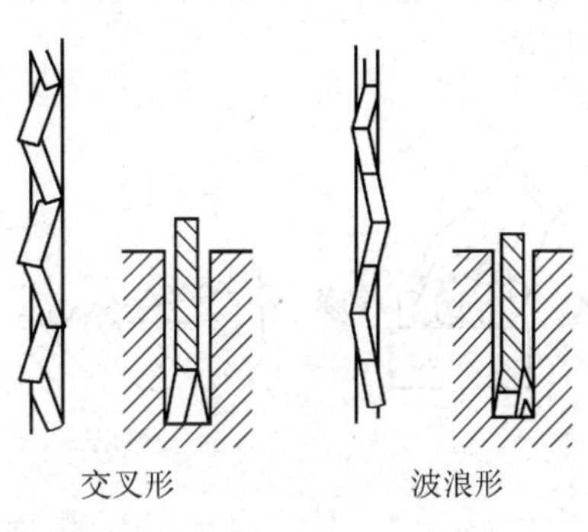

图 1—3—4 锯齿的排列与锯路

二、锯削操作要点

1. 锯削基本姿势

（1）握锯方法。如图 1—3—5 所示，右手满握锯柄，左手轻扶锯弓前端。

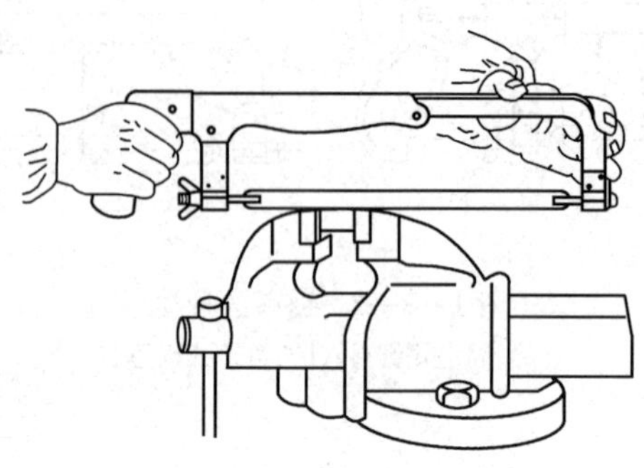

图 1—3—5　握锯方法

（2）站立位置与姿势。锯削的站立位置与錾削基本相同，右脚支撑身体重心，双手扶正手锯放在工件上，左臂微弯曲，右臂与锯削方向基本保持平行，如图 1—3—6 所示。

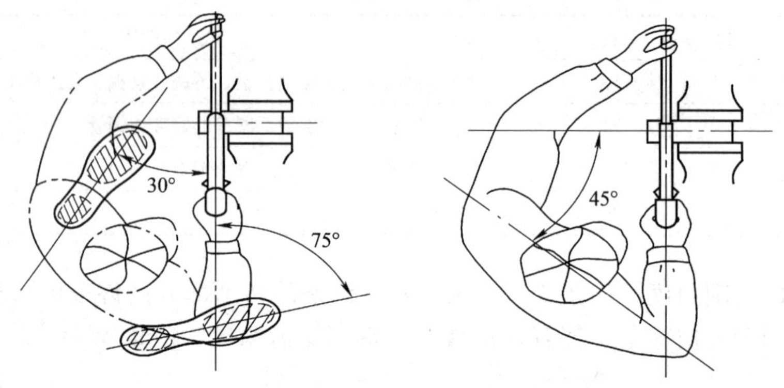

图 1—3—6　锯削站立位置与姿势

（3）起锯时角度。如图1—3—7所示，起锯时左手拇指靠住锯条，起锯角大约为15°。起锯角过大，锯齿被棱边卡住，会碰落锯齿；起锯角过小，锯齿不易切入工件，可能打滑。

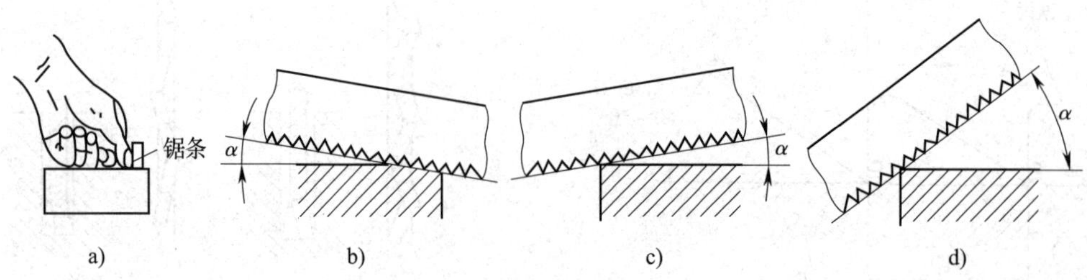

图 1—3—7　起锯时角度

a）用拇指引导锯条切入　b）正确　c）正确　d）错误

2. 锯削动作

如图 1—3—8 所示，锯削时双脚站立不动。推锯时，右腿保持伸直状态，身体重心慢慢转移到左腿上，左膝盖弯曲，身体随锯削行程的加大自然前倾；当锯弓前推行程达锯条长度的 3/4 时，身体重心后移，慢慢回到起始状态，并带动锯弓行程至终点后回到锯削开始状态。

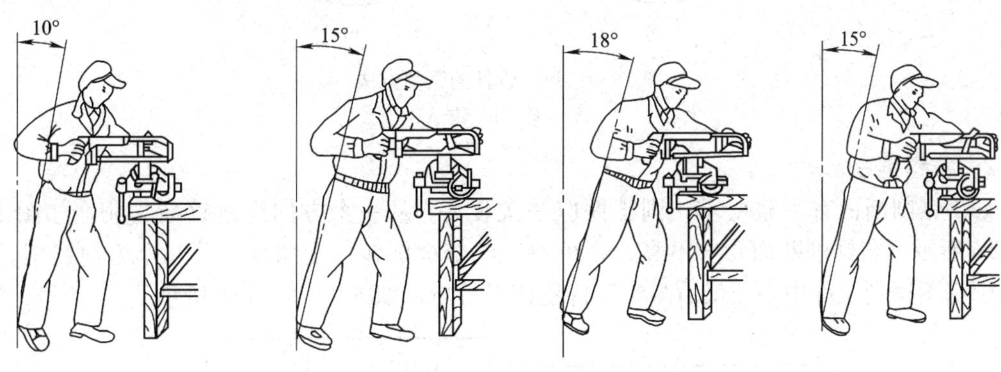

图 1—3—8　锯削动作

锯削运动有两种方式：一种是直线运动，适用于薄型工件、直槽及锯削面精度要求较高的场合；一种是摆动式运动，适用范围较广，推锯时左手微上翘，右手下压，回锯时右手微上翘，左手下压，形成摆动，这样锯削轻松，效率高。锯削时，身动锯才动，身停锯不停，身回锯缓回。

三、下料方法

1. 管件锯削

（1）管件的划线方法。管件锯削时，一般要求划出垂直于轴线的锯削线，管件长度尺寸较大时，可用矩形纸条按锯削尺寸绕工件外圆一周（简称贴条法，见图 1—3—9），然后划出加工线；也可直接按纸条边线锯削。

（2）管件的装夹。对于薄壁管件或精加工过的管件，应夹在有 V 形槽的两块木衬垫之间，以防夹扁管子，破坏加工面精度，如图 1—3—10 所示。

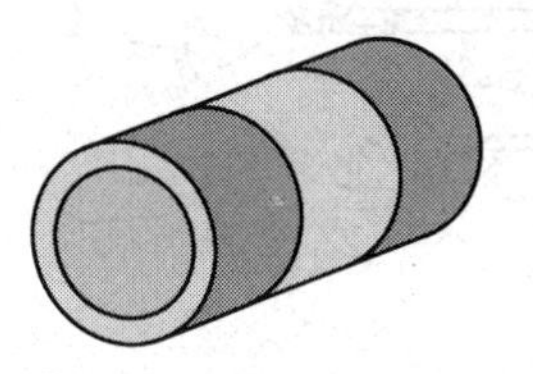

图 1—3—9　管件的划线方法

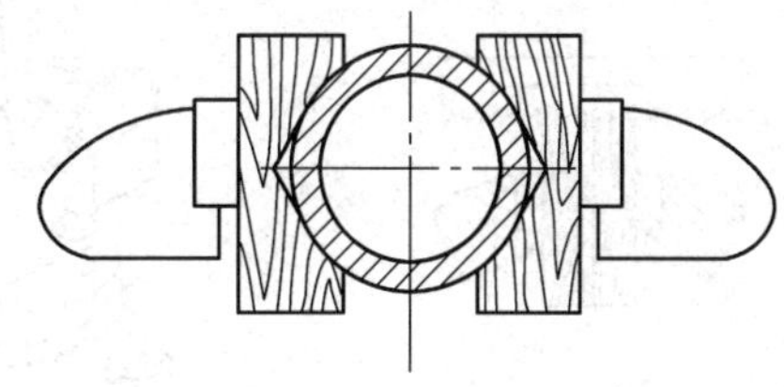

图 1—3—10　管件的装夹

（3）管件的锯削。锯削管件时不能沿一个方向从开始连续锯到结束，因为锯穿管件内壁后锯齿很容易被管壁钩住而崩断，如图 1—3—11b 所示；正确的锯削方法是先从一个方向锯到管件内壁后，把管件向推锯的方向转过一定的角度，连接原锯缝再锯到管件的内壁，逐次进行，直到锯断为止，如图 1—3—11a 所示。

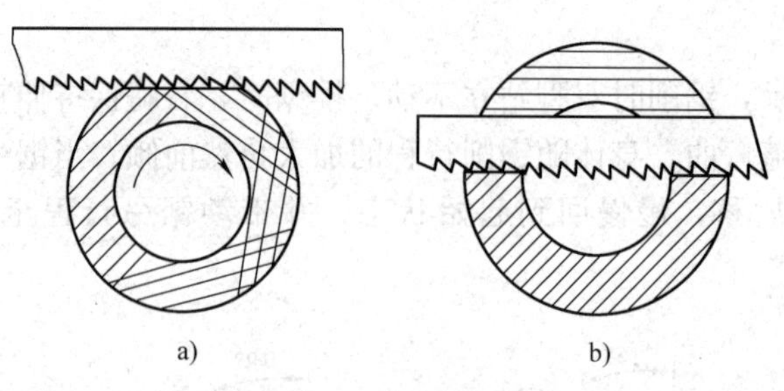

图 1—3—11 管件的锯削方法

a）正确 b）错误

2. 棒料锯削

如果锯削断面有平整要求，则工件应一次装夹，从一个方向连续锯断为止，如图 1—3—12a 所示。若锯削断面要求不高，则可将工件依次旋转一定角度，分几个方向锯削，每次锯削都不锯到工件中心，最后敲击工件使棒料折断，如图 1—3—12b 所示。

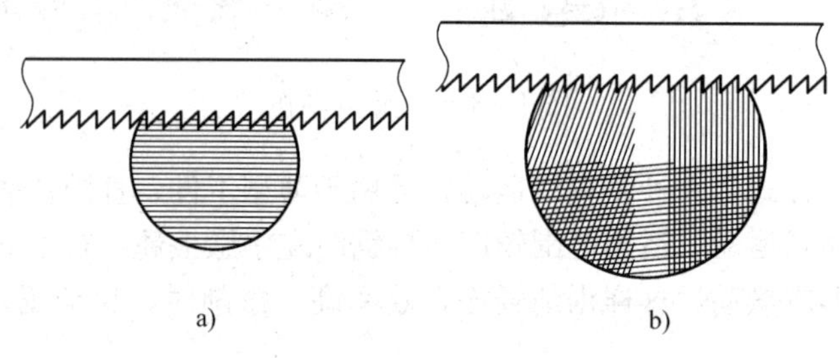

图 1—3—12 棒料的锯削方法

a）一次锯削 b）分次锯削

3. 薄板锯削

薄板是指厚度小于 4 mm 的板材，锯削薄板时易产生变形、颤动或钩住锯齿等现象，因此，应保证同时参加锯削的锯齿数大于 2。锯削薄板有两种方法：一种是用两块木板夹持薄板，连同木板一起沿狭面上锯下，如图 1—3—13a 所示；另一种是把板料直接夹在台虎钳上，用手锯做横向斜锯削，增加同时参加锯削的锯齿数，如图 1—3—13b 所示。

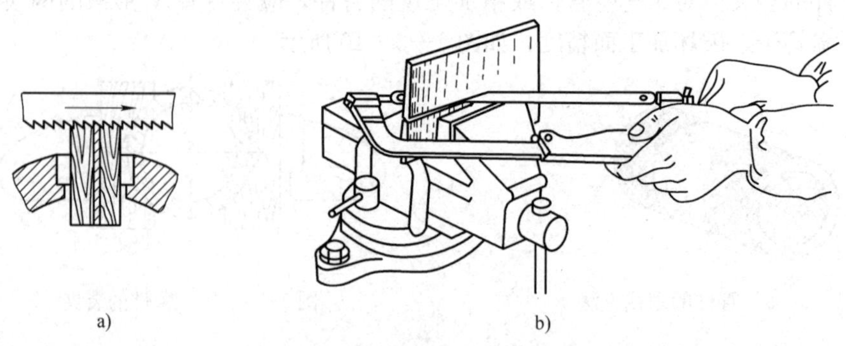

图 1—3—13 薄板的锯削方法

a）木板夹持 b）横向斜锯削

4. 深缝锯削

深缝的深度大于锯弓的高度时，正常安装锯条的方法无法完成锯削工作，如图 1—3—14a

所示。可将锯条转过 90°重新安装，使锯条平面与锯弓平面垂直，锯弓转到工件的外侧，如图 1—3—14b 所示。此时若工件妨碍锯弓，不便操作时，则应将锯条向内安装，使锯弓位于工件的下方再进行锯削，如图 1—3—14c 所示。

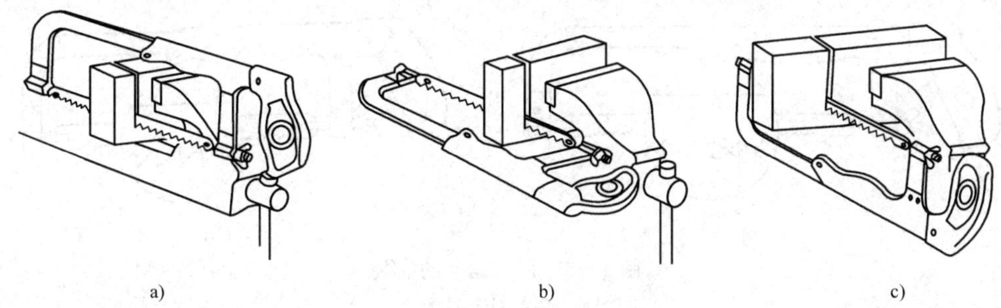

a)　　b)　　c)

图 1—3—14　深缝的锯削方法

a）锯条正常安装　b）锯条旋转 90°安装　c）锯条向内安装

任务实施

一、准备工作

1. 材料

45 钢角尺尺座半成品一个。

2. 工量具

游标卡尺、锯弓、中齿锯条、台虎钳、平台、方箱、游标高度尺等。

二、操作步骤

1. 划锯削加工线

将工件上一个錾削平面贴紧方箱，一条下母线置于平台上，将游标高度尺调至 30 mm 示值刻线处，划出图样中第一条锯削加工线；然后，将工件在垂直平面内旋转 180°，划出第二条锯削加工线，划线方法如图 1—3—15 所示。

2. 装夹工件

将划好线的工件竖着装夹在台虎钳的左面，使锯缝离开钳口侧面约 15 mm，保证锯缝线与钳口侧面平行（锯缝线为铅垂方向），且要装夹牢固，如图 1—3—16 所示。

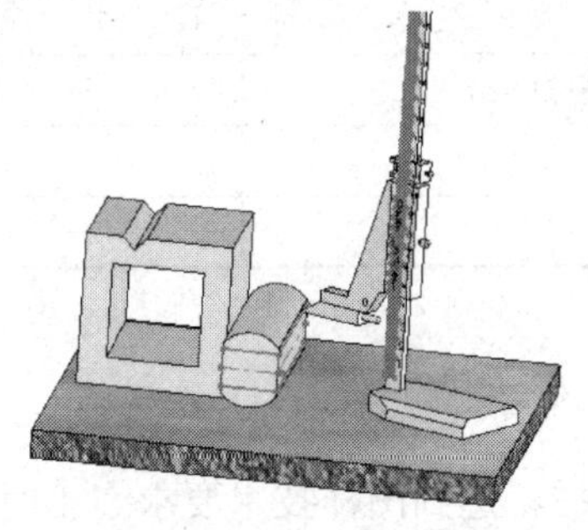

图 1—3—15　划锯削加工线

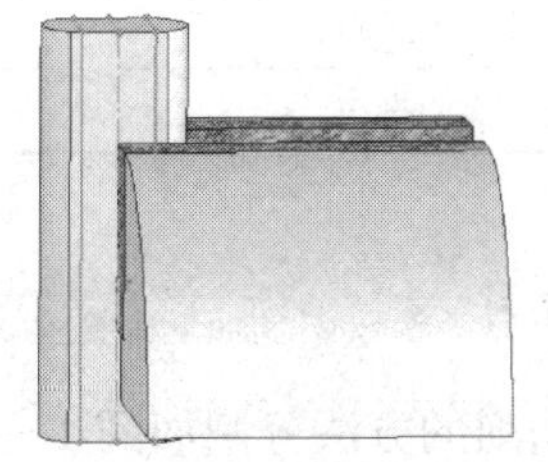

图 1—3—16　工件的装夹方法

3. 锯削加工

锯削前首先要安装好锯条。安装时，保证齿尖的方向朝前，如图 1—3—17 所示。锯条的松紧要适当，装好后锯条应尽量与锯弓在同一平面内，不要有扭曲现象。

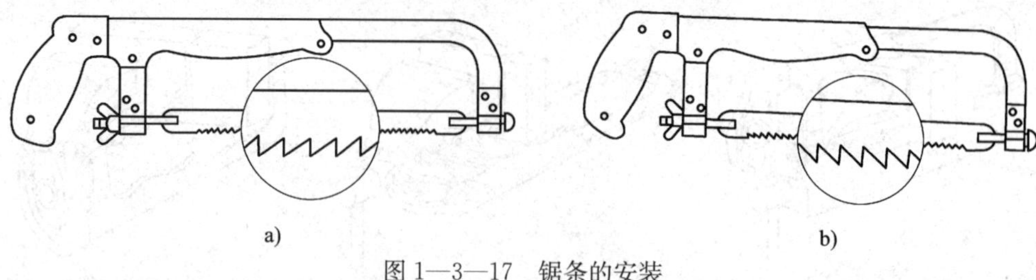

图 1—3—17　锯条的安装

a）错误　b）正确

锯削时，右手握持已装好锯条的锯弓，调整好站立位置和锯削姿势，用远起锯方法开始锯削，当锯削至锯弓要与工件相碰时，停止锯削，重新装夹工件，从工件的另一端面起锯接头锯削，保证锯痕整齐。锯削完一个表面后，重新装夹工件，锯削另一面，直至两个面锯削完为止。用游标卡尺根据图样要求检测工件尺寸精度。

三、注意事项

（1）锯削硬材料时应加切削液，对锯条进行冷却润滑。

（2）当锯削工作接近结束时，压力要小，速度要慢，防止工件突然断裂，折断锯条或发生其他伤害事故。

（3）锯削过程中不要突然用力，防止锯条折断崩出伤人。

（4）要使用锯条有效全长进行锯削，避免锯条部分磨损。

任务评价

评分标准

序号	项目与技术要求	配分	评分标准	检测结果	得分
1	尺寸要求（20±0.8）mm 合格	25	每超差 0.2 mm 扣 6 分		
2	平面度误差 1 mm 合格	15×2	每超差 0.2 mm 扣 3 分		
3	锯削的姿势正确，速度合理	15	酌情扣分		
4	锯削断面整齐	5×2	酌情扣分		
5	锯条使用正确	5	每折断一根扣 3 分		
6	工件装夹正确	5	酌情扣分		
7	安全文明操作	10	酌情扣分		

思考与练习

1. 用锯削的方法分割如图 1—3—18 所示的六方柱，达到图样技术要求。工时 30 min，工件材料为 HT150。

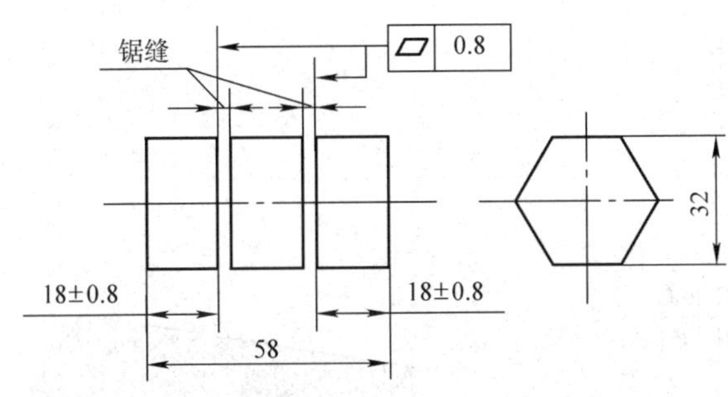

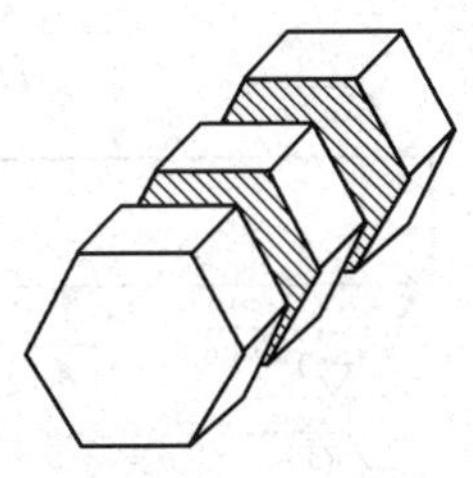

图 1—3—18　六方柱

2. 锯条为什么要有锯路?

3. 当棒料锯削面精度要求较高时，宜采用怎样的锯削方法?

任务 4　锉　　削

◆ **教学目标**

◎ 了解锉削的特点及应用

◎ 掌握锉削的姿势与操作方法

◎ 认识锉刀的规格及种类

◎ 掌握平面及曲面的锉削方法

◎ 掌握塞尺的使用方法

◎ 掌握锉削加工过程中质量检验和质量控制方法

用锉刀对工件表面进行切削加工的操作称为锉削。锉削可加工内外平面、内外曲面、内外沟槽、内孔、各种复杂表面；装配中可以配键、修整工件；工具制作中可以制作样板；模具制造中可以实现某些特殊形面和位置的加工。

锉削多用于小余量的精加工，常安排在錾削和锯削加工之后，加工精度可以达到 0.01 mm，表面粗糙度值可达 $Ra0.8$ μm。锉削是衡量钳工技能水平的主要操作之一。锉刀是锉削常用的工具，刀口尺、塞尺是锉削后检验常用的量具。

任务提出

制作如图 1—4—1 所示 90°角尺的尺座，该零件为 90°角尺的测量基准，精度要求较高，须完成 4 个平面的加工。工件材料是 45 钢，毛坯尺寸为 110 mm×30 mm×20 mm，工时 12 h。

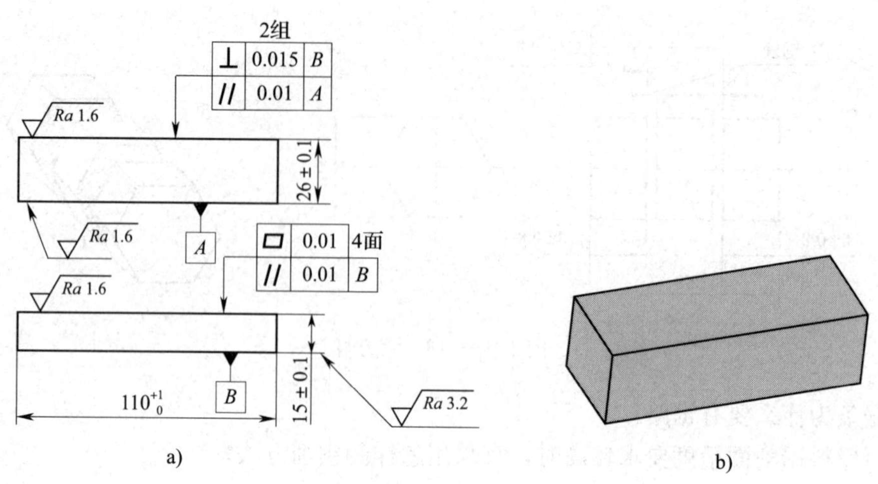

图 1—4—1　90°角尺尺座

a）零件图　b）实物图

任务分析

由于该零件尺寸精度、形位公差和表面粗糙度精度要求较高，工件的加工余量不大，要完成该任务，适合选用锉削方法加工各平面，最后得到一个长方体零件。操作步骤如下：合理选择锉削工具和量具→装夹工件→锉削加工 4 个平面。

相关知识

一、锉刀

1. 锉刀的结构

锉刀由锉身和锉柄组成，如图 1—4—2 所示。锉身由锉刀面、锉刀边、锉刀尾和锉刀舌等组成。根据锉纹方向不同，锉刀可分为双齿纹锉刀和单齿纹锉刀。上下两个锉刀面都制有倾角不相等的两个方向的锉纹的锉刀，称为双齿纹锉刀，如图 1—4—3 所示；只有一个方向锉纹的单齿纹锉刀，用于锉削软材料，如图 1—4—4 所示。锉刀边是锉刀的两个侧面，分为光边和有齿边。锉刀舌呈楔形，与木制锉刀柄内孔相配合，并用铁箍扎紧。

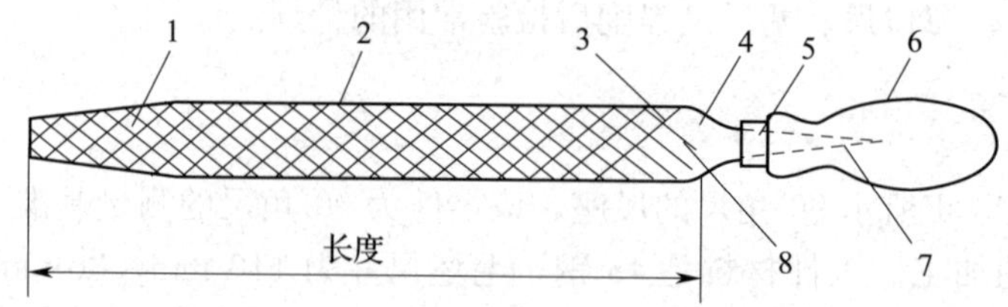

图 1—4—2　锉刀的结构

1—锉刀面　2—锉刀边　3—底齿　4—锉刀尾　5—铁箍　6—锉刀柄　7—锉刀舌　8—面齿

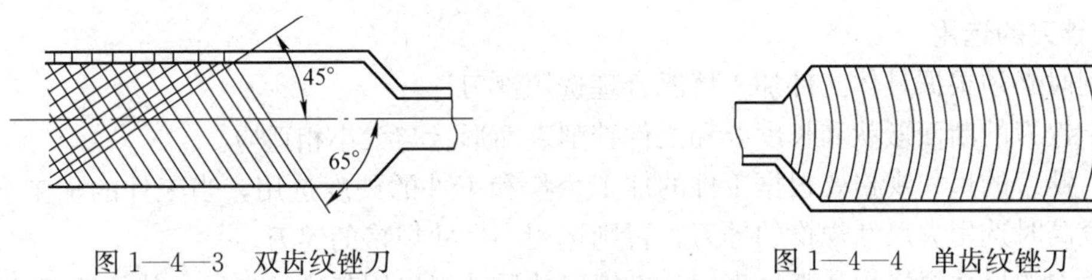

图 1—4—3　双齿纹锉刀　　　　图 1—4—4　单齿纹锉刀

2．锉刀的种类

按照锉刀的用途可分为钳工锉、整形锉和异形锉三种。

（1）钳工锉按锉刀断面形状可分为板锉（又称平锉或扁锉）、半圆锉、方锉、三角锉和圆锉五种，如图 1—4—5 所示为钳工锉断面形状。其中，板锉、半圆锉、圆锉可以用来锉削曲面。

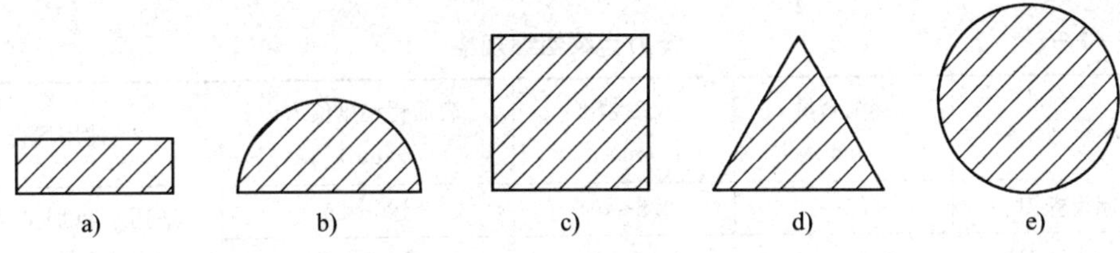

图 1—4—5　钳工锉断面形状

a）板锉　b）半圆锉　c）方锉　d）三角锉　e）圆锉

（2）整形锉（又称组锉或什锦锉）是将同一长度而不同断面形状的小锉刀分组配备成套，通常以 5 把、6 把、8 把、10 把或 12 把为一套，用于修整工件上的细小部分，如图 1—4—6 所示。

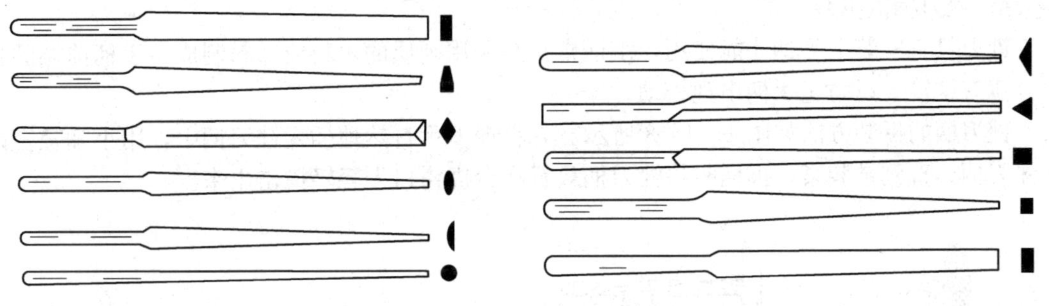

图 1—4—6　整形锉

（3）异形锉用来锉削工件的特殊表面，按锉刀断面形状可分为刀口锉、菱形锉、三角锉、椭圆锉和圆肚锉等，如图 1—4—7 所示。

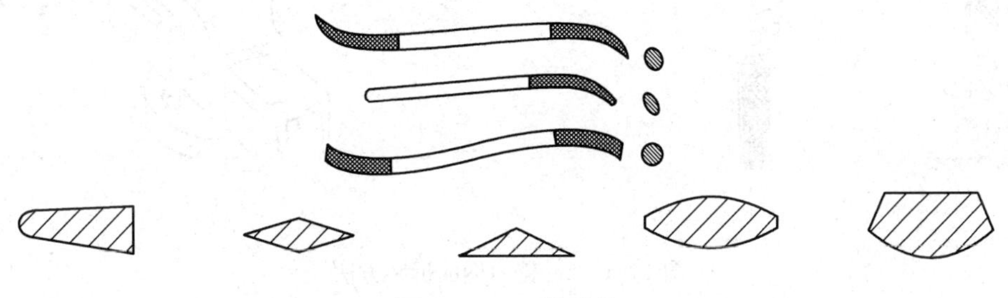

图 1—4—7　异形锉

3. 锉刀的选用

锉削时必须根据具体工件加工情况合理选用锉刀。

(1) 锉刀的断面形状和长度要和工件锉削表面形状与大小相适应。

(2) 锉刀的尺寸规格要根据工件的加工余量和工件的硬度选用，当工件的加工余量大、材质硬度高时选用大尺寸规格的锉刀，否则选用小尺寸规格的锉刀。

圆锉刀的尺寸规格用其直径表示；方锉刀的尺寸规格用其边长表示；其他锉刀的尺寸规格用锉身长度表示，常用的有 100 mm、150 mm、200 mm 和 300 mm 等尺寸规格。

(3) 锉刀的粗细规格要根据工件的加工余量、精度和表面粗糙度要求选用，一般当余量大、精度低、表面粗糙度值大时，选用粗齿锉刀，否则选用细齿锉刀。锉刀齿纹粗细规格，以锉刀每 10 mm 轴向长度内主锉纹的条数表示，见表 1—4—1。

表 1—4—1　　锉刀齿纹粗细规格

锉尺粗细	锉削余量（mm）	尺度精度（mm）	表面粗糙度值 Ra（μm）	使用场合
1号（粗齿锉刀）	0.5～1	0.2～0.5	100～25	适用于粗加工，或锉削铜和铝等金属
2号（中齿锉刀）	0.2～0.5	0.05～0.2	25～6.3	
3号（细齿锉刀）	0.1～0.3	0.02～0.05	12.5～3.2	适用于锉削钢或铸铁等
4号（双细齿锉刀）	0.1～0.2	0.01～0.02	6.3～1.6	
5号（油光锉刀）	0.1以下	0.01	1.6～0.8	适用于最后修光表面

4. 锉刀柄的拆装

锉刀只有安装上手柄才能使用，手柄常常是采用硬质的木料或塑料制成，手柄前端圆柱部分镶有铁箍，以防止手柄出现松动。

锉刀柄的拆装方法如图 1—4—8 所示。先将锉刀舌自然地插入锉刀柄中，用小锤轻轻敲击锉刀柄，直到被装紧。拆柄时将锉刀柄放置在台虎钳口上轻轻撞击出来。

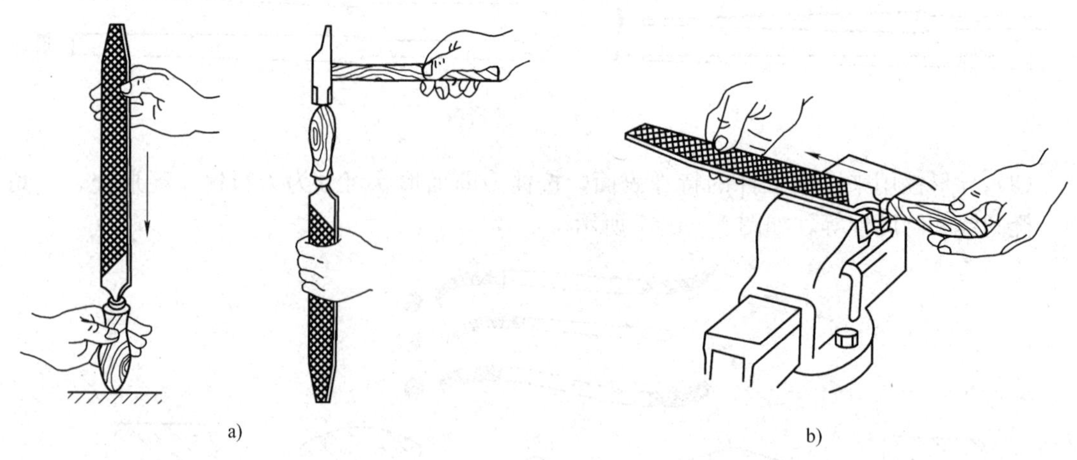

图 1—4—8　锉刀柄的拆装方法

a）安装　b）拆卸

二、塞尺和刀口尺

1. 塞尺

又称厚薄规，是用于测量间隙大小的片状量规。

（1）塞尺的结构组成。塞尺有两个平行测量面，长度有 100 mm、150 mm、200 mm 和 300 mm 等规格。厚度范围为 0.02～0.1 mm 组的，每片之间厚度相差 0.01 mm，如图 1—4—9 所示；厚度范围为 0.1～1 mm 组的，每片之间厚度相差 0.05 mm，片片叠合在夹板中。

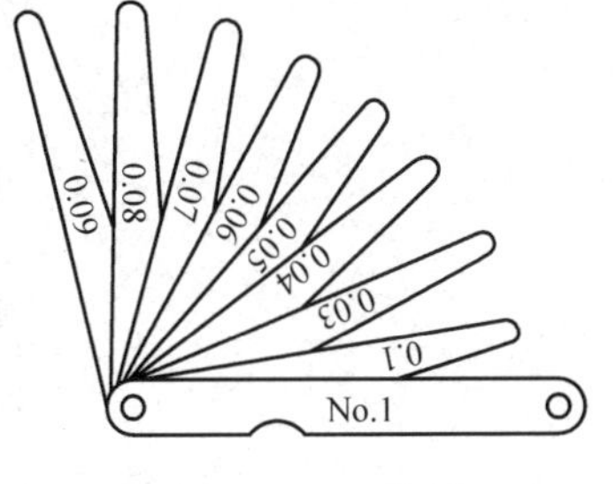

图 1—4—9　塞尺

（2）塞尺的使用。塞尺使用时，根据间隙的大小，将一片或数片叠加插入被测间隙中，通过不同厚度组合，找出不能插入间隙的最小组合尺寸数值和能够插入间隙的最大组合尺寸数值，则工件的间隙在最小与最大组合尺寸数值之间。

（3）塞尺的使用注意事项。塞尺每片很薄，易弯曲和折断，测量时不能用力太大，不能测量高温工件。用完后擦干净，及时合到夹板中去。

2. 刀口尺

主要用于以光隙法进行直线度测量和平面度测量，也可与量块一起用于检验平面精度。

（1）刀口尺具有结构简单、重量轻、不生锈、操作方便、测量效率高等优点，是机械加工常用的测量工具。

（2）刀口尺在使用时的注意事项：可在刀口尺与工件紧靠处用塞尺插入，根据塞尺的厚度即可确定平面度误差。测量时将刀口尺的刀口垂直放置在被测平面上，用塞尺来塞刀口下的缝隙，从而测量出平面度误差。检验平面时，如果刀口尺与工件平面透光微弱而均匀，则该工件平面度合格；如果透光强弱不一，则说明该工件平面凹凸不平。注意每次检查前要去除工件毛刺。

三、锉削操作要点

1. 锉刀握法

右手握锉刀的基本方法如图 1—4—10 所示，锉刀柄端抵住拇指根部手掌，大拇指自然伸直放在锉刀柄上方，其余四指由下而上握紧锉刀柄，手腕保持挺直；与此同时，左手的握法根据锉刀的大小规格不同而不同。

（1）大锉刀握法。大锉刀指尺寸规格大于 250 mm 的板锉。可选择采用如图 1—4—11 所示的握法。左手中指、无名指钩捏住锉刀前端，大拇指根部压在锉刀头部，手掌横放在锉刀前端上面，如图 1—4—11a 所示；左手斜放在锉刀前端上方，除大拇指外其余四指自然弯曲，如图 1—4—11b 所示；左手斜放在锉刀前端上方，手指自然平放，如图 1—4—11c 所示。

（2）中锉刀握法。左手用大拇指和食指捏住锉刀前端，将锉刀端平，如图 1—4—12 所示。

（3）小锉刀握法。左手四指均压在锉刀中部上表面，如图 1—4—13 所示。

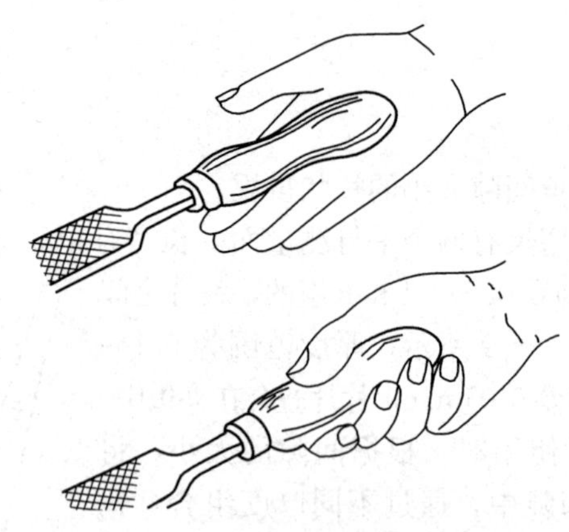

图 1—4—10　右手握锉刀的基本方法

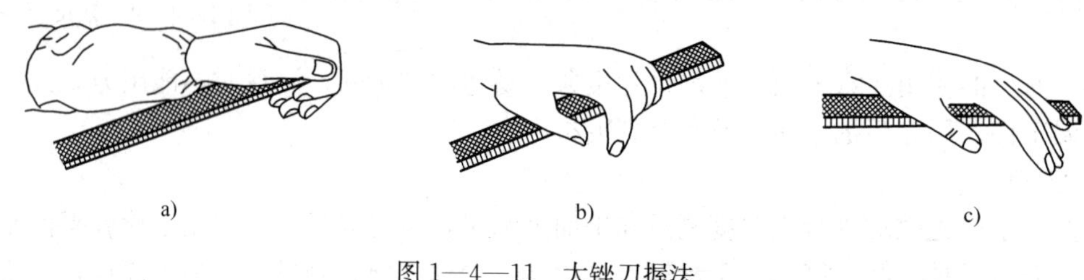

a)　　b)　　c)

图 1—4—11　大锉刀握法

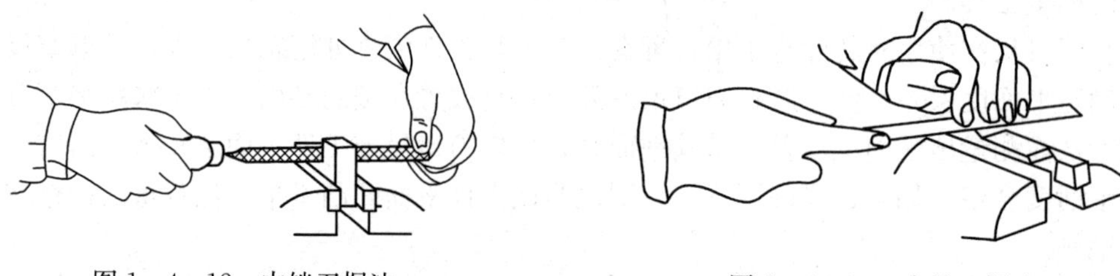

图 1—4—12　中锉刀握法　　图 1—4—13　小锉刀握法

（4）整形锉握法。食指放在锉身上面，拇指放在锉刀的左侧，如图 1—4—14 所示。

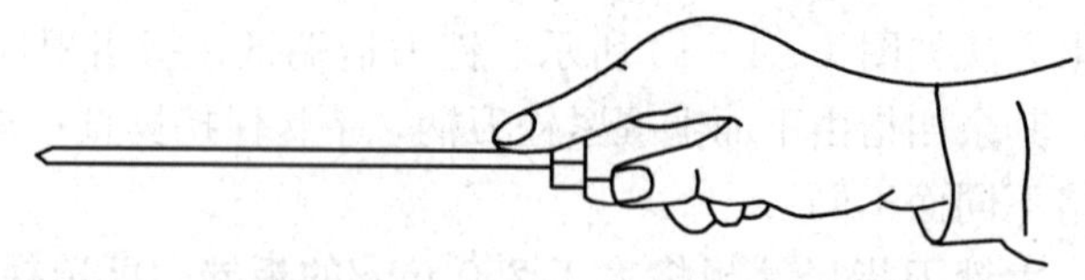

图 1—4—14　整形挫握法

2. 锉削站立位置和姿势

锉削时站立位置和姿势与锯削基本相同。其动作要领是：锉削时，身体先于锉刀向前，随之与锉刀一起前行，重心前移至左脚，膝部弯曲，右腿伸直并前倾，当锉刀行程至 3/4 处时，身体停止前进，两臂继续将锉刀推到锉刀端部，同时将身体重心后移，使身体恢复原位，并顺势将锉刀收回。当锉刀收回接近结束时，身体又开始前倾，进行第二次锉削，如图 1—4—15 所示。

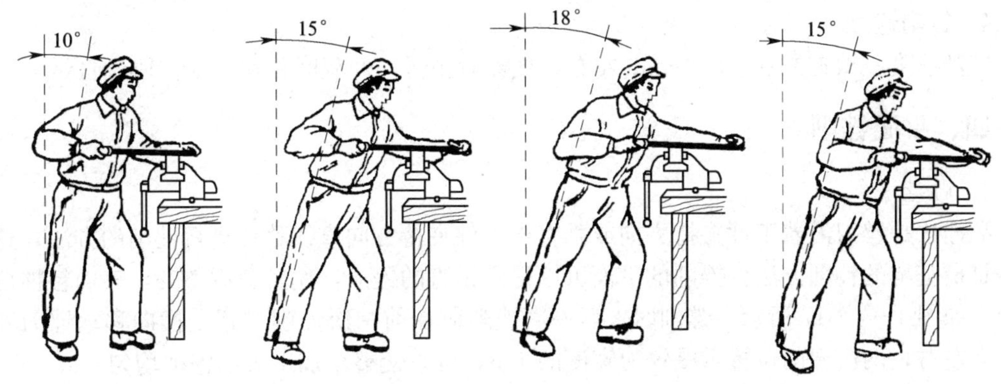

图 1—4—15　锉削站立位置和姿势

3. 锉削力

锉削时，要锉出平直的平面，两手加在锉刀上的力要保证锉刀平衡，使锉刀做水平直线运动。锉刀的锉削运动过程，瞬间可视为杠杆平衡问题（工件可视为支点，左手为阻力作用点，右手为动力作用点）。每次锉刀运动时，右手力随锉刀推动而逐渐增加，左手力逐渐减小，回程时不施力，从而保证锉刀平衡，受力情况分解如图 1—4—16 所示。

（1）开始锉削时，左手施力较大，右手水平分力（推力）大于垂直分力（压力），如图 1—4—16a 所示。

（2）随着锉削行程的逐渐增大，右手施力逐渐增大，左手压力逐渐减小，当行至 1/2 时，两手压力相等，如图 1—4—16b 所示。

（3）当锉削行程超过 1/2 继续增加时，右手压力继续增加，左手压力继续减小，行程至锉削终点时，左手压力最小，右手施力最大，如图 1—4—16c 所示。

（4）锉削回程时，将锉刀抬起，快速返回到开始位置，两手不施压力，如图 1—4—16d 所示。

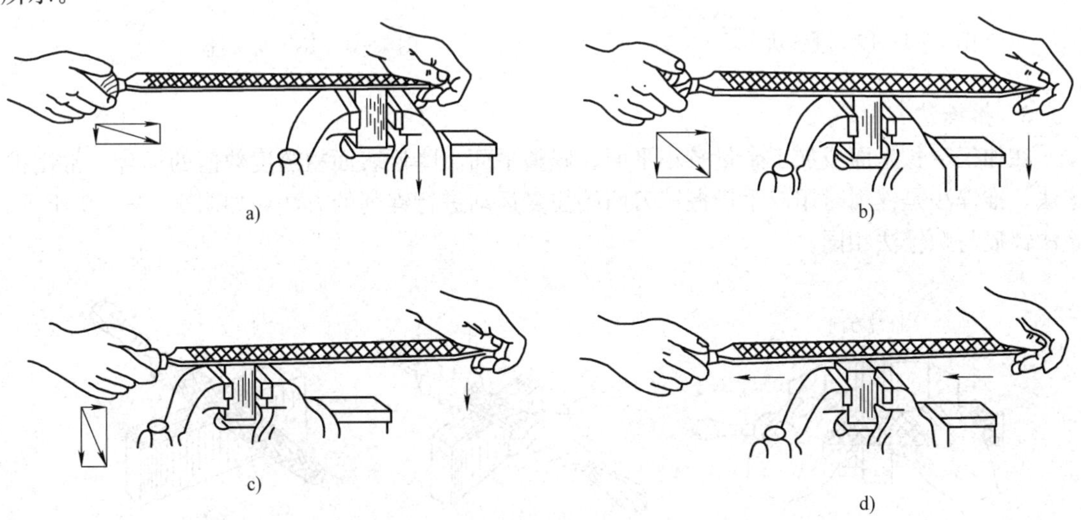

图 1—4—16　锉刀受力情况分解

a）起锉　b）半程　c）全程　d）回程

4. 锉削速度

锉削速度一般控制在 40 次/min 左右，推锉时稍慢，回程时稍快，动作协调自然。

四、平面锉削

1. 顺锉法

顺锉法是锉刀沿着工件夹持方向或垂直于工件夹持方向直线移动进行锉削的方法，这种方法是最基本的锉削方法。锉削的平面可以得到正直的锉痕，比较美观整齐，表面粗糙度值较小，如图 1—4—17 所示。锉削时，后一次锉削应在前一次锉削位置处横向移动锉刀宽度的 2/3 左右，两次锉削位置重叠锉刀宽度的 1/3，可以使整个加工表面锉削均匀。

2. 交叉锉

交叉锉是锉削时锉刀从两个方向交叉对工件表面进行锉削的方法。锉刀的运动方向与工件夹持方向约成 50°～60°角，如图 1—4—18 所示。一般是先从一个方向锉完整个表面，再从另一个方向锉削该表面。该法由于锉刀与工件接触面积较大，掌握锉刀平稳，通过锉痕易判断加工面的高低不平情况，平面度较好。

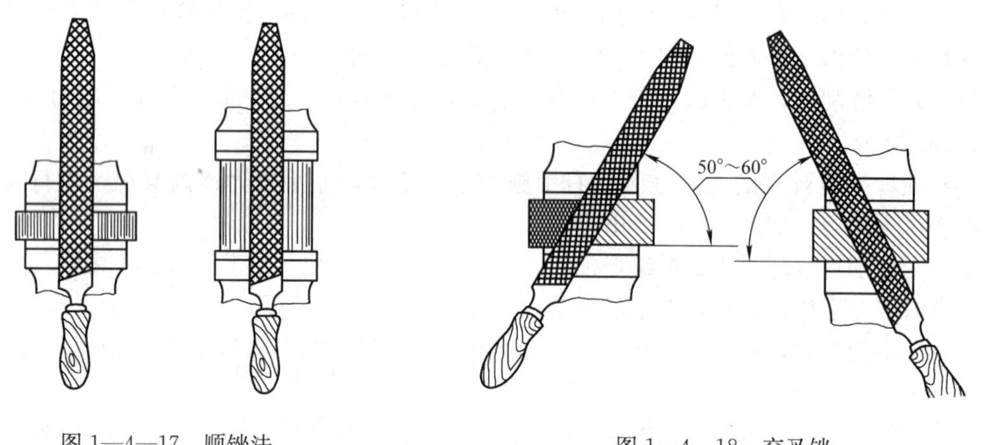

图 1—4—17　顺锉法　　图 1—4—18　交叉锉

3. 推锉法

在加工窄长平面或加工余量较小平面、修整平面、降低表面粗糙度数值的场合，常用推锉法。推锉法是锉削时用双手横握锉刀两端往复运动进行锉削的方法，如图 1—4—19 所示。该法锉痕与顺锉法相同。

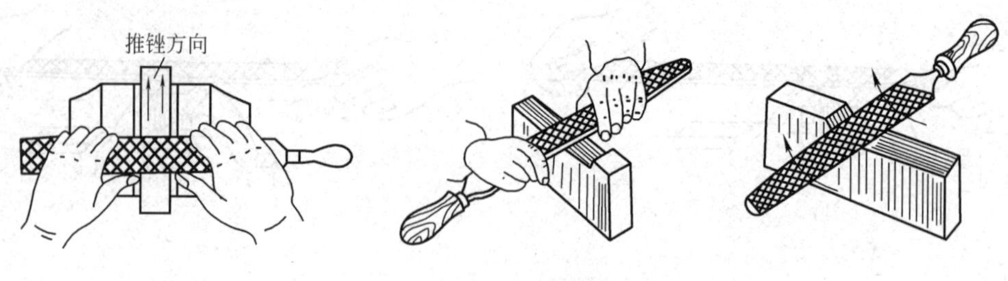

图 1—4—19　推锉法

任务实施

一、准备工作

1. 锉削材料

任务 3 锯削后的材料。

2. 量具

游标卡尺、刀口尺、塞尺和 90°宽座角尺。

3. 工具、设备

板锉 300 mm（粗）、200 mm（中）、150 mm（细）各一只，整形锉，台虎钳。

4. 划线工具

平台、V 形架、游标高度尺。

二、操作步骤

1. 划锉削加工线

将工件靠在 V 形架侧面，用游标高度尺在毛坯 30 mm 高的平面内划出两个锉削平面的锉削加工线（宽度 26 mm 的加工线），每个平面的加工余量均为 2 mm，如图 1—4—20 所示。

图 1—4—20　划锉削加工线

2. 装夹工件

将划好线的工件正确地夹紧在台虎钳中间，锉削面略高出钳口面，夹持面为锯削面。

3. 锉削基准面 A

先用 300 mm 板锉粗加工錾削后的毛坯面，将錾痕去掉，然后加工平面 A，待余量还有 0.5 mm 左右时，改用 200 mm 的中齿锉刀，加工至余量留有 0.15 mm 左右时，用150 mm 细齿锉刀加工至尺寸线宽度中间位置，最后用整形锉修整表面，达到平面度和表面粗糙度要求。

4. 测量尺寸和平面度

锉削过程中，要经常用游标卡尺测量尺寸，控制工件大小和精度，以保证各项精度对加工余量的要求。平面度采用刀口尺通过透光法来检查。检查时，刀口尺垂直放在工件表面上，如图 1—4—21a 所示，并在加工面的横向、纵向、对角方向多处逐一测量，如图 1—4—21b 所示，以确定各方向的直线度误差，误差值的大小可用塞尺塞入检查，检查位置应是透光最强处。

5. 锉削基准面 A 的对面

以加工好的基准面 A 为基准，锉削 A 面的对面，加工方法仍然是先粗加工，后精加工，并用游标卡尺控制尺寸精度达到要求，用细锉、整形锉控制表面粗糙度和平面度。

6. 划另一组锉削面的加工线

以基准面 A 为基准，贴紧 V 形架基准面，在毛坯 20 mm 高的平面内划出两个锉削平面的加工线（高度 15 mm 的加工线），两面的加工余量均为 2.5 mm。划线方法同步骤 1。

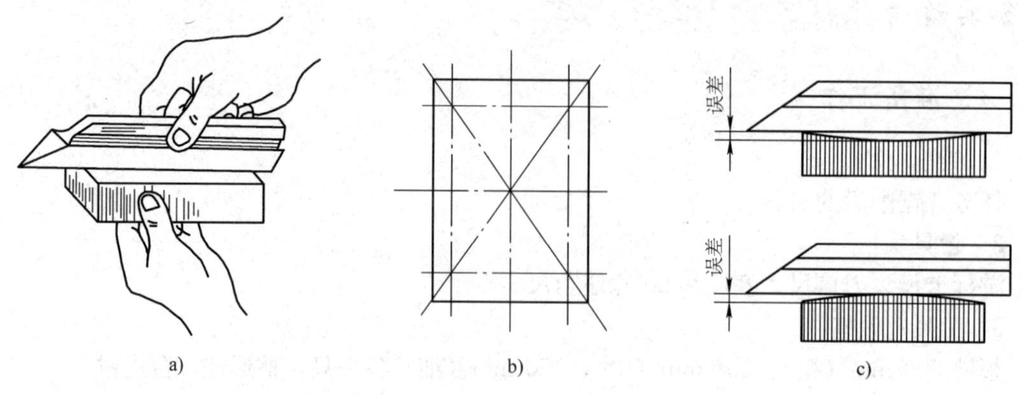

图 1—4—21　用刀口尺测量平面度

a）刀口尺垂直放置　b）多处测量　c）直线度误差

7. 锉削 *A* 面的相邻面即基准面 *B*

锉削方法与基准面 *A* 的加工方法相同，同时要用 90°宽座角尺采用透光法控制基准面 *B* 与基准面 *A* 的垂直度，测量方法如图 1—4—22 所示。其他精度检查方法同 *A* 面的检查方法。

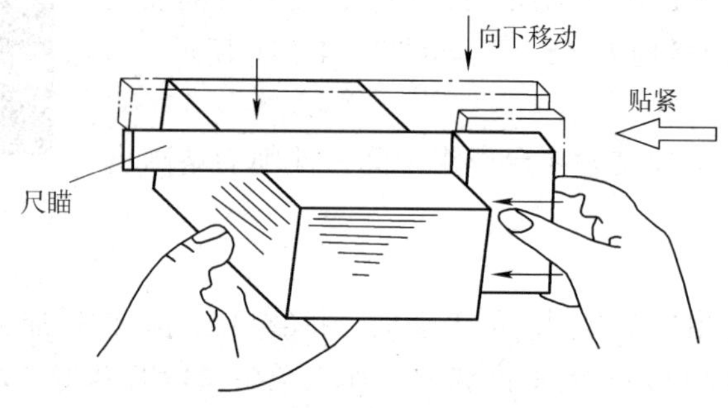

图 1—4—22　用 90°宽座角尺测量垂直度

用 90°宽座角尺测量垂直度时，可以和塞尺配合测量出垂直度误差的数值大小，以确定是否超差。检查时掌握以下几点：

（1）先将角尺尺座的测量面紧贴工件的基准面，然后从上逐渐轻轻向下移动，使角尺尺瞄的测量面与工件的被测量面接触，眼光平视观察透光情况，判断工件被测面与基准面是否垂直。检查时，角尺不可斜放，否则测量结果不准确。

（2）用角尺测量垂直度时，可将塞尺塞进尺瞄与被测表面间的最大空隙中，根据塞尺组合厚度得到垂直度误差的数值。

8. 锉削基准面 *B* 的对面

锉削方法与 *A*、*B* 面相同。用游标卡尺控制尺寸精度，用 90°宽座角尺控制与 *A* 面的垂直度。

9. 复检

去毛刺，全部精度复检，并做必要的修整锉削，达到技术要求。

三、注意事项

(1) 基准面作为加工和测量的基准，必须达到规定的技术要求，才能加工其他平面。
(2) 注意加工顺序，即先加工平行面，后加工垂直面。
(3) 每次测量时，锐边必须去除，保证测量的准确性。
(4) 新锉刀要先用一面，不可锉毛坯、淬硬工件，不可沾油沾水，并尽可能使锉刀全长锉削。
(5) 锉刀不能叠放，不能当撬杠或敲击工具，不使用无装柄锉刀。
(6) 经常用钢丝刷或铁片沿锉刀齿纹方向清除金属切屑。

任务评价

评分标准

序号	项目与技术要求		配分	评分标准	检测结果	得分
1	锉削姿势、动作自然		10	酌情扣分		
2	握锉方法正确		10	酌情扣分		
3	尺寸	(26±0.1) mm	5	超差不得分		
		(15±0.1) mm	5	超差不得分		
4	平面度	0.01 mm (4处)	4×5	超差一处扣5分		
5	垂直度	0.015 mm (2组)	2×5	超差一处扣5分		
6	平行度	0.01 mm (2组)	2×5	超差一处扣5分		
7	表面粗糙度	1.6 μm (2面)	2×5	目测超差一处扣5分		
		3.2 μm (2面)	2×5	目测超差一处扣5分		
8	安全文明操作		10	酌情扣分		

思考与练习

1. 锉削如图1—4—23所示六角螺母的曲面。

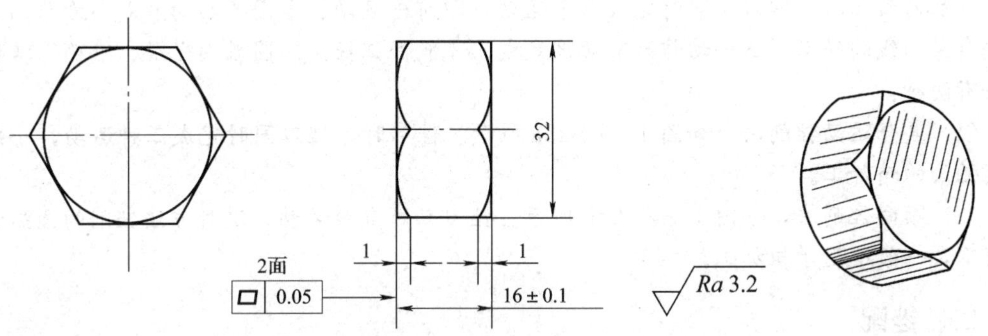

图1—4—23 六角螺母零件图

2. 锉削内、外圆弧面时，选用的锉刀有什么区别？
3. 锉削内圆弧面时，锉刀要同时完成哪几个运动？

知识拓展

一、曲面锉削

曲面锉削时锉刀握法、锉削站立位置和姿势、锉削力控制、锉削速度大小与平面锉削相同，不同之处是锉削方法。

1. 外曲面锉削方法

锉削外曲面时，锉刀要同时完成两个运动，即前进运动和绕工件圆弧中心的转动，且两个动作要协调，速度要均匀。其锉削方法有两种：

（1）顺向锉削法，如图1—4—24a所示。锉削时，右手向前推锉的同时向下施加压力，左手随着向前运动的同时向上提锉刀。锉削前一般先将锉削面锉成多棱形。这种锉削方法能使圆弧面光滑，适用于圆弧面的精加工。

（2）横向锉削法，如图1—4—24b所示。锉削时，锉刀做直线推进的同时做短距离的横向移动，锉刀不随圆弧面摆动。这种锉削方法加工的圆弧面往往呈多棱形，接近圆弧而不光滑，需要用顺向锉削法精锉，常用于大余量的粗加工。

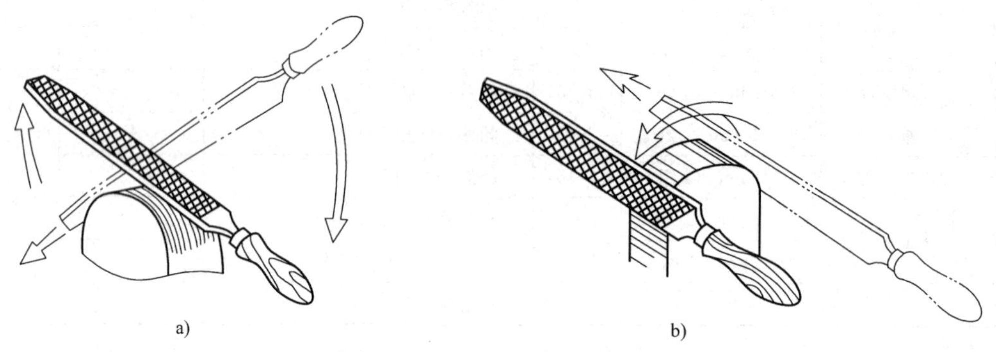

图1—4—24　外曲面锉削方法
a）顺向锉削法　b）横向锉削法

2. 内曲面锉削方法

锉削内曲面时，锉刀要同时完成三个运动，即前进运动、沿圆弧面向左或向右移动、锉刀绕自身轴线的转动。三个动作只有协调完成，才能保证锉出的圆弧面光滑、准确。其锉削方法有两种：

（1）复合运动锉削法，如图1—4—25a所示。锉削时，锉刀同时完成三种运动，一般用于圆弧面的精加工。

（2）顺向锉削法，如图1—4—25b所示。锉刀只做直线运动，这种方法锉削的圆弧面呈多棱形，一般适用于粗加工。

二、锉配

锉配也称为镶嵌，是利用锉削使两个或两个以上的零件达到一定配合精度要求的加工方法。锉配时通常先锉好配合工件中的外表面零件，然后以该零件为标准，配锉内表面零件，使之达到配合精度要求。

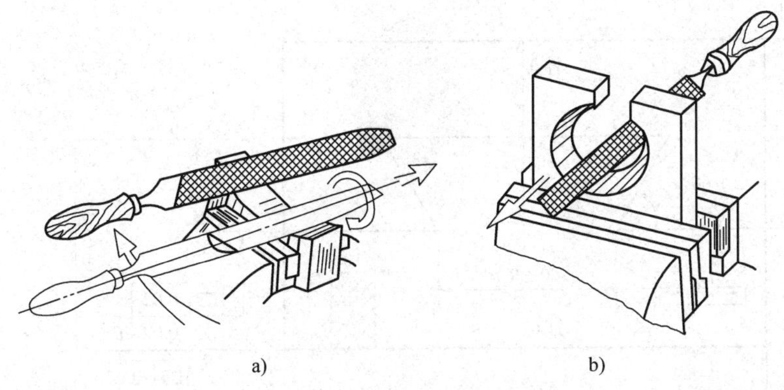

图 1—4—25 内曲面锉削方法

a）复合运动锉削法 b）顺向锉削法

锉配工艺即锉配步骤、锉削工序的排列顺序，其合理性不但影响锉削加工的难易程度，而且决定着两工件配合精度的高低。

1. 锉配工艺制定的原则

根据零件的经济精度和表面粗糙度要求来考虑。一般情况按照基轴制安排两工件的加工顺序，把“轴类”工件作为锉配基准件，首先加工，并分为粗、精加工工序，以保证工件精度；特殊情况可以采用基孔制加工。加工完基准件后再锉配配合件。

2. 锉配工艺的拟定

拟定工艺路线时应考虑以下问题：

(1) 基准件和非基准件的确定：先基准件，后非基准件。

(2) 零件表面的加工顺序和加工方法：必须在保证零件达到图样要求稳定可靠的前提下，根据每个表面的技术要求确定。先基准面，后其他面；如有多个基准面，按照逐步提高精度的原则确定基准面的转换顺序。

(3) 加工工序的确定：先粗后精，先主后次。

如图 1—4—26 所示，该图形为两个单独的燕尾零件配合，其加工方法如下。

根据零件图给定的尺寸，分别加工单个零件。

首先加工件Ⅰ，识读燕尾配合图及件Ⅰ零件图，确定加工基准、测量基准，件Ⅰ加工工序如下：

(1) 备料后，外形尺寸及形位公差由铣床、磨床加工到位；

(2) 划线——燕尾部分；

(3) 锯削——废料去除，保证余量 0.5 mm；

(4) 锉削——粗加工燕尾部分，保证余量 0.1～0.2 mm；

(5) 锉削——精修燕尾各部分，保证尺寸、角度、表面质量及形位公差要求（专用样板检测）；

(6) 去毛刺、倒角。

再加工件Ⅱ，按照件Ⅰ的加工方法完成，两者分开加工，互不影响。

先从一个方向试配，用透光法检查接触部位，修整至配合要求；再转位互换试配，达到翻面配合要求。

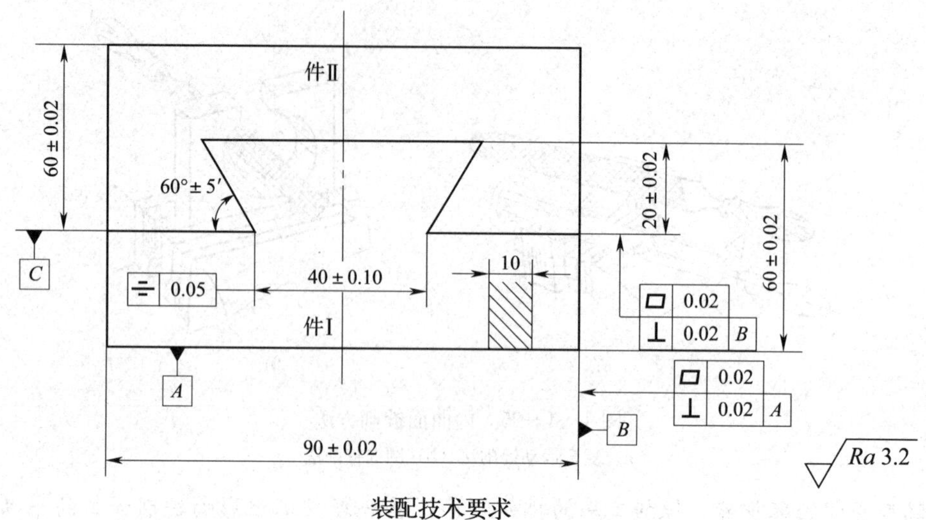

装配技术要求

1.配合间隙0.06mm 2.翻面配合间隙0.06mm 3.材料Q235

图 1—4—26 燕尾零件配合

任务5 刮 削

◆ 教学目标

◎ 掌握刮削的操作方法

◎ 掌握刮削加工过程中质量检验和质量控制方法

◎ 能够制定刮削的工艺路线

用刮刀刮除工件表面薄层而达到精度要求的方法称为刮削。刮削后的工件表面组织致密、精度较高、润滑性好。因此，机床导轨、滑板、滑座、滑动轴承以及部分工具、量具的接触表面常用刮削加工。

任务提出

材料为灰铸铁（HT200）的六面体工件如图 1—5—1 所示，尺寸为 150 mm×150 mm×25 mm。该任务要求刮削六面体上下两平行大平面，直至符合图示精度要求［其中，刮削接触点数 20 点/（25 mm×25 mm），有刮花要求］。

任务分析

如图 1—5—1 所示六面体工件，上下两个大平面要求具有较高的平面度精度（0.01 mm）和平行度精度（0.02 mm），同时要求较小的表面粗糙度值（$Ra\leqslant0.8$ μm），而且这两个加

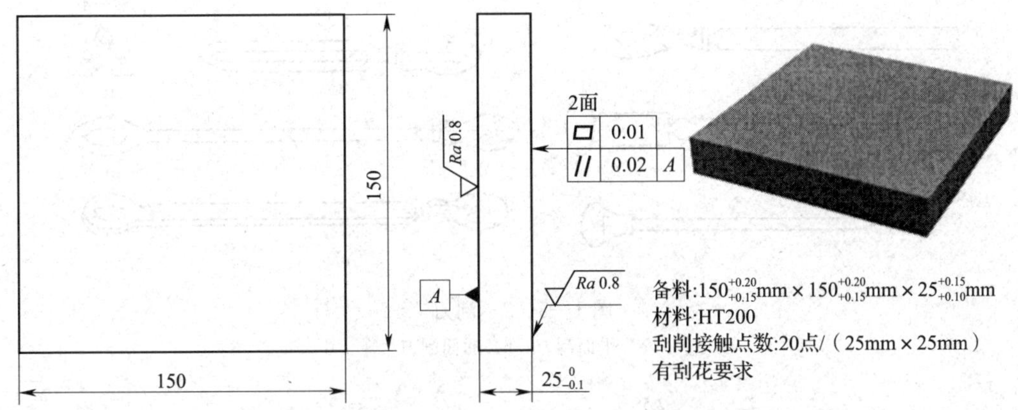

图 1—5—1　六面体平行面刮削

工面加工尺寸较大，如果采用以前学习过的锯削、锉削等工艺既难以加工，又无法保证精度，而刮削可以很好地解决以上问题。该刮削任务的基本加工步骤为：刮削基准平面→刮削基准面的平行面。

相关知识

一、刮削原理

刮削时把显示剂涂在工件或校准工具的表面，然后相互配合推研使工件被刮削表面较高的部位直观显现出来，用刮刀即可准确定位，刮去突出点的金属。因刮削行程中的切削量和切削力较小，切削热及切削变形很小，经过反复多次推研、刮削，可使工件达到所要求的尺寸精度、形状精度、接触精度和较小的表面粗糙度值。

刮削后的工件表面，受刮刀负前角切削的推挤和压光作用，组织致密，表面粗糙度值很小，且均布大量刮削过程中形成的微小凹坑，在运动配合中可以容纳润滑油，具有良好的润滑性，在保证高精度的同时可显著延长零件使用寿命。同时，排列整齐的刮花也具有一定的装饰作用。

刮削劳动强度很大，生产效率低，不利于批量生产。在规模生产中，机床导轨一般先用导轨磨床加工，再进行刮削，既可保证质量，又显著降低了成本。

二、刮削工具

1．刮刀

（1）刮刀的种类和结构。刮刀有平面刮刀和曲面刮刀两种，可根据零件加工表面形状来合理选用。如图 1—5—2a 所示为平面刮刀，适用于平面刮削，也可用来刮削外曲面。曲面刮刀主要用来刮削内曲面（如轴瓦类零件），如图 1—5—2b 所示。

在刮削过程的不同阶段，刮刀有时需根据工序多次刃磨，以获得相应的头部形状和几何角度，平面刮刀不同刮削阶段的头部形状和几何角度要求如图 1—5—3 所示。

（2）刮刀的刃磨和热处理

1）粗磨。粗磨在砂轮机上进行，如图 1—5—4a 所示，使刮刀刀头基本成形，为热处理做好准备。

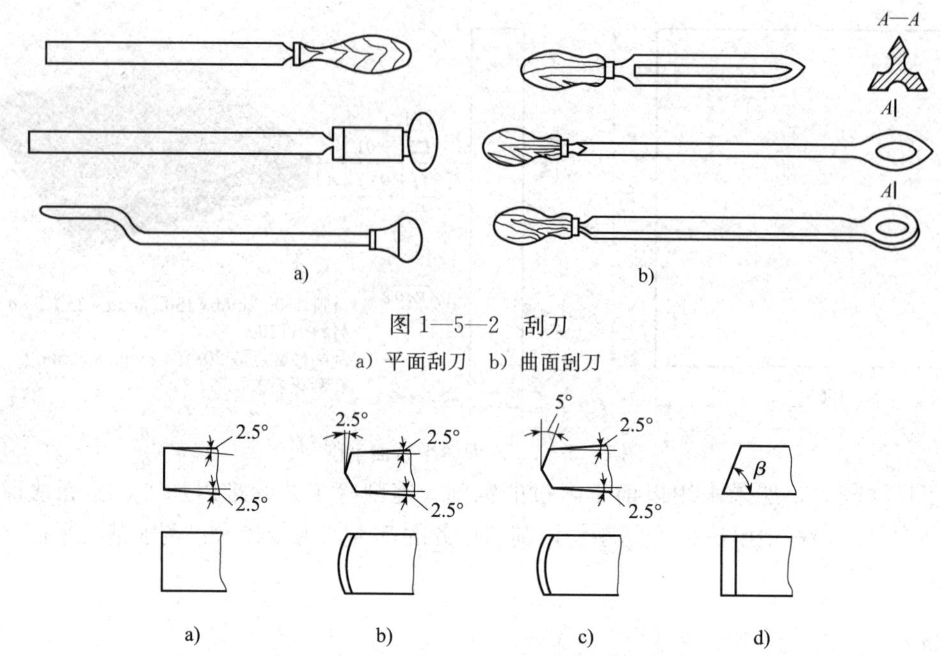

图 1—5—2 刮刀

a）平面刮刀 b）曲面刮刀

图 1—5—3 平面刮刀的头部形状和几何角度

a）粗刮刀 b）细刮刀 c）精刮刀 d）韧性材料刮刀

2）热处理。将粗磨好的刮刀头部（长约 25 mm）放在炉火中缓慢加热到 780～800℃（呈樱红色），取出后迅速放入冷水（或 10%的盐水）中冷却，浸入深度 8～10 mm，并将刮刀沿着水面缓缓移动，待冷却到刮刀露出水面部分呈黑色时，由水中取出，观察其刃部颜色变为白色时，再迅速将刮刀浸入水中完全冷却即可，如图 1—5—4b 所示。

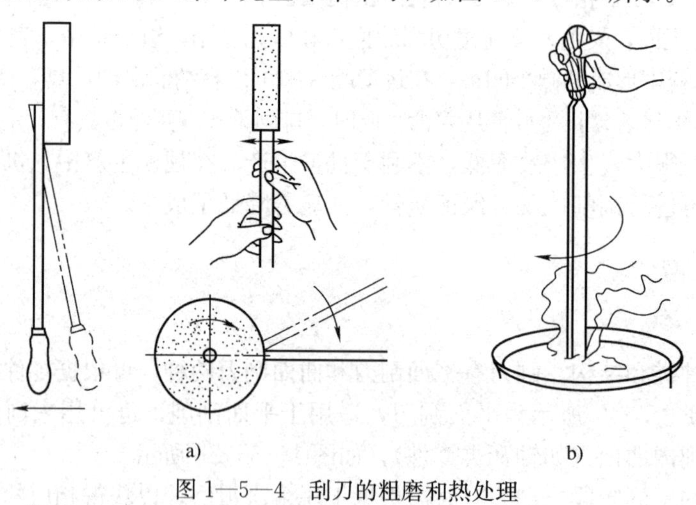

图 1—5—4 刮刀的粗磨和热处理

a）粗磨 b）热处理

3）细磨。热处理后的刮刀在细砂轮上进行细磨，动作和方法与粗磨相同，其目的是使刮刀达到要求的几何形状和角度。细磨时，应放入冷水中避免刀口部分退火。

4）精磨。精磨时，在油石上滴适量的润滑油，先按图 1—5—5a 所示的方法刃磨两后刀面，达到光洁、平整。然后精磨前刀面：一种方法是左手扶住手柄，右手紧握刀身，使刮刀直立在油石上，略带前倾，推时磨锐刀口，拉时刮刀提起，如此反复，直至符合形状、角度要求，刃口锋利为止，如图 1—5—5b 所示；另一种方法是将刮刀上部靠在肩上，两手握刀身，拉时磨锐刀口，推时刮刀提起，此法速度虽然慢，但易掌握，如图 1—5—5c 所示。

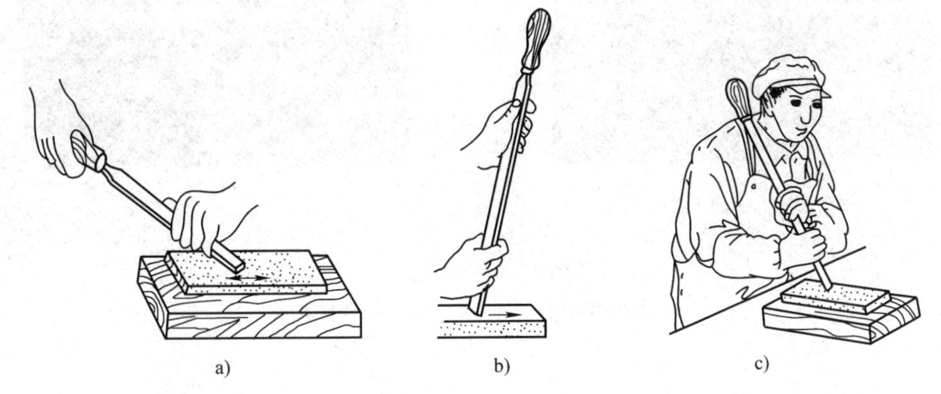

图 1—5—5　精磨刮刀

a）精磨后刀面　b）精磨前刀面方法一　c）精磨前刀面方法二

2．校准工具和显示剂

校准工具和显示剂用于互研显点和准确度检验，根据需要，工件既可以和校准工具互研，也可以和配合工件互研。如图 1—5—6 所示，常用的校准工具有标准平板、标准直尺和角度直尺等，对于曲面刮削常用检验轴或配合件校准互研。

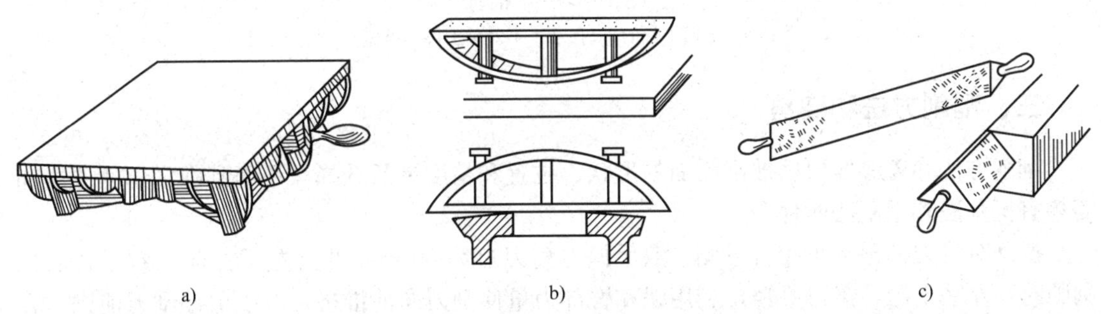

图 1—5—6　校准工具

a）标准平板　b）标准直尺　c）角度直尺

显示剂目前大多采用红丹粉和蓝油。红丹粉主要用于铸铁或钢件的刮削，分为铅丹（氧化铅）、铁丹（氧化铁）两种，前者呈橘红色，后者呈橘黄色，使用时用机油调和。蓝油适用于精密工件、有色金属及合金的刮削，用蓝粉和蓖麻油调制。

把显示剂均匀涂抹在工件或校准工具表面，然后相互推研，即可显点，如图 1—5—7 所示。显点既可用来指示零件表面高点，又可用来检验刮削质量，高质量的刮削表面，显点密集、均布、大小一致。工件在推研时要注意压力均匀，如图 1—5—8 所示，要充分考虑零件及校准工具的形状、尺寸和受力影响，尽量避免显示失真。

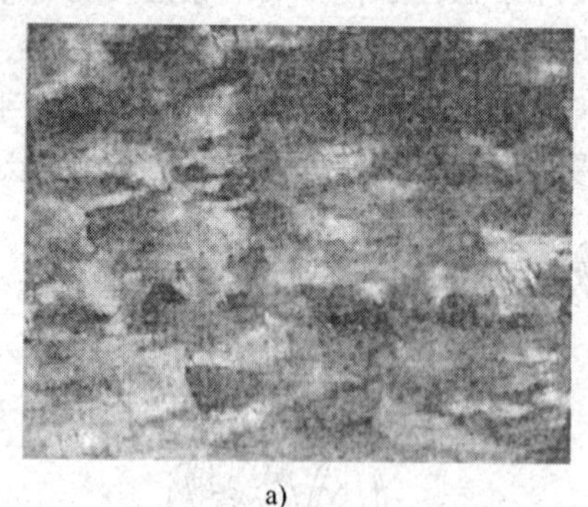

a)

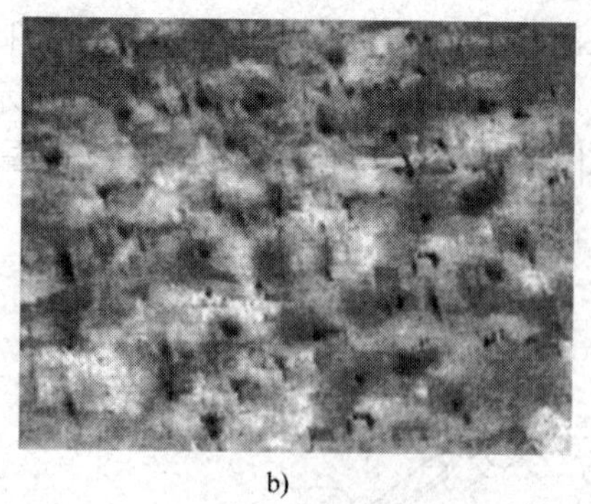

b)

图 1—5—7　显点

a）推研前的零件表面　b）推研后的零件表面

a)　　b)

图 1—5—8　推研

a）平面工件的推研　b）不对称工件的推研

三、刮削方法和姿势

刮削方法和姿势要根据被刮削面的形状、位置和精度灵活选择，平面刮削常用的方法和姿势有挺刮法和手刮法两种。

挺刮时将刀柄顶在小腹右下侧，双手握刀离刃口约 80 mm 处（左手在前，右手在后）。刮削时，左手下压，落刀要轻，利用腿和臀部力量使刮刀向前推挤，双手引导刮刀前进。在推挤后的瞬间，双手将刮刀提起，完成刮削动作，如图 1—5—9a 所示。

手刮时用右手握刀柄，左手在距刀刃约 50 mm 处握住刀杆，刮刀与被刮削表面成 25°～30°角。同时，左脚前跨一步，上身向前倾。刮削时，右臂利用上身摆动向前推，左手向下压，并引导刮刀运动方向，在下压推挤的瞬间迅速抬起刮刀，完成刮削动作。这种方法灵活性大，但切削量小，易于疲劳。手刮法如图 1—5—9b 所示。

四、平面及曲面刮削

1. 平面刮削

平面刮削一般要经过粗刮、细刮、精刮和刮花四个步骤。

（1）粗刮是用粗刮刀在刮削面上均匀地铲去一层较厚的金属，可以采用连续推铲的方

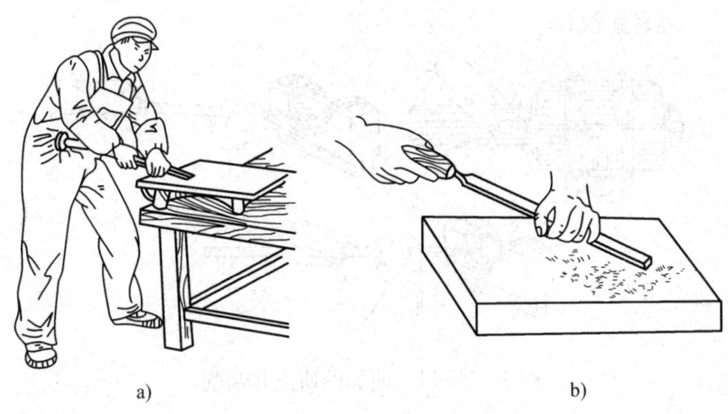

图 1—5—9 刮削方法和姿势

a）挺刮法 b）手刮法

法，刀迹要连成长片。每 25 mm×25 mm 的方框内有 2～3 个研点。

（2）细刮是用细刮刀在刮削面上刮去稀疏的大块研点（俗称破点），每 25 mm×25 mm 的方框内有 12～16 个研点。

（3）精刮是用精刮刀更仔细地刮削研点（俗称摘点），每 25 mm×25 mm 的方框内有 20 个以上研点。

（4）刮花是在刮削面或机器外观表面上用刮刀刮出装饰性花纹，如图 1—5—10 所示。

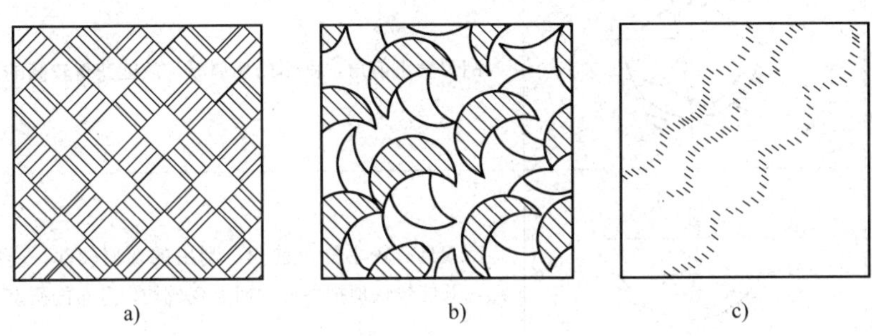

图 1—5—10 刮花

a）斜纹花 b）鱼鳞花 c）半月花

2. 曲面刮削

曲面刮削一般是指内曲面刮削，其刮削的原理与平面刮削一样，但刮削方法及所用的工具不同。内曲面刮削常用三角刮刀或蛇头刮刀，刮削时，刮刀应在曲面内做后拉或前推的螺旋运动。一般以校准轴（又称工艺轴）或相配合的工作轴作为内曲面研点的校准工具。如图 1—5—11 所示，校准时将显示剂涂布在轴的圆周面上，使轴在内曲面上来回旋转显示出研点，然后根据研点进行刮削。

曲面刮削时应注意以下几点：

（1）刮削时用力不可太大，否则容易发生抖动，表面产生振痕。

（2）研点时配合轴应沿内曲面来回旋转，精刮时转动弧长应小于 25 mm。切忌沿轴线方向做直线研点。

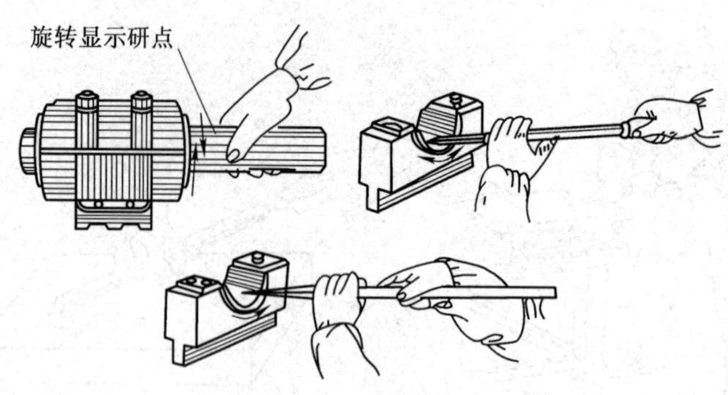

图 1—5—11 曲面的研点和刮削

(3) 每刮一遍之后，下一遍刮削应交叉进行，因为交叉刮削可避免刮削面产生波纹，研点也不会成条状。

(4) 在一般情况下，由于孔的前、后端磨损快，因此刮削内孔时，前后端的研点要多些，中间段的研点可以少些。

(5) 曲面刮削的切削角度和用力方向见表 1—5—1。

表 1—5—1 **曲面刮削的切削角度**

刮削类别	应用说明	
粗刮	γ_{ne}	刮刀呈正前角，刮出的切屑厚，故能获得较高的刮削效率
细刮	γ_{ne}	刮刀具有较小的负前角，刮出的切屑较薄，能很好地刮去研点，并能较快地把各处的研点变成均匀分布的研点
精刮	γ_{ne}	刮刀具有较大的负前角，刮出的切屑极薄，不会产生凹痕，故能获得较小的表面粗糙度值

任务实施

一、准备工作

选用刮刀、显色剂和校准工具。该工件刮削表面为上下两较大平面，材料为 HT200，选用平面刮刀；显色剂选择红丹粉和机油调制；校准工具选择为大于该工件尺寸的 1 级标准平板。

二、操作步骤

1. 刮削基准平面

该工件加工面较大，但形状简单，易于装夹固定，所以采用挺刮法为主，在精刮工序中，亦可辅以手刮。工件两加工面可互为基准，所以选择尺寸形位误差较小的一个平面先进行基准面刮削。基准面刮削质量一般采用显点来检验，如图 1—5—12a 所示。刮削分粗、细、精刮和刮花 4 个阶段进行，直至符合平面度、表面粗糙度和接触点要求。

（1）粗刮。粗刮可采用连续推铲的方法，刀迹要连成一片。粗刮能很快地去除刀痕、锈斑或过多的余量。当粗刮到每 25 mm×25 mm 的方框内有 2～3 个研点时，可转入细刮。

（2）细刮。细刮时，采用细刮刀短刮法，在刮削面上刮去稀疏的大块研点（俗称破点）。细刮刀痕宽而短，刀迹长度均为刀刃宽度，随研点的增多，刀迹逐步缩短。如图 1—5—12b 所示，每刮一遍时，须按同一方向刮削（一般与平面棱边成一定角度）；刮第二遍时，要交叉刮削，以消除原方向刀痕。在整个刮削面上研点达到 12～16 点/（25 mm×25 mm）时，细刮结束。

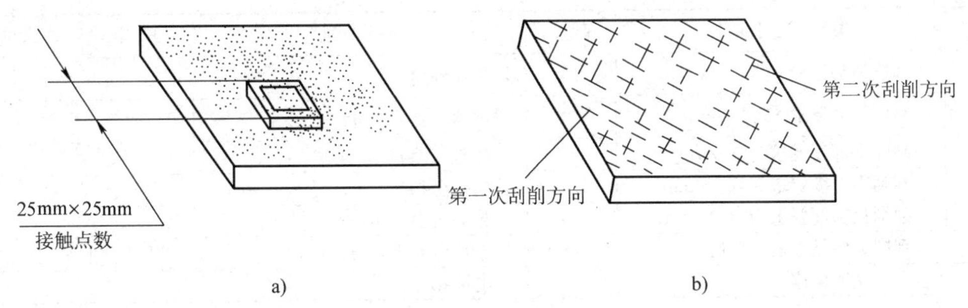

图 1—5—12　刮削过程中的质量检验和刮削方向

a）质量检验　b）刮削方向

（3）精刮。精刮时，采用精刮刀点刮法（刀迹长度约为 5 mm），更仔细地刮削研点（俗称摘点），注意压力要轻，提刀要快，在每个研点上只刮一刀，不得重复刮削，并始终交叉地进行刮销，当研点增加到 20 点/（25 mm×25 mm）时，精刮结束。

注意：单位面积内研点显示点数越多，越均匀，表面质量越高。

（4）刮花。最后用刮刀在工件表面刮出装饰性花纹。刮花的目的是使刮削美观，并使滑动件之间有良好的润滑条件。

2. 刮削基准面的平行面

基准面的平行面的刮削工序和基准面刮削类似，但在刮削过程中要保证两平面的平行度要求。两平面平行度用百分表检验，如图 1—5—13 所示。

（1）先用百分表测量该面对基准面的平行度误差，以确定粗刮时的刮削部位及刮削量，结合涂色显点进行粗刮，以保证平面度要求。

（2）在保证平面度和初步达到平行度的情况下进入细刮。细刮时根据涂色显点来确定刮削部位，同时结合百分表进行测量，并刮削修正。

（3）细刮达到要求后按研点进行精刮，直至达到表面粗糙度及接触点要求。

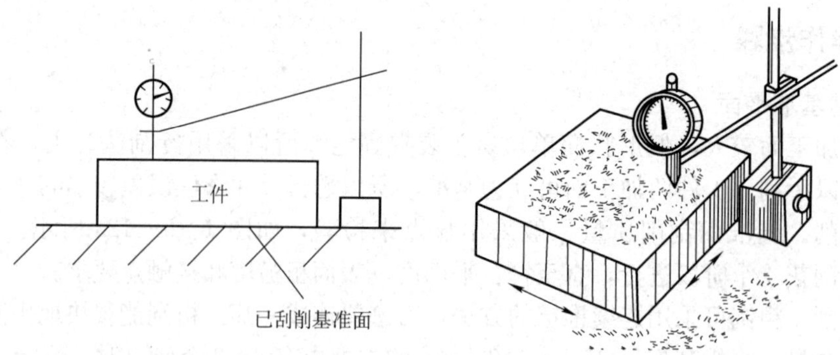

图 1—5—13　用百分表检验平行度

（4）精刮结束后选用鱼鳞花刮削，进行刮花装饰，最后复检零件尺寸、平面度、平行度、表面粗糙度、接触点精度是否符合任务要求。

任务评价

评分标准

序号	项目与技术要求	配分	评分标准	检测结果	得分
1	刮削姿势正确	10	总体评定		
2	刮削尺寸要求 $25_{-0.1}^{\ 0}$ mm	10	尺寸不合格全扣		
3	刮削平面度要求为 0.01 mm	20	超差每面扣 10 分		
4	刮削平行度要求为 0.02 mm	15	超差全扣		
5	刮削粗糙度要求为 $Ra0.8\ \mu m$	20	超差每面扣 10 分		
6	刮削无明显刀痕、振痕	15	不符合要求扣分		
7	安全文明操作	10	酌情扣分		

思考与练习

1. 工件刮削加工的优点是什么？
2. 刮削如图 1—5—14 所示的六面体直至符合图示精度要求。

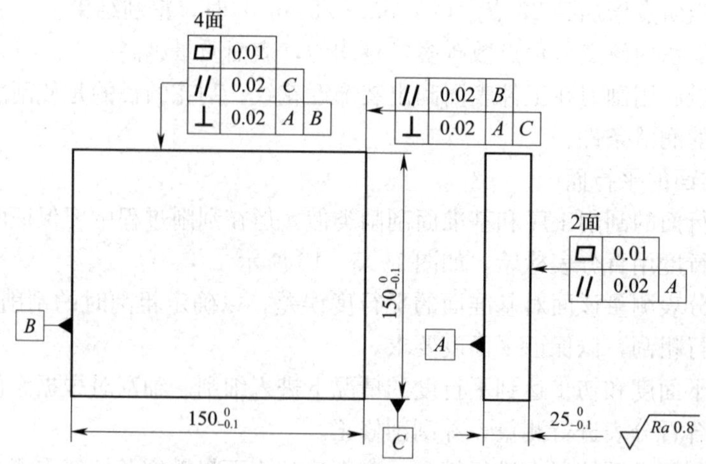

图 1—5—14　六面体平行度、垂直度刮削

任务6　研　　磨

◆ 教学目标

◎ 掌握研磨的操作方法

◎ 掌握研磨加工过程中质量检验和质量控制方法

◎ 能够制定研磨的工艺路线

研磨是将研磨剂涂敷或压嵌在研具上，通过研具与工件在一定压力下的多次相对运动进行微量切削，从而实现零件表面极高精度的精整加工。

研磨可使零件获得极高的尺寸精度、形状精度和极小的表面粗糙度值。研磨后的尺寸精度能达到 0.001～0.005 mm，表面粗糙度值一般为 Ra0.1～1.6 μm，最小可达 Ra0.012 μm。

任务提出

如图 1—6—1 所示为材料 45 钢的六面体工件，尺寸为 50 mm×25 mm×10 mm。该任务要求研磨六面体上下两平行平面，直至达到图示精度要求，额定完成工时为 2 h。

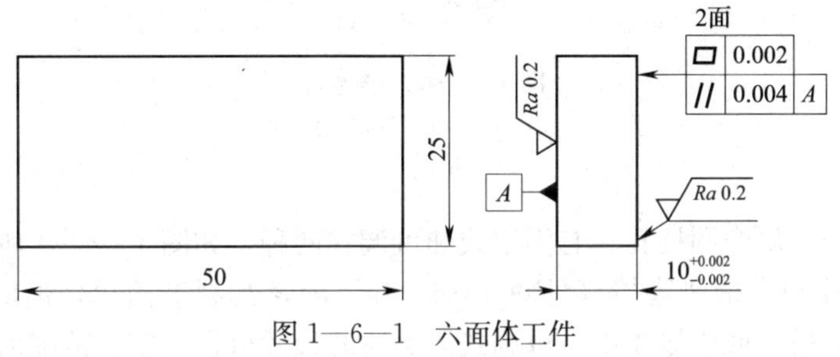

图 1—6—1　六面体工件

任务分析

如图 1—6—1 所示，工件上下两个平面有极高的平面度精度（0.002 mm）和平行度精度（0.004 mm）要求，同时要求极小的表面粗糙度值（$Ra \leqslant 0.2$ μm），只有采用微量切削的研磨工艺才可解决以上问题。该研磨任务的基本加工步骤为：粗研磨基准平面→精研磨基准平面→研磨基准面的平行面。

相关知识

一、研磨工具

1. 研磨平板

研磨平板主要用于研磨平面，如研磨量块、精密量具的测量面等。它分有槽平板和光滑平板两种，如图 1—6—2 所示。其中，有槽平板用于粗研，光滑平板用于精研。

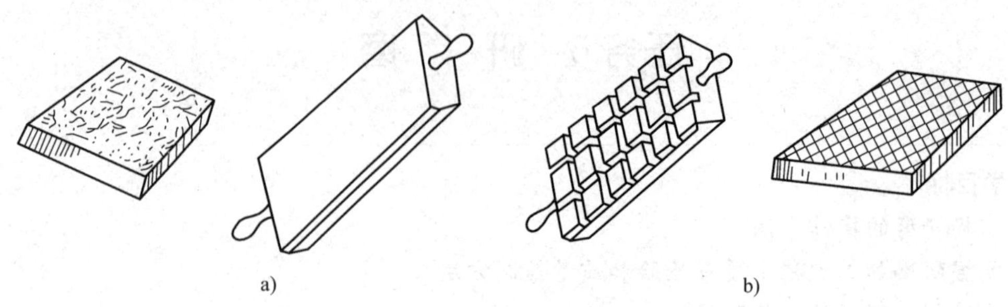

图 1—6—2　研磨平板

a）光滑平板　b）有槽平板

2. 研磨环

研磨环主要用于研磨圆柱外表面，其结构如图 1—6—3 所示。当研磨一段时间后，研磨环内径增大，可通过拧紧调节螺钉使孔径缩小，以保持所需间隙。

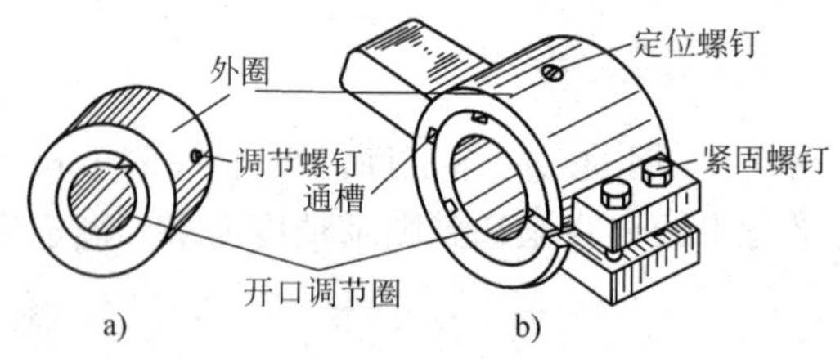

图 1—6—3　研磨环

a）环式　b）开口槽式

3. 研磨棒

研磨棒主要用于研磨圆柱孔，有固定式和可调式两种，如图 1—6—4 所示。固定式研磨棒分为光滑研磨棒和带槽研磨棒（见图 1—6—4a、b），其制造简单，但磨损后无法弥补，多用于单件工件的研磨或机修当中。可调式研磨棒的尺寸可在一定的范围内调整，适用于成批生产中工件孔位的研磨，使用寿命较长，应用广泛。

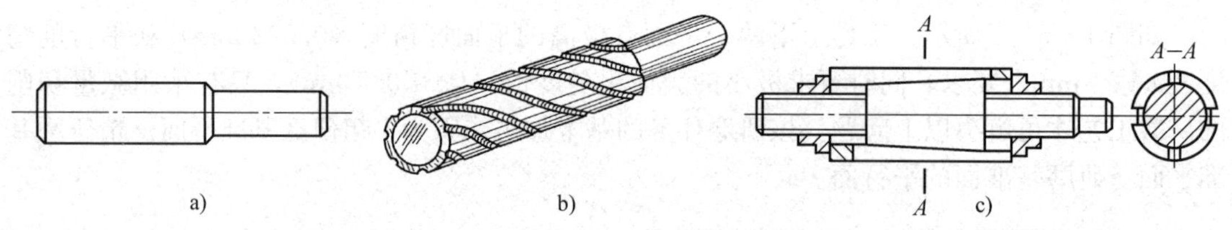

图 1—6—4　研磨棒

a）光滑研磨棒　b）带槽研磨棒　c）可调式研磨棒

4. 磨料

磨料在研磨中起切削作用，研磨效率、研磨质量以及研磨成本等都和磨料有密切的关系。常用磨料的种类及用途见表 1—6—1。

表 1—6—1　　　　　　　　　　　**常用磨料一览表**

系列	磨料名称	代号	特性	适用范围
氧化铝系	棕刚玉	A	棕褐色，硬度高，韧度大，价格低廉	粗、精研磨钢、铸铁和黄铜
	白刚玉	WA	白色，硬度比棕刚玉高，韧度比棕刚玉差	精研磨淬火钢、高碳钢、高速钢及薄板零件
	铬刚玉	PA	玫瑰红或紫红色，韧度比白刚玉高	研磨量具、仪表零件等
	单晶刚玉	SA	淡黄色或白色，硬度和韧度比白刚玉高	研磨不锈钢、高速钢等强度高、韧性大的材料
碳化物系	黑碳化硅	C	黑色有光泽，硬度比白刚玉高，具有良好的导热性和导电性	研磨铸铁、黄铜、铝、耐火材料及非金属材料
	绿碳化硅	GC	绿色，韧度和硬度比黑碳化硅高，具有良好的导电性和导热性	研磨硬质合金、宝石、陶瓷、玻璃等材料
	碳化硼	BC	灰黑色，硬度仅次于金刚石，耐磨性好	精研磨和抛光硬质合金、人造宝石等
金刚石系	人造金刚石		无色或淡黄色、黑色，硬度高，表面粗糙	粗、精研磨硬质合金、人造宝石、半导体等高硬度材料
	天然金刚石		硬度最高，价格最昂贵	
其他	氧化铁		红色至暗红色，比氧化铬软	精研磨或抛光钢、玻璃等材料
	氧化铬		深绿色	

5．研磨液

研磨液在研磨中起调和磨料、冷却和润滑作用。

常用的研磨液有煤油、汽油、机油（10 号、20 号）、透平油以及锭子油等。

6．辅助材料

辅助材料是一种黏度较大和氧化作用较强的混合脂，其作用是使工件表面形成氧化膜，加速研磨进程。常用的辅助材料有油酸、脂肪酸、硬脂酸和工业甘油等。

二、研磨运动轨迹

手工研磨时，要使工件表面各处都受到均匀的切削，应合理选择运动轨迹，这对提高研磨效率、工件表面质量和研磨工具的耐用度都有直接的影响。

手工研磨的运动轨迹，一般采用直线、直线摆动、螺旋线、8 字形或仿 8 字形等几种，如图 1—6—5 所示。不论哪一种轨迹，其共同特点是工件的被加工面与研具的工作面在研磨中始终保持相密合的平行运动。

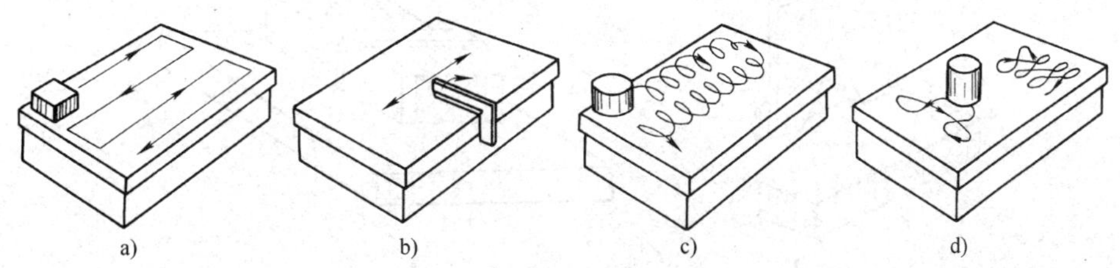

图 1—6—5　研磨运动轨迹

a）直线　b）直线摆动　c）螺旋线　d）8 字形

1．直线研磨运动轨迹

直线研磨运动轨迹由于不能相互交叉，容易产生直线重叠，使工件难以获得很小的表面粗糙度值，但可以获得较高的几何精度，故常用于有台阶的狭长平面的研磨。

2．直线摆动研磨运动轨迹

直线摆动研磨运动轨迹是工件在做直线研磨的同时，做前后摆动。采用这种轨迹的研磨可获得比较好的平直度，如研磨刀口形直尺、刀口形直角尺等。

3．螺旋线研磨运动轨迹

工件以螺旋线滑移状研磨，适用于圆柱形或圆片形工件端面的研磨，能获得较高的平面度精度和很小的表面粗糙度值。

4．8 字形或仿 8 字形研磨运动轨迹

工件研磨滑移的轨迹为 8 字形或仿 8 字形，这能使研磨表面保持均匀接触，有利于提高工件的研磨质量，且能均匀使用研具。

上述几种研磨运动轨迹，应根据工件的研磨要求及工件形状合理选用。

三、研磨方法

1．平面研磨

（1）一般平面的研磨。研磨平面一般应在平面非常平整的平板上进行，粗研时选有槽平板，精研时选光滑平板。

研磨前，应先用煤油或汽油清洁研磨平板，再在平板上涂上适量的研磨剂，然后把工件待研磨表面贴合在平板上，沿平板的全部表面采用一定的研磨轨迹进行研磨，并经常变更工件的运动方向。

在研磨过程中，研磨的压力和速度对研磨的质量和效率影响很大。压力大，研削量大，表面粗糙度值高，甚至会将磨料压碎而划伤研磨面。对较小的工件或粗研时，可用较大的压力和较低的研磨速度；对较大、较重或接触面较大的工件，为了减小研磨阻力，可以加些润滑油或硬脂酸起润滑作用，同时还可以减少工件发热，防止工件变形。

（2）狭窄平面的研磨。在研磨狭窄平面工件时，为保证工件的垂直度，防止产生倾角，应用金属块作导靠，且金属块的工作面与导靠面应具有良好的垂直度，如图 1—6—6a 所示。狭窄平面的另外一种研磨方法是多件研磨，即采用 C 形夹头，将几个工件夹在一起同时研磨，如图 1—6—6b 所示，这样既防止了工件加工面的倾斜，又提高了效率。

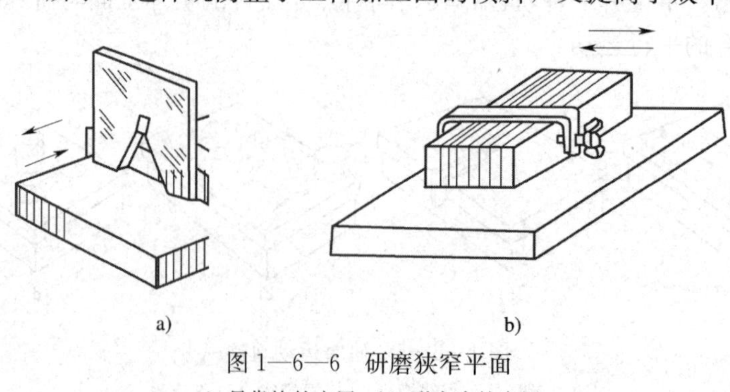

图 1—6—6　研磨狭窄平面

a）导靠块的应用　b）形夹头的应用

2. 圆柱面研磨

圆柱面的研磨一般都采用手工与机床互相配合的方式进行。

（1）外圆柱面的研磨。研磨外圆柱面一般是在车床或钻床上用研磨环对工件进行研磨。研磨环的内径应比工件的外径略大 0.025～0.05 mm，研磨环的长度一般是其孔径的 1～2 倍。

研磨时，工件由车床或钻床带动。在工件上均匀地涂上研磨剂，套上研磨环并调整好研磨间隙，其松紧程度以用力能转动为宜。通过工件的旋转和研磨环在工件上沿轴线方向做往复运动进行研磨，如图 1—6—7a 所示。工件的转速一般是：直径小于 80 mm 时为 100 r/min，直径大于 100 mm 时为 50 r/min。研磨环往复运动的速度要根据研磨环在工件上研出的网纹来控制，如图 1—6—7b 所示。当往复运动的速度适当时，工件上研磨出来的网纹与工件轴线成 45°夹角，移动太快则网纹与工件轴线夹角较小，反之则较大。太快或太慢，都影响工件的精度和耐磨性。

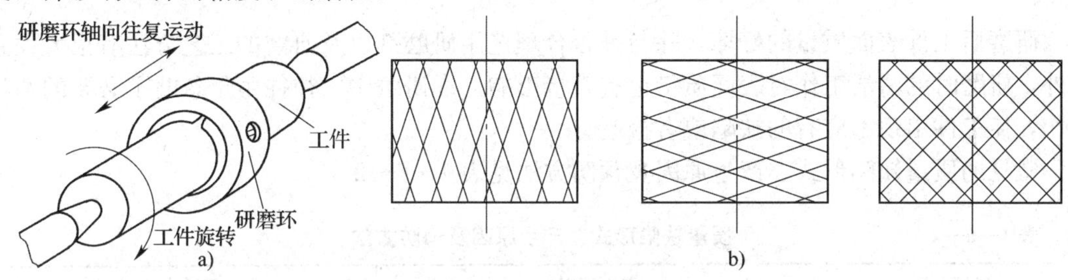

图 1—6—7　研磨外圆柱面

a）外圆柱面的研磨　b）研磨时工件上出现的网纹

对于工件直径大小不一的情况，可在直径大的部位多研磨几次，直到直径相同为止。研磨一段时间后，应将工件调头再研磨，这样可使外圆柱面的几何形状更理想，同时，研磨环的磨损也比较均匀。

（2）内圆柱面的研磨。内圆柱面的研磨与外圆柱面的研磨恰恰相反，是将工件套在研磨棒上进行研磨。研磨棒的外径应比工件内径小 0.01～0.025 mm，研磨棒工作部分的长度一般为工件长度的 1.5～2 倍。

研磨时，将研磨棒装夹在车床卡盘内或钻床的主轴上，然后把工件套在研磨棒上并调节配合的松紧程度，一般以手推工件不感觉十分费力为宜。在研磨过程中，如两端孔口积有过多的研磨剂时，应及时清理，否则会造成两端孔口成喇叭口形状。对于孔口要求很高的工件，可将研磨棒的两端用砂布修得略小一些，避免孔口被研磨过量。研磨后，将工件清洗干净，冷却至室温后再进行测量。

3. 圆锥面研磨

圆锥面的研磨包括圆锥孔和外圆锥面的研磨，一般在车床或钻床上进行，使用与工件内孔或轴的锥度一致的研磨棒或研磨环。在研磨棒上开有螺旋槽，以存放研磨剂，如图 1—6—8a 所示。研磨时，在研磨棒或研磨环上均匀地涂上一层研磨剂，插入工件锥孔中或套在工件的外圆锥表面旋转。大约 4～5 圈后，将研磨棒或研磨环稍微拔出一些，再推入研磨。研磨到接近要求时，取下研磨棒或研磨环，将其表面的研磨剂擦干净，再重复研磨，起抛光作用，直到被加工表面呈现银灰色或发光为止。

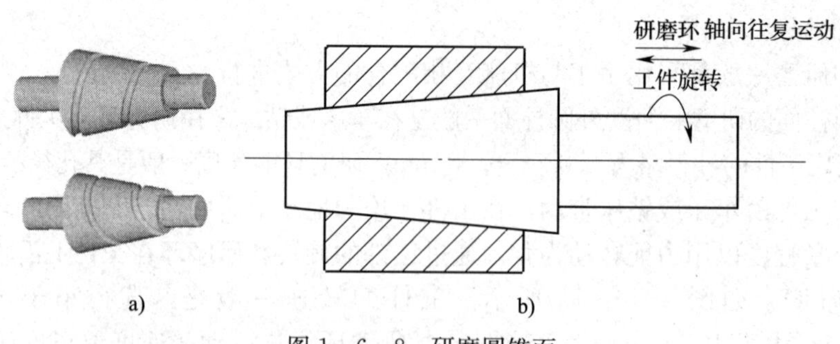

图 1—6—8 研磨圆锥面

a）圆锥孔研磨棒 b）外圆锥面的研磨

四、研磨质量分析

研磨后工件表面质量的好坏，除与是否合理选用研磨剂以及研磨的工艺方法有很大关系以外，研磨时的清洁工作对表面质量也有直接影响。在研磨中，往往由于忽略了必要的清洁工作，使工件出现不应有的缺陷或者报废。

常见的质量缺陷形式、产生原因及预防方法见表 1—6—2。

表 1—6—2　　质量缺陷形式、产生原因及预防方法

缺陷形式	产生原因	预防方法
表面不光洁	1. 磨料过粗 2. 研磨液选择不当 3. 研磨剂涂得太薄	1. 正确选用磨料 2. 正确选用研磨液 3. 研磨剂涂布适当
表面拉毛	研磨剂中有杂质	重视并做好清洁工作
平面呈凸，孔口过大	1. 研磨剂涂得太厚 2. 孔口的研磨剂没有擦去继续研磨 3. 研磨棒伸出孔口太长	1. 研磨剂涂布适当 2. 把孔口的研磨剂擦掉再研磨 3. 研磨棒伸出适当
孔成椭圆有锥度	研磨时没有调整方向	研磨时更换方向
薄形工件变形严重	1. 工件发热继续研磨 2. 装夹方法不正确	1. 工件超过 50℃应停止研磨 2. 装夹要稳定，不要太紧

任务实施

一、准备工作

1. 选用研具

图 1—6—1 所示工件研磨加工面为上下两平面，材料为 45 钢，选用大于该工件尺寸的铸铁材料 1 级标准平板，也可用图 1—5—14 刮削加工后的平板代替。

2. 选用磨料及研磨剂

磨料选用 W14 和 W7 的白刚玉，分别用于粗研磨和精研磨，粗研磨剂按白刚玉（W14）16 g、硬脂酸 8 g、蜂蜡 1 g、油酸 15 g、航空油 80 g、煤油 80 g 配制。精研磨时，除白刚玉改用较细的 W7 外，不加油酸，并多加煤油 15 g，其他相同。

二、操作步骤

1. 研磨基准面

（1）将选好的磨料经调和后，涂在研磨平板上进行研磨。

（2）选择基准面 A 研磨时，可分别采用四种研磨运动轨迹进行练习，直至表面粗糙度值达到 $Ra0.2\ \mu m$ 的要求为止。

2. 研磨基准面的平行面

（1）研磨基准面 A 的平行面时，先用百分表检查平行度，确定研磨量，然后再研磨，以保证 0.004 mm 的平行度要求。

（2）用量块全面检测研磨精度，送验。

三、注意事项

（1）粗、精研磨工作要分开进行，若粗、精研磨采用同一块平板作研具，在改变研磨工序时，必须做全面清洗，以清除上道工序所留下的较粗磨料。

（2）研磨剂每次上料不宜太多，并要分布均匀，以免研坏工件边缘。

（3）研磨时要特别注意清洁工作，不要使研磨剂中混入杂质，以免反复研磨时划伤工件表面。

（4）应经常改变工件在研具上的研磨位置，以防止因研具磨损而降低研磨质量。同时为使工件均匀受压，应在研磨一段时间后，将工件调头轮换进行。

任务评价

评分标准

序号	项目与技术要求	配分	评分标准	检测结果	得分
1	研磨轨迹及用力正确	10	总体评定		
2	尺寸要求 $10^{+0.002}_{-0.002}$ mm 合格	10	尺寸不合格扣分		
3	平面度要求 0.002 mm（2 面）合格	20	超差每面扣 10 分		
4	平行度要求 0.004 mm 合格	15	超差全扣		
5	粗糙度要求 $Ra0.2\ \mu m$（2 面）合格	20	不合格每面扣 10 分		
6	无明显拉伤、表面光洁	15	不符合要求扣分		
7	安全文明操作	10	酌情扣分		

思考与练习

1. 研具的材料有何要求？如何选择？
2. 研磨如图 1—6—9 所示的六面体，直至符合图示精度要求。

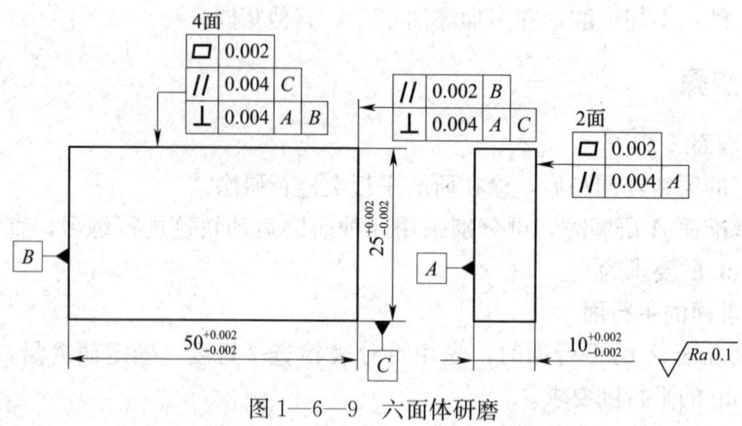

图 1—6—9　六面体研磨

任务7　孔 的 加 工

◆ **教学目标**

◎ 了解标准麻花钻的修磨方法

◎ 了解孔加工的方法

◎ 掌握在钻床上进行孔加工的方法

◎ 掌握孔加工过程中质量检验和质量控制方法

◎ 能够制订钻孔工艺路线

用钻头在实体材料上加工孔叫钻孔。各种零件的孔加工，除去一部分由车、镗、铣等机床完成外，很大一部分是由钳工利用钻床和钻孔工具（钻头、扩孔钻、铰刀等）完成的。

任务提出

使用麻花钻在台钻上进行如图 1—7—1 所示工件（材料为 45 钢）的钻削加工，达到图样要求。

任务分析

分析图 1—7—1 所示钻孔零件图，图中有 3 个 ϕ8.5 mm 孔，表面粗糙度值 Ra25 μm，精度要求不高，因此可以在台钻上用麻花钻进行孔加工，选用直径为 ϕ8.5 mm 的钻头。

相关知识

在钻床上钻孔时，一般情况下，钻头应同时完成两个运动：主运动——钻头绕轴线的旋转运动（切削运动）；辅助运动——钻头沿着轴线方向对着工件的直线运动（进给运动）。钻孔时，由于钻头结构上存在的缺点，影响加工质量，加工精度一般在 IT10 级以下，表面粗糙度值为 Ra12.5 μm 左右，属粗加工。

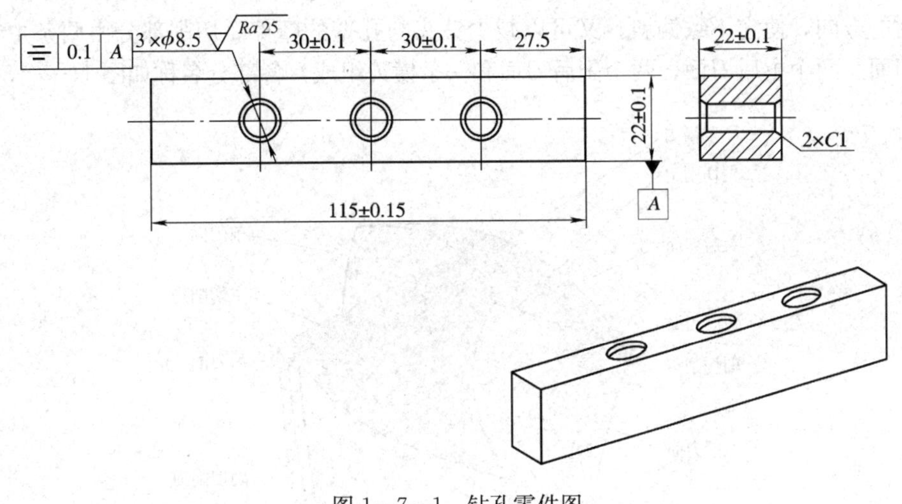

图 1—7—1　钻孔零件图

一、标准麻花钻

1．标准麻花钻的结构

标准麻花钻简称麻花钻或钻头，是应用最广泛的钻孔工具。标准麻花钻由柄部、颈部和工作部分组成，工作部分又分为切削部分、导向部分，如图 1—7—2 所示。

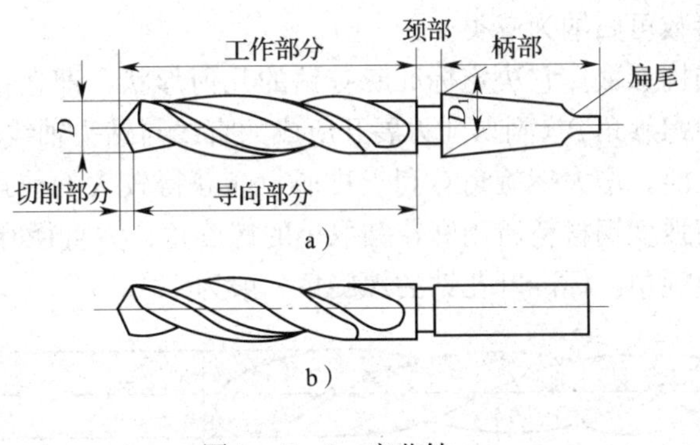

图 1—7—2　麻花钻

a）锥柄式　b）直柄式

（1）柄部。麻花钻有锥柄和直柄两种，如图 1—7—2 所示。一般钻头直径小于 13 mm 的制成直柄，大于 13 mm 的制成锥柄。柄部是麻花钻的夹持部分，它的作用是定心和传递动力。

（2）颈部。颈部在磨削麻花钻时供砂轮退刀使用，钻头的规格、材料及商标常打印在颈部。

（3）工作部分。工作部分由导向部分和切削部分组成。导向部分的作用不仅保证钻头钻孔时的正确方向，修光孔壁，同时还是切削部分的后备。在钻头重磨时，导向部分逐渐变为切削部分投入切削。导向部分有两条螺旋槽，作用是形成切削刃及容纳和排除切屑，便于切削液沿螺旋槽流入。同时，导向部分的外缘是两条刃带，它的直径略有倒锥，既可以引导钻头切削时的方向，使它不致偏斜，又可以减少钻头与孔壁的摩擦。切削部分由两条主切削刃、两个前刀面、两个主后刀面、两个副后刀面和一条横刃组成，各部分名称如图 1—7—3 所示。

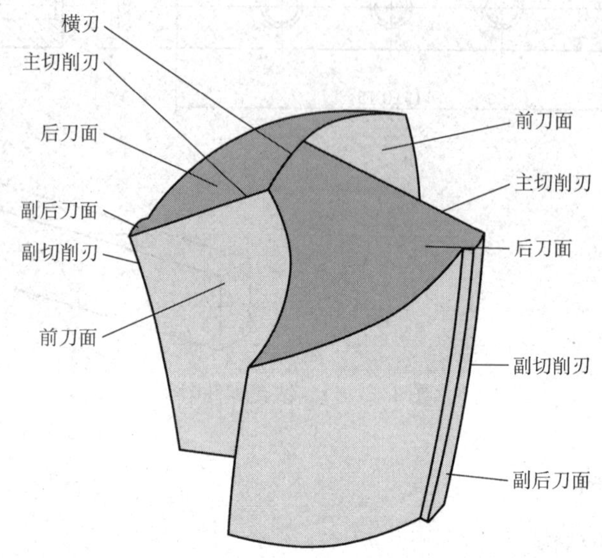

图 1—7—3　标准麻花钻的切削部分

2．标准麻花钻的参数

标准麻花钻的参数可归纳为三类。

(1) 第一类是结构参数。它决定标准麻花钻的几何形状，即在钻头制造中控制的参数。结构参数很多，其中螺旋角 β（副切削刃展开所成的直线与钻头轴线的夹角，见图 1—7—4）影响麻花钻的切削性能。增大螺旋角有利于排屑，能获得较大的前角，但麻花钻强度变差。小直径麻花钻、钻高强度钢材料所用麻花钻取小的螺旋角；大直径麻花钻、钻铝合金等软材料所用麻花钻取大螺旋角。标准麻花钻的螺旋角一般为 18°～30°。

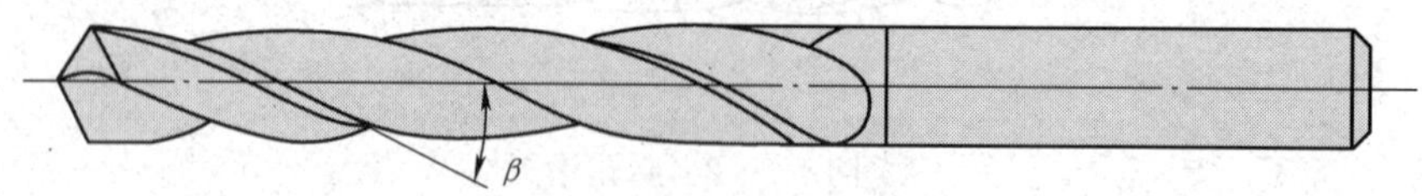

图 1—7—4　螺旋角 β

(2) 第二类是刃磨参数。它是刃磨麻花钻时需要控制的参数，包括锋角、后角和横刃斜角。麻花钻虽然结构复杂，但一般只需刃磨后刀面，刃磨时需要控制上述三个角度。这三个角度的测量平面分别是：中剖面、柱剖面和端平面，如图 1—7—5 所示。

1) 锋角（2ϕ）。锋角又称顶角，是两主切削刃中剖面投影间的夹角。标准麻花钻 $2\phi=118°$，此时主切削刃为直线，如图 1—7—6b 所示。否则，呈外凸（见图 1—7—6a）或内凹曲线（见图 1—7—6c）。

锋角的大小影响主切削刃上轴向力的大小。锋角越小，则轴向力越小，有利于散热和提高钻头耐用度。但锋角减小后，在相同条件下，钻头所受的扭矩增大，切屑变形加剧，排屑困难，会妨碍切削液的进入。

2）后角（α_o）。后角是柱剖面内后刀面与端平面之间的夹角，如图 1—7—7 所示。主切削刃上各点的后角不等。外缘处后角较小（$\alpha_o=8°\sim14°$），越靠近钻心处后角越大（$\alpha_o=20°\sim26°$），横刃处 $\alpha_{o横}=30°\sim60°$。后角的大小影响后刀面与工件切削表面的摩擦程度。后角越小，摩擦越严重，但切削刃强度越高。

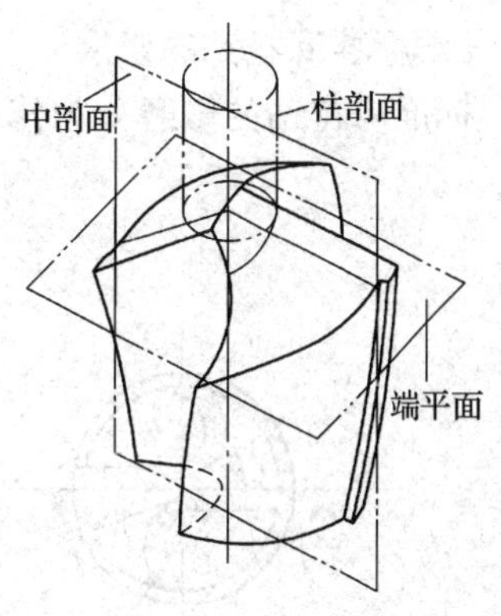

图 1—7—5　刃磨参数的测量平面

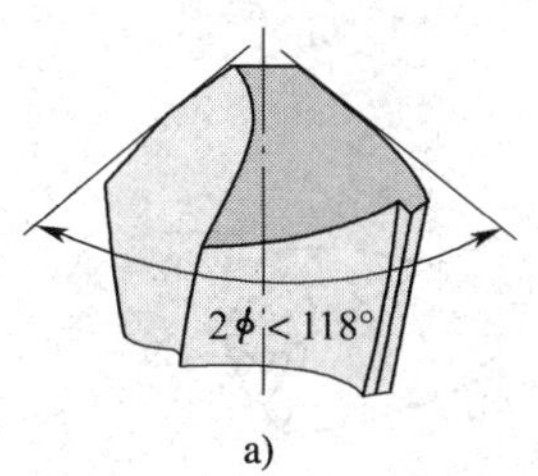

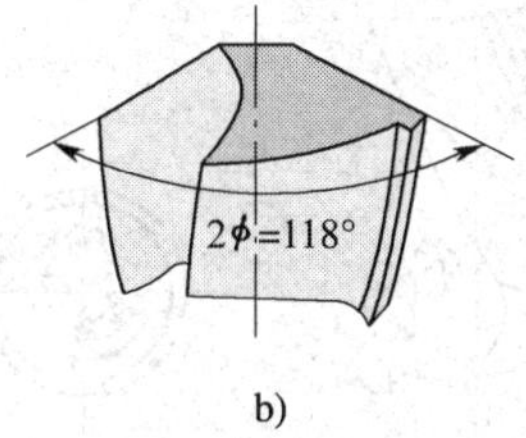

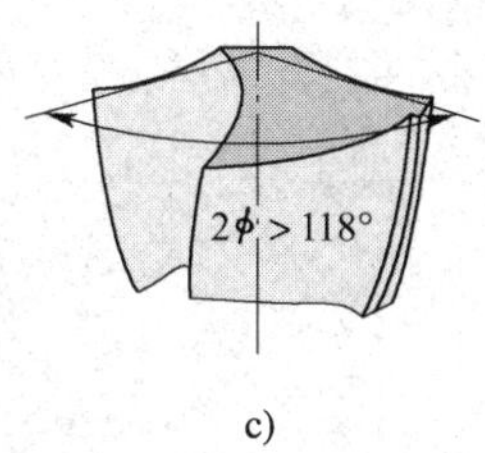

图 1—7—6　主切削刃形状随锋角的变化

a）主切削刃外凸　b）主切削刃为直线　c）主切削刃内凹

3）横刃斜角（Ψ）。横刃斜角是在端平面中横刃与中剖面的夹角，如图 1—7—8 所示。它是在刃磨钻头时自然形成的，其大小与后角、锋角大小有关。后角刃磨正确的标准麻花钻，$\Psi=50°\sim55°$。当后角磨得偏大时，横刃斜角就会减小，而横刃的长度会增大。

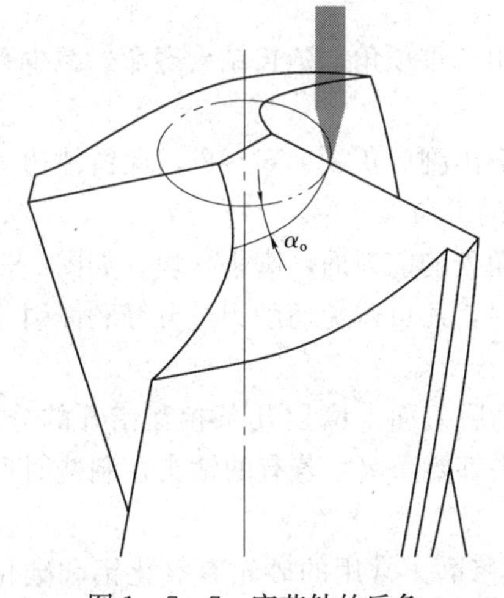

图 1—7—7　麻花钻的后角

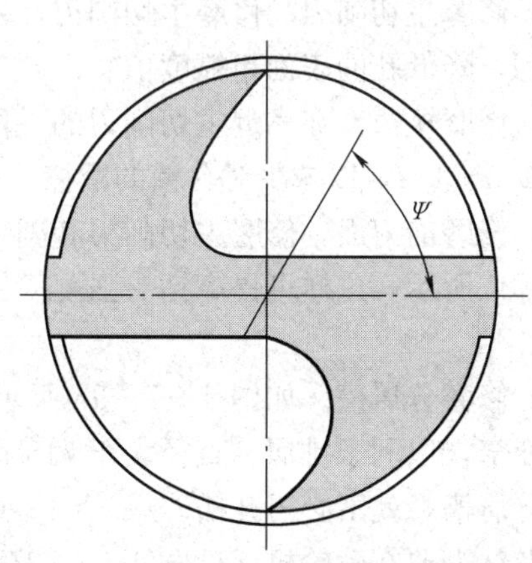

图 1—7—8　横刃斜角

（3）第三类是其他参数。前角是在中剖面中测量的前刀面与端平面之间的夹角。前角的大小决定着切除材料的难易程度与切屑与前刀面产生摩擦力的大小。前角越大，切削越省力。麻花钻主切削刃上各点的前角均不相等，近外缘处最大，自外向内逐渐减小。

3. 标准麻花钻的修磨

标准麻花钻的修磨分为修磨横刃、修磨主切削刃、修磨棱边等步骤，如图 1—7—9 所示。

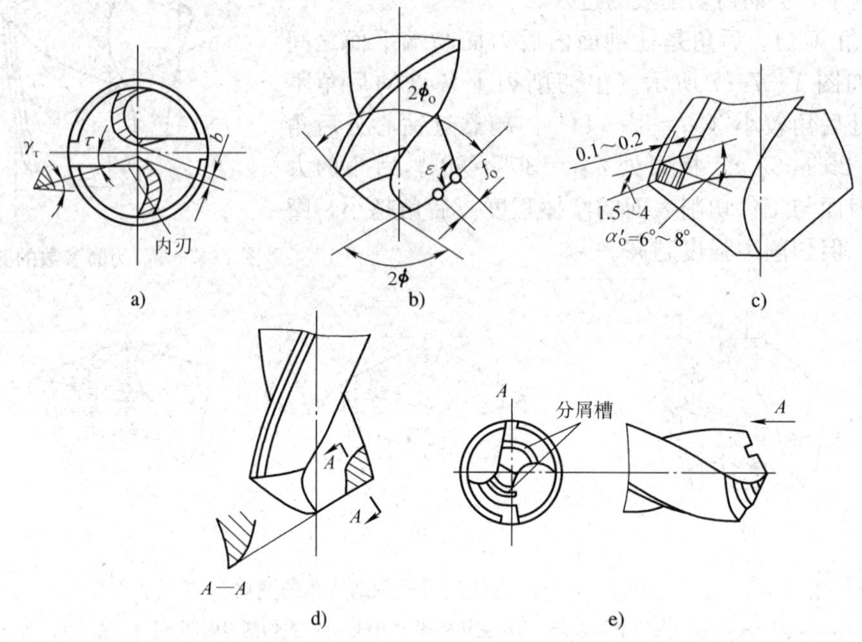

图 1—7—9　标准麻花钻的修磨

a）修磨横刃　b）修磨主切削刃　c）修磨棱边　d）修磨前刀面　e）修磨分屑槽

（1）修磨横刃。修磨后横刃的长度为原来的 1/5～1/3，以减小轴向力和挤刮现象，提高钻头的定心作用和切削性能。

（2）修磨主切削刃。修磨主切削刃，主要是磨出二重顶角，延长钻头寿命，减少孔壁的残留面积，降低孔的表面粗糙度值。

（3）修磨棱边。在靠近主切削刃的一段棱边上磨出副后角 α'_o=6°～8°，保留棱边宽度为原来的 1/3～1/2，以减少对孔壁的摩擦，提高钻头的寿命。

（4）修磨前刀面。修磨主切削刃和副切削刃交角处的前刀面，磨去一块，如图1—7—9d 中阴影部位所示，这样可提高钻头强度。钻削黄铜时，还可避免切削刃过分锋利而引起扎刀现象。

（5）修磨分屑槽。如图 1—7—9e 所示，在两个后刀面上磨出几条相互错开的分屑槽，使切屑变窄，以利于排屑。直径大于 ϕ15 mm 的钻头都要磨出。若有的钻头在制造时后刀面上已有分屑槽，就不必再开槽。

麻花钻需要在砂轮机（见图 1—7—10）上进行修磨。常用的砂轮有氧化铝和碳化硅两类，修磨时必须根据刀具材料来选用。氧化铝砂轮也称刚玉砂轮，多呈白色，其磨粒韧性好，比较锋利，但磨粒易从砂轮上脱落，硬度稍低，适用于修磨高速钢刀具和硬质合金刀具的刀柄部分；碳化硅砂轮多呈绿色，其磨粒硬度高，切削性能好，但较脆，适用于修磨硬质合金刀具。

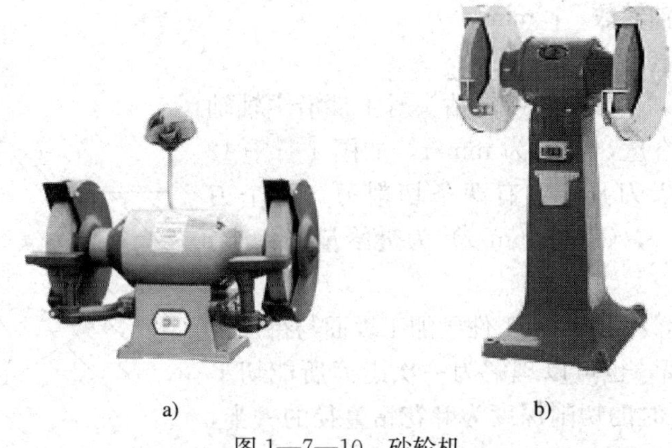

a)　　b)

图 1—7—10　砂轮机

a）台式砂轮机　b）立式砂轮机

二、钻削工艺

1. 钻床

钻孔常用的钻床有台钻、立钻和摇臂钻床三种，如图 1—7—11 所示。

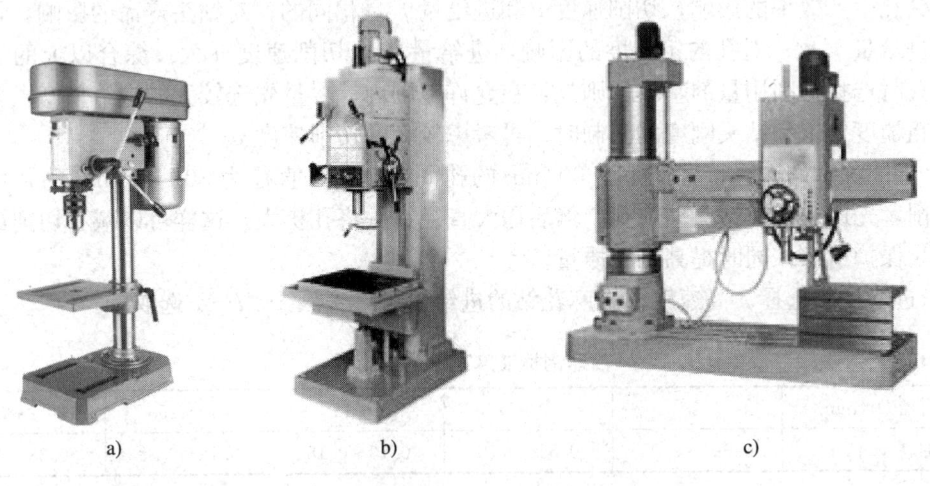

a)　　b)　　c)

图 1—7—11　钻床

a）台钻　b）立钻　c）摇臂钻

台钻常用于加工小型工件上直径小于 $\phi 12$ mm 的小孔；立钻一般用来加工中、小型工件上的孔；摇臂钻主要用于加工大型或多孔的工件。

2. 钻削用量及其选择

（1）钻削用量。钻削用量包括切削速度、进给量和切削深度。

1）切削速度（v）。指钻孔时钻头直径上一点的线速度，可由下式计算：

$$v=\frac{\pi nd}{1\ 000}$$

式中　v——切削速度，m/min；

n——钻床主轴转数，r/min；

d——麻花钻直径，mm。

2）进给量（f）。主轴每转一转钻头对工件沿主轴轴线的相对位移为进给量，单位为 mm/r，如图 1—7—12 所示。麻花钻为多齿刀具，它有两条切削刃（两个刀齿），其每齿进给量 f_z（单位 mm/z）为进给量的一半，即 $f_z=(1/2)f$。

3）切削深度（a_p）。一般指工件已加工表面与待加工表面之间的垂直距离，也可以理解为一次走刀所能切下的金属层厚度。钻孔时的切削深度为麻花钻直径的一半，即 $a_p=(1/2)d$。

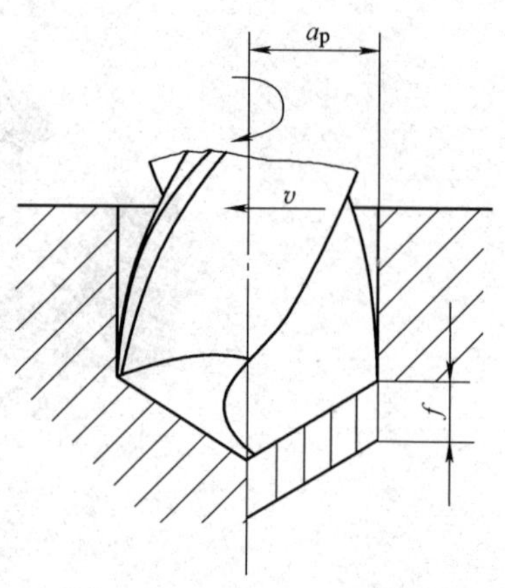

图 1—7—12　钻削用量

（2）钻削用量的选择。选择钻削用量的目的，是在保证加工精度和表面粗糙度要求及保证刀具合理寿命的前提下使生产效率提高，同时不允许超过机床的功率，也不能超过机床、刀具、工件等的强度和刚度的承受范围。钻孔时，由于切削深度已由钻头直径确定，所以只需选择切削速度和进给量。

对钻孔生产效率的影响，切削速度 v 和进给量 f 是相同的；对钻头寿命的影响，切削速度 v 比进给量 f 大；对孔的粗糙度的影响，进给量 f 比切削速度 v 大。综合以上的影响因素，钻孔时选择钻削用量的基本原则是：在允许范围内，尽量先选较大的进给量 f，当 f 受到表面粗糙度要求和钻头刚度的限制时，再考虑较大的切削速度 v。

1）切削深度的选择。直径小于 30 mm 的孔一次钻出；直径为 30～80 mm 的孔可分为两次钻削，先用小直径钻头钻底孔，然后用大直径钻头将孔扩大。这样可以减小切削深度及轴向力，保护机床，同时提高钻孔质量。

2）进给量的选择。高速钢标准麻花钻的进给量可参考表 1—7—1 选取。

表 1—7—1　　高速钢标准麻花钻的进给量

钻头直径 D（mm）	<3	3～6	6～12	12～25	>25
进给量 f（mm/r）	0.025～0.05	0.05～0.10	0.10～0.18	0.18～0.38	0.38～0.62

孔的精度要求较高和表面粗糙度值要求较小时，应取较小的进给量；钻孔较深、钻头较长、刚度和强度较差时，也应取较小的进给量。

3）切削速度的选择。当钻头的直径和进给量确定后，切削速度应按钻头的寿命选取合理的数值，一般根据经验选取。孔深较大时，应取较小的切削速度。

3. 钻削的工艺特点

（1）麻花钻的两条切削刃对称地分布在轴线两侧，钻削时，所受径向抗力相互平衡，因此不像单刃刀具那样容易弯曲。

（2）钻孔时切削深度达到孔径的一半时，金属切除率较高。

（3）钻削过程是半封闭的，钻头伸入工件孔内并占有较大空间，切屑较宽且往往成螺旋状，而麻花钻容屑槽尺寸有限，因此排屑较困难，已加工孔壁由于切屑的挤压摩擦常被划伤，使表面粗糙度值 Ra 较大。

（4）钻削时，冷却条件差，切削温度高，因此限制了切削速度，影响生产效率。

（5）钻削为粗加工，其加工精度等级为 IT13～IT11，表面粗糙度值为 Ra50～12.5 μm。一般用做要求不高的孔（如螺栓通过孔、润滑油通道孔等）的加工或高精度孔的预加工。

任务实施

一、准备工作

1. 材料

尺寸 115 mm×22 mm×22 mm 的 45 钢料一件。

2. 工、刃、量、辅具

台钻、平口虎钳、ϕ8.5 mm 钻头、ϕ10 mm 钻头、划针、游标高度尺、样冲、锤子等。

二、操作步骤

1. 工件划线

按钻孔的位置尺寸要求，划出孔位置的十字中心线，并打上样冲眼（冲眼要小，位置要准），按孔的大小划出孔的圆周线；钻直径较大的孔时，还应划出几个大小不等的检查圆，用于检查和校正钻孔的位置，如图 1—7—13a 所示；当钻孔的位置尺寸要求较高时，为避免打中心眼所产生的偏差，可直接划出以中心线为对称中心的几个大小不等的方格，作为钻孔时的检查线，然后将中心样冲眼敲大，以便准确落钻定心，如图 1—7—13b 所示。

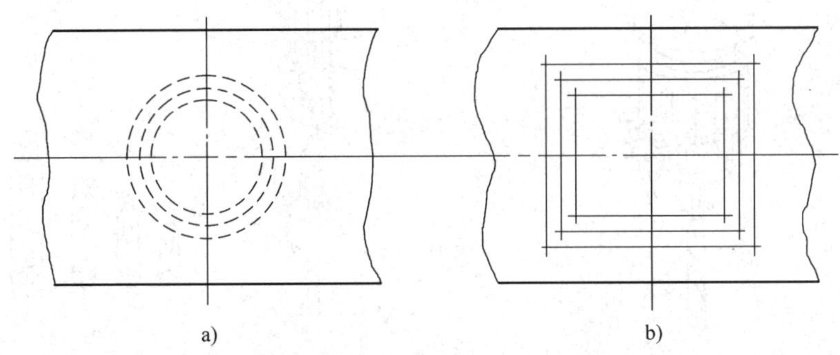

图 1—7—13 划孔的检查线

a）划同心检查圆 b）划检查方格

2. 装夹工件

由于工件比较平整，可用机床用平口虎钳装夹，如图 1—7—14 所示。把机床用平口虎钳安放在钻床的工作台上，擦净钳口的铁屑，将工件放入钳口内，使工件的被加工面朝上，按顺时针方向旋转螺杆将工件夹紧，如图 1—7—14a 所示；然后用铜棒或木棒敲击，听声音检查工件是否放平夹紧，如图 1—7—14b 所示。

装夹时，工件表面应与钻头垂直，钻直径大于 ϕ8 mm 的孔时，必须将机床用平口虎钳固定，固定前应用钻头找正，使钻头中心与被钻孔的样冲眼中心重合。

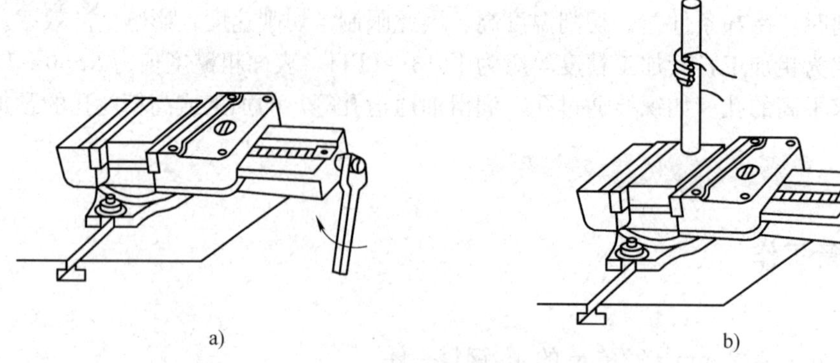

图 1—7—14　用机床用平口虎钳装夹工件

a）工件的装夹　b）用铜棒或木棒敲击工件

3．安装麻花钻

（1）直柄麻花钻的拆装。直柄麻花钻用钻夹头夹持。先将麻花钻柄装入钻夹头的三卡爪内（夹持长度不能小于 15 mm），再用钻夹头钥匙旋转外套，做夹紧或放松动作，如图 1—7—15 所示。

（2）锥柄麻花钻的拆装。锥柄麻花钻用柄部的莫氏锥体直接与钻床主轴连接。连接时，需将麻花钻锥柄、主轴锥孔擦干净，然后使矩形扁尾的长向与主轴上的腰形孔中心线方向一致，用加速冲力一次装夹完成，如图 1—7—16a 所示。当麻花钻锥柄小于主轴锥孔时可加过渡套筒连接，如图 1—7—16b 所示。

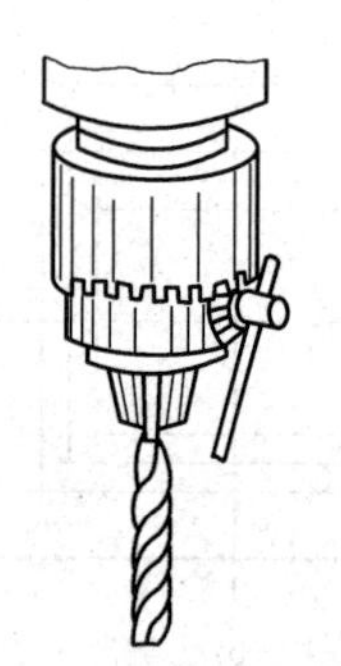

图 1—7—15　直柄麻花钻的夹持

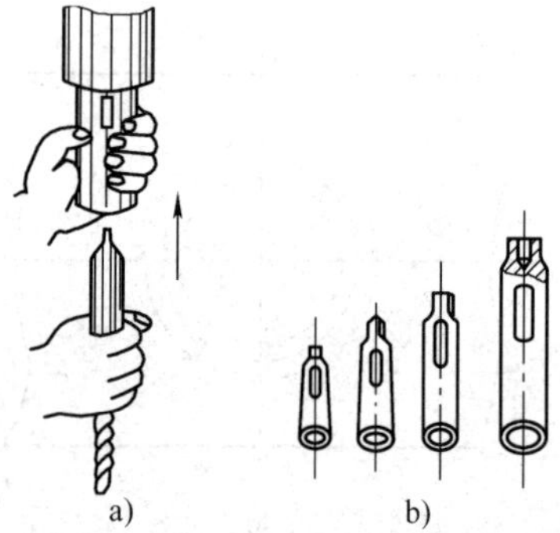

图 1—7—16　锥柄麻花钻的安装

a）安装　b）过渡套筒

拆卸套筒内的钻头和钻床主轴上的钻头时，把斜铁敲入套筒或钻床主轴的腰形孔内，斜铁带圆弧的一边要放在上面，利用斜铁斜面的张紧分力，使钻头与套筒和主轴分离，如图 1—7—17 所示。

4．钻床转速的选择

本任务需用 $\phi 8.5$ mm 的高速钢麻花钻钻钢件，取 $v=19$ m/min，则 $n=1\,000\ v/\pi d=$ (1 000×19)/（3.14×8.5）=712 r/min，取 715，即主轴转速取 715 r/min，启动电动机。因孔直径小于 30 mm，所以该孔一次钻出。

图 1—7—17　锥柄麻花钻的拆卸

5．起钻

钻孔时，先使钻头对准钻孔中心，钻出一浅坑，观察钻孔位置是否正确，并要不断纠正，使起钻浅坑与划线圆同轴。校正时，如偏位较少，可在起钻的同时用力将工件向偏位的相同方向推移，达到逐步校正。如偏位较多，可在校正方向打几个中心样冲眼或用油槽錾錾出几条槽，以减少此处的切削阻力，达到校正的目的。无论用何种方法校正，都必须在锥坑外圆小于钻头直径之前完成，如图 1—7—18 所示。

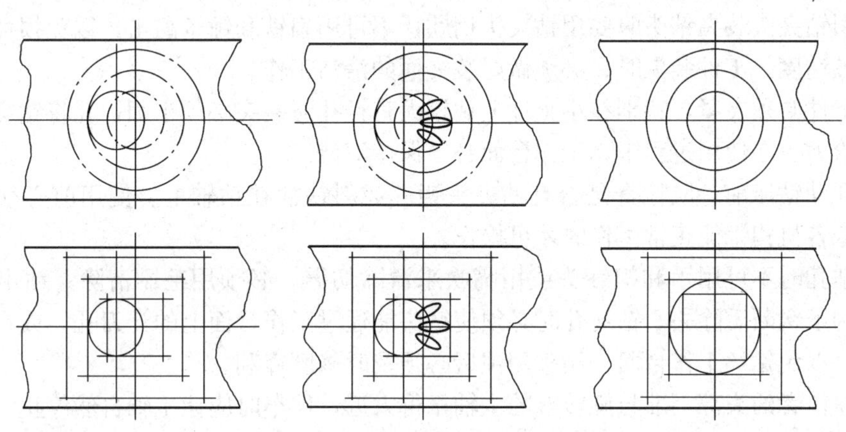

图 1—7—18　用油槽錾校正起钻偏位的孔

6．手动进给钻孔

当起钻达到钻孔位置要求后，可夹紧工件完成钻孔，并用毛刷加注乳化液。手动进给操作钻孔时，进给力不宜过大，防止钻头发生弯曲，使孔歪斜。孔快要钻穿时，进给力必须减小，以防止进给量突然过大，增大切削抗力，造成钻头折断，或使工件随钻头转动造成事故。

7．钻孔完毕，退出钻头

8．加工其他两孔

按上述方法完成其他两孔的加工。

为使钻头散热冷却，减少钻头与工件、切屑之间的摩擦，提高钻头寿命，改善加工表面的质量，钻孔时要加注足够的切削液。表 1—7—2 为钻各种材料孔时使用的切削液。

表 1—7—2　　钻孔切削液的使用

工件材料	切　削　液
各类结构钢	3%～5%乳化液或 7%硫化乳化液
不锈钢、耐热钢	3%肥皂水加 2%亚麻油水溶液或硫化切削油
紫铜、黄铜、青铜	不用或 5%～8%乳化液
铸铁	不用或 5%～8%乳化液或煤油
铝合金	不用或 5%～8%乳化液或煤油与菜油的混合液
有机玻璃	5%～8%乳化液或煤油

9. 倒角

换 ϕ10 mm 钻头，两边倒角 $C1$（钻头顶角需磨成 90°）。

10. 检查工件

关闭钻床电动机，卸下工件，按图样要求检查工件。

三、注意事项

（1）操作钻床时不可戴手套，袖口必须扎紧，女工必须戴工作帽。

（2）用钻夹头装夹钻头时要用钻夹头钥匙，不可用扁铁和锤子敲击，以免损坏夹头和影响钻床主轴精度。工件装夹时，必须做好装夹面的清洁工作。

（3）工件必须夹紧，特别在小工件上钻较大直径孔时装夹必须牢固，孔将钻穿时，要尽量减小进给力。在使用过程中，工作台面必须保持清洁。

（4）开动钻床前，应检查是否有钻夹头钥匙或斜铁插在钻轴上。使用前必须先空转试车，在机床各机构都能正常工作时才可操作。

（5）钻孔时不可用手和棉纱头或用嘴吹来清除切屑，必须用毛刷清除，钻出长条切屑时，要用钩子钩断后除去。钻通孔时必须使钻头能通过工作台面上的让刀孔，或在工件下面垫上垫铁，以免钻坏工作台面。钻头用钝后必须及时修磨锋利。

（6）操作者的头部不准与旋转着的主轴靠得太近，停车时应让主轴自然停止，不可用手去刹住，也不能用反转制动。

（7）严禁在开车状态下装拆工件。检验工件和变换主轴转速，必须在停车状态下进行。

（8）清洁钻床或加注润滑油时，必须切断电源。

（9）钻床不用时，必须将机床外露滑动面及工作台面擦净，并对各滑动面及各注油孔加注润滑油。

任务评价

评分标准

序号	项目与技术要求	配分	评分标准	检测结果	得分
1	工件装夹合理	5	不符合要求酌情扣分		
2	麻花钻安装正确	5	不符合要求酌情扣分		

续表

序号	项目与技术要求	配分	评分标准	检测结果	得分
3	选择钻床转速正确	10	不符合要求酌情扣分		
4	起钻及钻孔正确	10	不符合要求酌情扣分		
5	钻孔 ϕ8.5 mm（三处）合格	24	每处超差不得分		
6	孔距（30±0.1）mm（两处）合格	15	每处超差不得分		
7	对称度 0.1 mm（三处）合格	12	每处超差不得分		
8	尺寸 27.5±0.5 mm 合格	3	超差不得分		
9	倒角 C1（六处）合格	6	每处超差不得分		
10	安全文明操作	10	酌情扣分		

思考与练习

1. 如图 1—7—19 所示工件，要求在斜面上钻孔，试制定加工工艺。

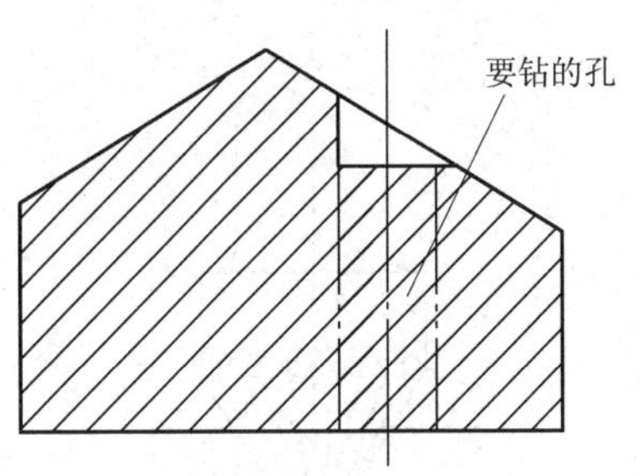

图 1—7—19　斜面上钻孔示意图

2. 钻孔时怎样选择钻床的转速？

知识拓展

一、扩孔

用扩孔钻对工件上已有孔进行扩大加工的方法，称为扩孔，如图 1—7—20 所示。其中 D 为扩孔后孔的直径，d 为扩孔前孔的直径。

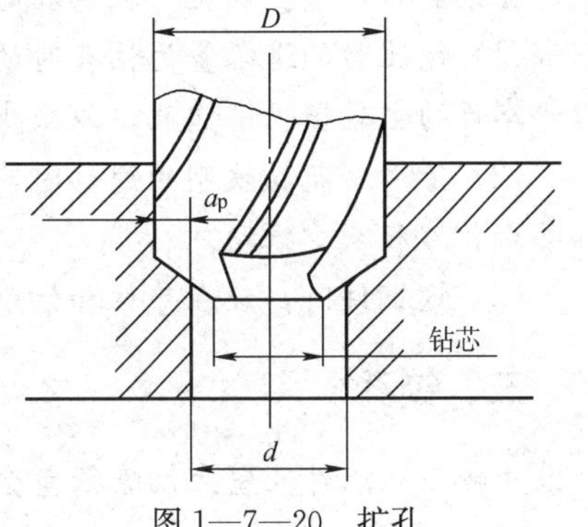

图 1—7—20　扩孔

1. 扩孔的特点

（1）扩孔钻无横刃，避免了横刃切削所引起的不良影响。

（2）背吃刀量较小，切屑易排出，不易擦伤已加工面。

（3）扩孔钻强度高、齿数多，导向性好，切削稳定，可使用较大切削用量（进给量一般为钻孔时的 1.5～2 倍，切削速度约为钻孔时的 1/2），提高了生产效率。

(4) 加工质量较高，一般公差等级可达 IT10～IT9，表面粗糙度值可达 Ra12.5～3.2 μm，常作为孔的半精加工及铰孔前的预加工。

2. 扩孔注意事项

(1) 扩孔钻多用于成批大量生产。小批量生产常用麻花钻代替扩孔钻使用，此时，应适当减小钻头前角，以防止扩孔时扎刀。

(2) 用麻花钻扩孔，扩孔前孔的直径为所需孔径的 0.5～0.7 倍；用扩孔钻扩孔，扩孔前孔的直径为所需孔径的 0.9 倍。

(3) 钻孔后，在不改变钻头与机床主轴相互位置的情况下，应立即换上扩孔钻进行扩孔，使钻头与扩孔钻的中心重合，保证加工质量。

二、锪孔

用锪钻在孔口表面加工出一定形状的孔或表面的方法，称为锪孔。可分为锪圆柱形沉孔、锪圆锥形沉孔和锪平面等几种形式，如图 1—7—21 所示。

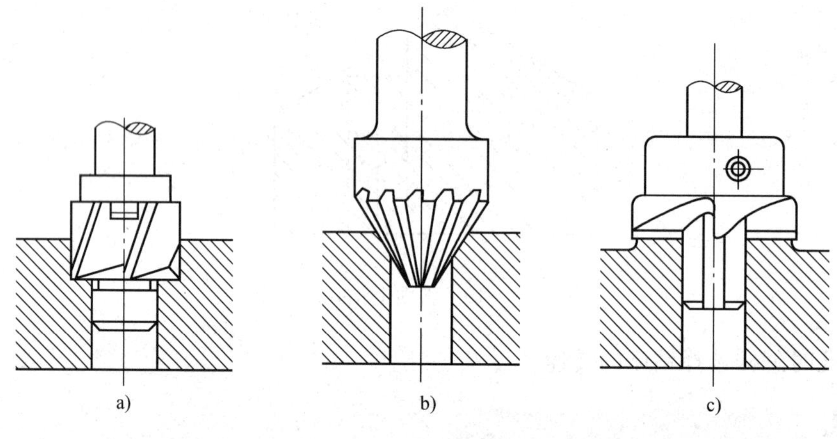

图 1—7—21　锪钻

a) 锪圆柱形沉孔　b) 锪圆锥形沉孔　c) 锪凸台平面

锪孔时刀具容易产生振动，使所锪的端面或锥面出现振痕，特别是使用麻花钻改制的锪钻，振痕更为严重。因此，在锪孔时应注意以下几点：

(1) 锪孔时的进给量为钻孔时的 2～3 倍，切削速度为钻孔时的 1/3～1/2。精锪时可利用停车后的主轴惯性来锪孔，以减少振动而获得光滑表面。

(2) 使用麻花钻改制的锪钻时，尽量选用较短的钻头，并适当减小后角和外缘处前角，以防止扎刀和减少振动。

(3) 锪钢件时，应在导柱和切削表面加切削液润滑。

三、铰孔

用铰刀从工件孔壁上切除微量金属层，以提高其尺寸精度和降低表面粗糙度值的方法，称为铰孔。由于铰刀的刀齿数量多，切削余量小，故切削阻力小，导向性好，加工精度高，一般可达 IT9～IT7 级，表面粗糙度值可达 $Ra1.6\ \mu m$。

1. 铰刀的结构

铰刀由柄部、颈部和工作部分组成，如图 1—7—22 所示。柄部用来夹持和传递扭矩，有锥柄、直柄和方榫柄三种。工作部分由引导部分、切削部分、校准部分组成。校准部分又分为圆柱部分和倒锥部分。引导部分可引导铰刀头部进入孔内，其导向角一般为 45°；切削部分担负切去铰孔余量的任务；圆柱部分有棱边，起定向、修光孔壁、保证铰刀直径和便于测量等作用；倒锥部分可以减小铰刀和孔壁的摩擦。铰刀齿数一般为 4～8 个齿，为测量直径方便，多采用偶数齿。

2. 铰刀的种类

(1) 整体圆柱铰刀。如图 1—7—22 所示，主要用来铰削标准直径系列的孔，分为手用和机用两种。

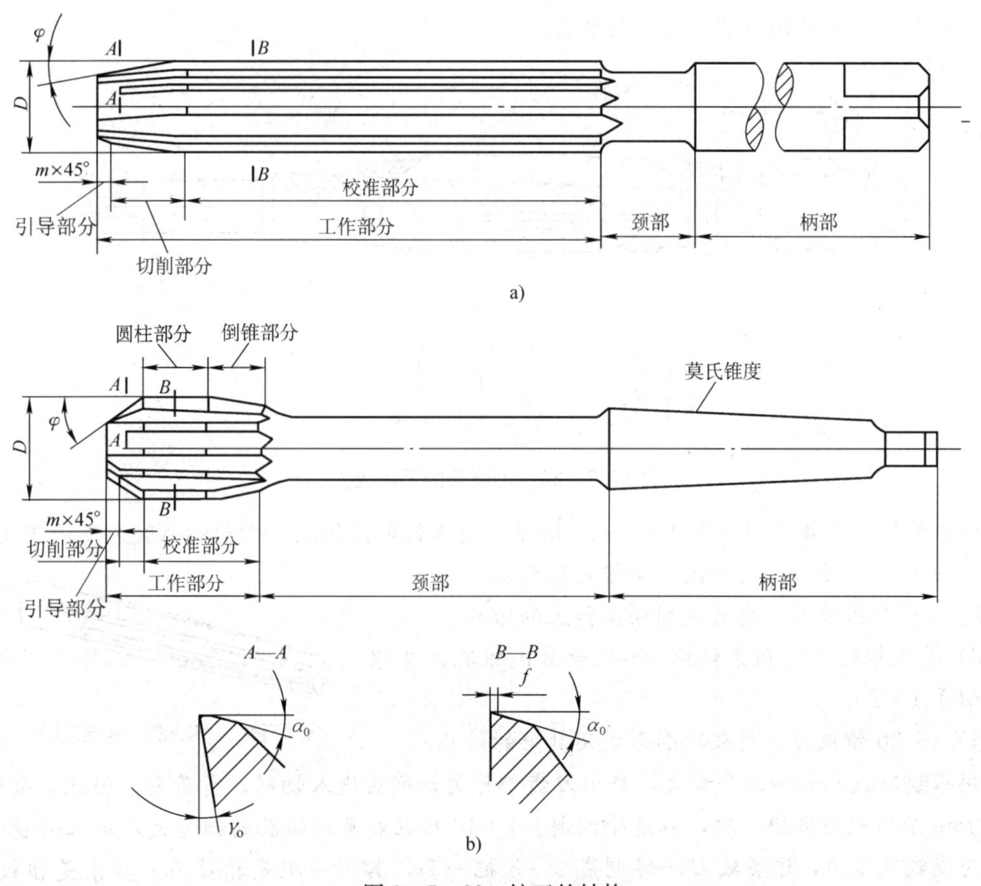

图 1—7—22　铰刀的结构

a) 手用铰刀　b) 机用铰刀

一般手用铰刀的齿距在圆周上是不均匀分布的（见图 1—7—23b)。机用铰刀工作时靠机床带动，为制造方便，都做成等距分布刀齿（见图 1—7—23a)。

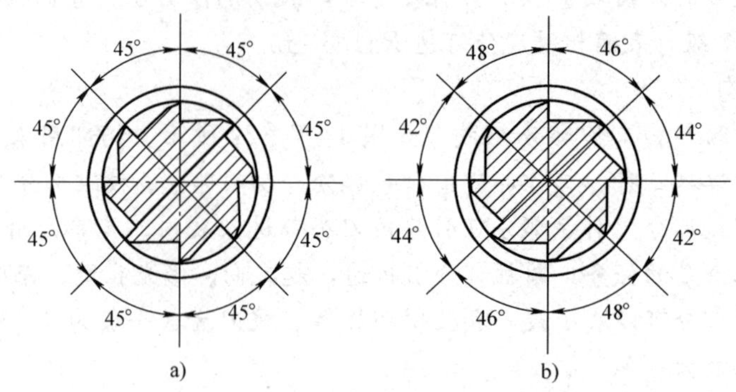

图 1—7—23　铰刀刀齿发布

a）均匀发布　b）不均匀发布

（2）可调节的手用铰刀。如图 1—7—24 所示，在单件生产和修配工作中需要铰削少量的非标准孔，则应使用可调节的手用铰刀。

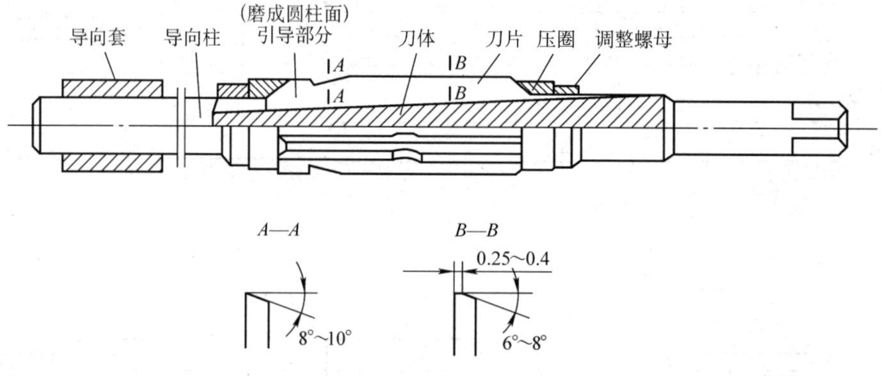

图 1—7—24　可调节的手用铰刀

（3）锥铰刀。锥铰刀如图 1—7—25 所示，用于铰削圆锥孔。常用的锥铰刀有以下几种：

1）1∶50 锥铰刀，用来铰削圆锥定位销孔。

2）1∶10 锥铰刀，用来铰削联轴器上的锥孔。

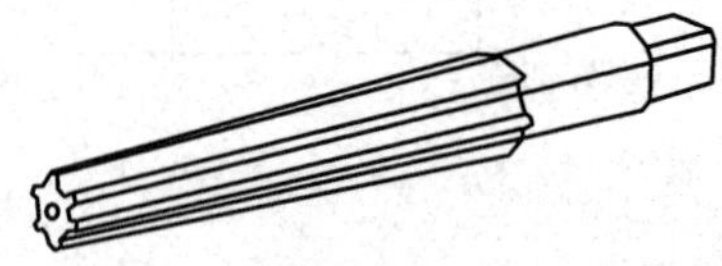

图 1—7—25　锥铰刀

3）莫氏锥铰刀，用来铰削 0～6 号莫氏锥孔，其锥度近似于 1∶20。

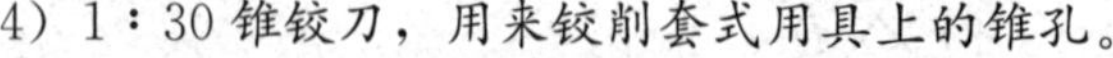

4）1∶30 锥铰刀，用来铰削套式用具上的锥孔。

用锥铰刀铰孔，加工余量大，整个刀齿都作为切削刃进入切削，负荷重，因此，每进刀 2～3 mm 应将铰刀取出一次，以清除切屑。1∶10 锥孔和莫氏锥孔的锥度大，加工余量就更大，为使铰孔省力，这类铰刀一般制成 2～3 把一套，其中一把是精铰刀，其余是粗铰刀。粗铰刀的刀刃上开有螺旋形分布的分屑槽，以减轻切削负荷。如图 1—7—26 所示是两把一套的锥铰刀。

锥度较大的锥孔，铰孔前的底孔应钻成阶梯孔，如图 1—7—27 所示。阶梯孔的最小直径按锥铰刀小端直径确定，并留有铰削余量，其余各段直径可根据锥度推算。

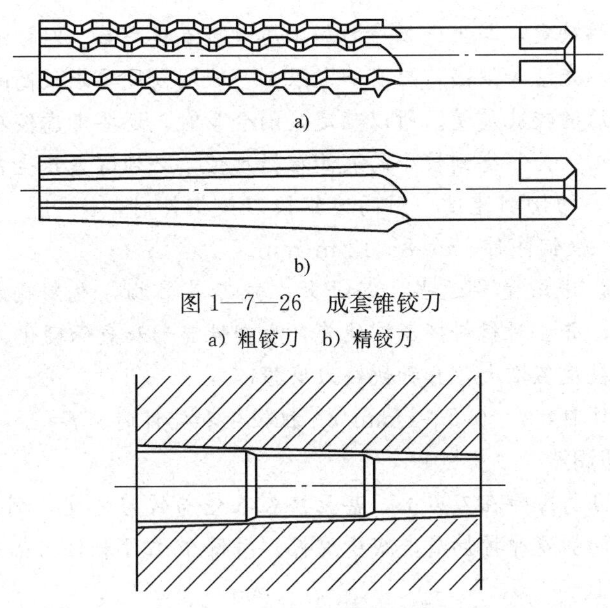

图 1—7—26　成套锥铰刀

a）粗铰刀　b）精铰刀

图 1—7—27　铰前钻成阶梯孔

（4）螺旋槽手用铰刀。用普通直槽铰刀铰削键槽孔时，刀刃会被键槽边钩住，使铰削无法进行，因此必须采用螺旋槽手用铰刀（见图 1—7—28）。

（5）硬质合金机用铰刀。在高速铰削和铰削硬材料时，常采用硬质合金机用铰刀（见图 1—7—29），其结构采用镶片式。硬质合金铰刀刀片有 YG 类和 YT 类两种，YG 类适合铰铸铁类材料，YT 类适合铰钢类材料。

图 1—7—28　螺旋槽手用铰刀

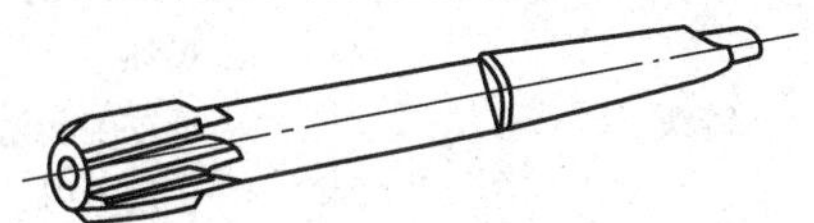

图 1—7—29　硬质合金机用铰刀

3．铰削用量

铰削用量包括铰削余量（$2a_p$）、切削速度（v）和进给量（f）。

（1）铰削余量（$2a_p$）。铰削余量是指上道工序（钻孔或扩孔）完成后留下的直径方向的加工余量。

铰削余量不宜过大，因为铰削余量过大，会使刀齿切削负荷增大，变形增大，切削热增加，被加工表面呈现撕裂状态，致使尺寸精度降低，表面粗糙度值增大，同时加剧铰刀磨损。

铰削余量也不宜太小，否则，上道工序的残留变形难以纠正，原有刀痕不能去除，铰削质量达不到要求。

选择铰削余量时，应考虑到孔径大小、材料软硬、尺寸精度、表面粗糙度要求及铰刀类型等因素的综合影响。用普通标准高速钢铰刀铰孔时，可参考表 1—7—4 选取。

表 1—7—4　　**铰削余量**

铰孔直径（mm）	5 以下	5～20	21～32	33～50	51～70
铰削余量（mm）	0.1～0.2	0.2～0.3	0.3	0.5	0.8

此外，铰削余量的确定，与上道工序的加工质量有直接关系。对铰削前预加工孔出现的弯曲、锥度、椭圆和不光洁等缺陷，应有一定限制。铰削精度要求较高的孔，必须经过扩孔或粗铰，才能保证最后的铰孔质量。所以确定铰削余量时，还要考虑铰孔的工艺过程。

(2) 切削速度 (v)。为了得到较小的表面粗糙度值，必须避免产生刀瘤，减少切削热及变形，因而应采取较小的切削速度。用高速钢铰刀铰钢件时，$v=4\sim8$ m/min；铰铸铁件时，$v=6\sim8$ m/min；铰铜件时，$v=8\sim12$ m/min。

(3) 进给量 (f)。进给量要适当，若过大，铰刀易磨损，也影响加工质量；若过小，则很难切下金属材料，并会对材料挤压，使其产生塑性变形和表面硬化，最后形成刀刃撕去大片切屑，使表面粗糙度值增大，且加快铰刀磨损。

机铰钢件及铸铁件时，$f=0.5\sim1$ mm/r；机铰铜和铝件时，$f=1\sim1.2$ mm/r。

4. 铰孔时的冷却润滑

铰削的切屑细碎且易黏附在刀刃上，甚至挤在孔壁与铰刀之间，刮伤表面，扩大孔径。铰削时必须用适当的切削液冲掉切屑，减少摩擦，并降低工件和铰刀温度，防止产生刀瘤。切削液选用时参考表 1—7—5。

表 1—7—5　　铰孔时的切削液

加工材料	切削液
钢	1. 10%～20%乳化液 2. 铰孔要求高时，采用 30%菜油加 70%肥皂水 3. 铰孔要求更高时，可采用柴油、猪油等
铸铁	1. 煤油 2. 低浓度乳化液 3. 也可不用
铝	煤油
铜	乳化液

任务 8　螺纹的加工

◆ **教学目标**

◎ 能够正确使用攻螺纹和套螺纹工具
◎ 掌握攻螺纹与套螺纹的操作要领
◎ 掌握攻螺纹与套螺纹的工作要点
◎ 掌握底孔直径与孔深的确定方法
◎ 掌握套螺纹前圆杆直径的确定方法
◎ 了解丝锥构造

攻螺纹是用丝锥在工件孔中切削出内螺纹的加工方法。钳工加工的螺纹多为三角螺纹，作为连接使用。一般攻螺纹包括划线、钻孔、攻螺纹等环节，螺纹的加工质量直接影响到构件的装配质量效果。

任务提出

用手用丝锥在如图 1—8—1 所示的工件上攻螺纹，达到图样要求。工件材料为 45 钢，单件工时 40 min。

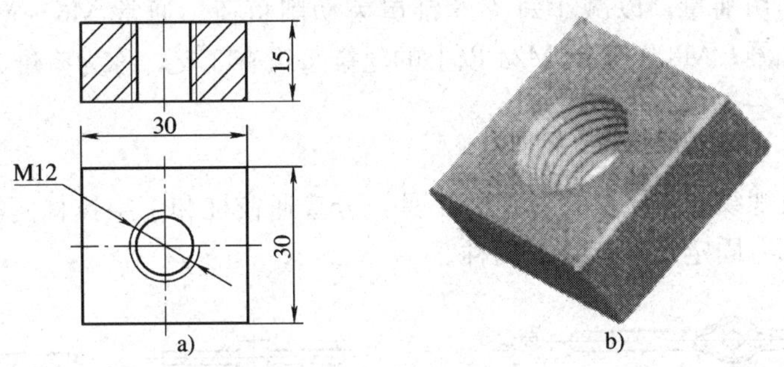

图 1—8—1 方螺母

a）零件图 b）实物图

任务分析

该工件的螺纹分布在工件的内孔表面，根据其特点，此项操作属于内螺纹加工，即攻螺纹。完成攻螺纹需要以下几个操作步骤：划线→装夹工件→钻底孔→加工螺纹。

相关知识

一、攻螺纹工具

1. 丝锥

丝锥一般分为手用丝锥和机用丝锥两种。

丝锥由工作部分和柄部组成，其中工作部分由切削部分和校准部分组成，如图 1—8—2 所示。

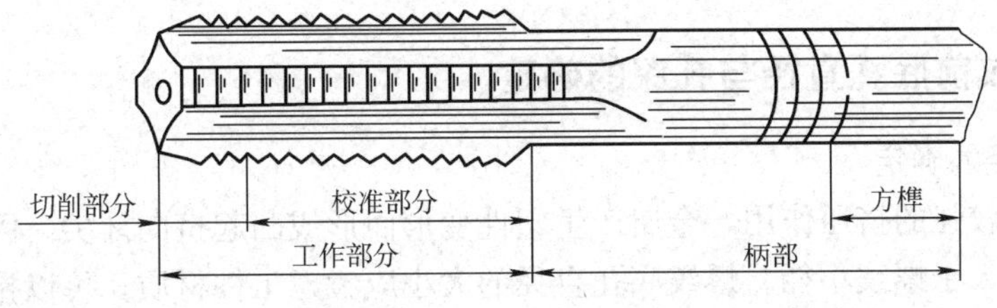

图 1—8—2 丝锥

切削部分是指丝锥前部的圆锥部分，有锋利的切削刃，起主要切削作用，不仅工作省力，不易产生崩刃，而且引导作用良好，并能保证螺纹孔的表面粗糙度要求；校准部分具有完整的牙型，用来修光和校准已切出的螺纹，并起导向作用，是丝锥的备磨部分；丝锥柄部为方头，是丝锥的夹持部位，起传递转矩及轴向力的作用。

丝锥有3～4条容屑槽，并形成切削刃和前角。为了制造和刃磨方便，丝锥上容屑槽一般做成直槽。有些专用丝锥为了控制排屑方法，做成螺旋槽。螺旋槽丝锥有左旋和右旋之分。加工不通孔螺纹，为使切屑向上排出，容屑槽做成右旋槽；加工通孔螺纹，为使切屑向下排出，容屑槽做成左旋槽。

每种型号的丝锥一般由两支或三支组成一套，分别称为头锥、二锥和三锥。成套丝锥分次切削，依次分担切削量，以减小每支丝锥单齿切削负荷。通常M6～M24丝锥每组有2支，称为头锥、二锥；M6以下及M24以上的丝锥每组有3支，称为头锥、二锥、三锥；细牙螺纹丝锥为2支一组。

2. 铰杠

铰杠是手工攻螺纹时用来夹持丝锥的工具，分普通铰杠和丁字铰杠两类，如图1—8—3所示。每类铰杠都有固定式和活动式两种。

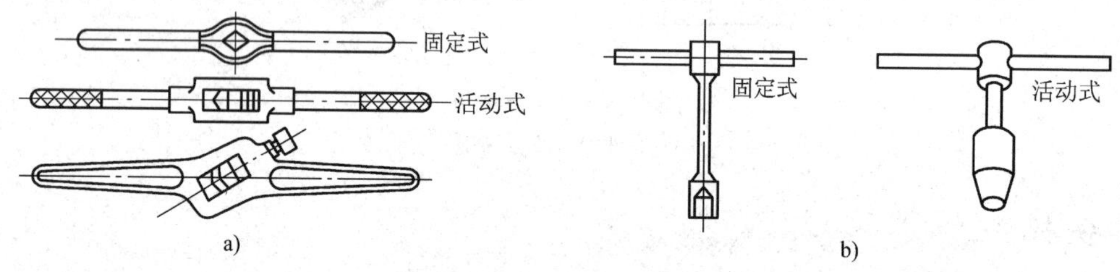

图1—8—3　铰杠

a）普通铰杠　b）丁字铰杠

丁字铰杠适用于在高凸台旁边或箱体内部攻螺纹，活动式丁字铰杠用于M6以下丝锥；固定式普通铰杠用于M5以下的丝锥。铰杠的方孔尺寸和柄的长度都有一定的规格，使用时按丝锥尺寸大小，由表1—8—1中合理选择。

表1—8—1　　**铰杠使用范围**

铰杠规格（mm）	150	225	275	375	475	600
适用丝锥	M5～M8	M8～M12	M12～M14	M14～M16	M16～M22	M24以上

二、攻螺纹前底孔直径与孔深的确定

1. 底孔直径的确定

攻螺纹时有较强的挤压作用，金属产生塑性变形而形成凸起挤向牙尖。因此，攻螺纹前的底孔直径应略大于螺纹小径。螺纹底孔直径的大小应考虑工件材质，可以按经验公式确定螺纹底孔直径。

（1）加工钢件或塑性较大的材料：$d=D-P$。

式中　d——螺纹底孔用钻头直径，mm；

D——螺纹大径，mm；

P——螺距，mm。

（2）加工铸铁或塑性较小的材料：$d=D-(1.05\sim1.1)P$。

2. 底孔深度的确定

为了保证螺纹的有效工作长度，钻螺纹底孔时，螺纹底孔深度的公式为：

$$H=h+0.7D$$

式中　h——螺纹的有效长度，mm；

H——螺纹底孔深度，mm；

D——螺纹大径，mm。

三、丝锥刃磨方法

当丝锥的切削部分磨损时，可以修磨其后刀面，如图1—8—4所示。修磨时要注意保持各刀瓣的半锥角 ϕ 及切削部分长度的准确性和一致性。转动丝锥时要留心，不要使另一刀瓣的刀齿碰擦而磨坏。

当丝锥的校准部分有显著磨损时，可用棱角修圆的片状砂轮修磨其前刀面，如图1—8—5所示，并控制好一定的前角 γ_o。

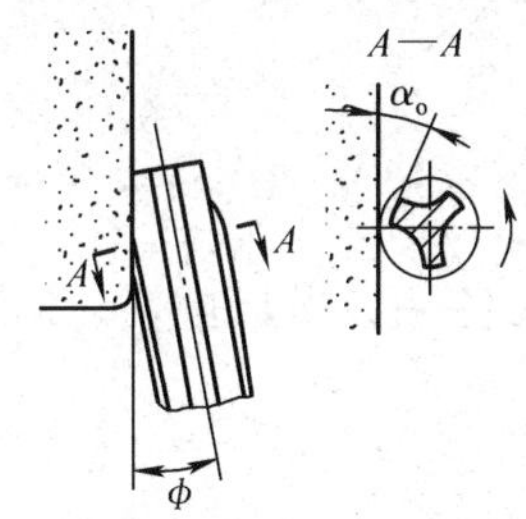

图1—8—4　修磨丝锥后刀面

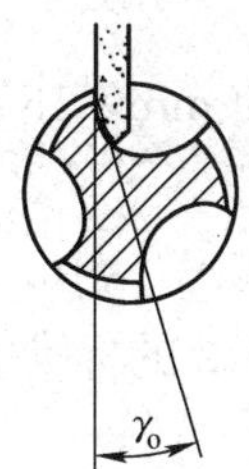

图1—8—5　修磨丝锥前刀面

四、攻螺纹误差分析

攻螺纹时可能出现的问题及防止措施见表1—8—2。

表1—8—2　　攻螺纹误差分析

出现问题	产生原因	防止措施
螺纹乱牙	1. 底孔直径太小，丝锥不易切入，造成孔口乱牙 2. 攻二锥时，未先用手把丝锥旋入孔内，直接用铰杠施力攻削 3. 丝锥磨钝，不锋利 4. 螺纹歪斜过多，用丝锥强行纠正 5. 攻螺纹时，丝锥未经常倒转	1. 根据加工材料，选择合适的底孔直径 2. 先用手旋入二锥，再用铰杠攻入 3. 刃磨丝锥 4. 开始攻入时，两手用力要均匀，注意检查丝锥与螺孔端面的垂直度 5. 多倒转丝锥，使切屑碎断
螺纹歪斜	1. 丝锥与螺纹端面不垂直 2. 攻螺纹时，两手用力不均匀	1. 纹锥开始切入时，注意丝锥与螺孔端面保持垂直 2. 两手用力要均匀

续表

出现问题	产生原因	防止措施
螺纹牙深不够	1. 底孔直径太大 2. 丝锥磨损	1. 正确选用底孔直径 2. 刃磨丝锥
螺纹表面粗糙	1. 丝锥前、后面及容屑槽粗糙 2. 丝锥不锋利，磨钝 3. 攻螺纹时，丝锥未经常倒转 4. 未用合适的切削液 5. 丝锥前、后角太小	1. 刃磨丝锥 2. 刃磨丝锥 3. 多倒转丝锥，改善排屑 4. 选择合适的切削液 5. 磨大前、后角

任务实施

一、准备工作

1. 材料

尺寸 30 mm×30 mm×15 mm 的 45 钢钢板一件。

2. 工具、量具

90°角尺、游标卡尺、ϕ10.2 mm、ϕ20 mm 的钻头各一、平口虎钳、M12 的手用头攻和二攻丝锥、铰杠、M12 的标准螺钉等。

3. 划线工具

游标高度尺、V 形架、样冲、划规、划线平台。

二、操作步骤

1. 划钻孔加工线

用游标高度尺划出图样中 30 mm 尺寸方向的两条中心线，其交点即底圆的中心。用样冲在中心处冲点，并用划规划出 ϕ10 mm的圆和半径小于 R5 mm 的两个不同的同心圆，如图 1—8—6所示。

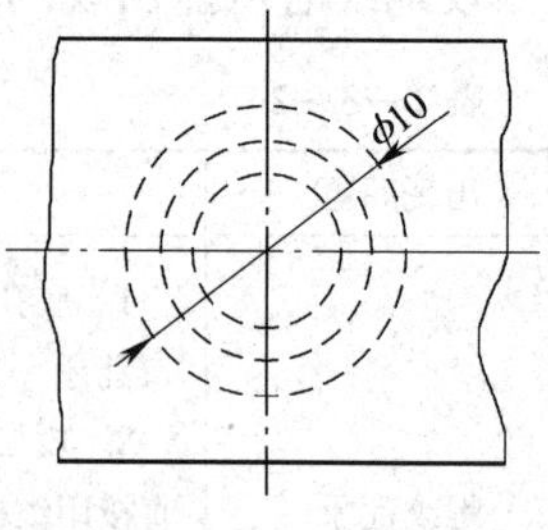

图 1—8—6　钻孔划线

2. 装夹工件

将划好线的工件用木垫垫好，使其上表面处于水平面内，夹紧在立钻工作台的平口虎钳上。

3. 钻底孔并倒角

M12 螺纹底孔直径是 10.2 mm。将刃磨好的 ϕ10.2 mm 钻头装夹在立钻钻夹头上，起钻后边钻孔边调整位置，用划好的同心圆限定边界，直到位置正确后钻出底孔。钻通后，换 ϕ20 mm 钻头对两面孔口进行倒角，用游标卡尺检查孔的尺寸。

4. 加工螺纹

将钻好孔的工件夹紧在台虎钳上，使工件上表面处于水平。选 225 mm 的活动式铰杠，将头锥装紧在铰杠上。将丝锥垂直放入孔中，一手施加压力，一手转动铰杠，如图1—8—7所示。当丝锥进入工件1～2牙时，用90°角尺在两个相互垂直的平面内检查和矫正，如图1—8—8所示。当丝锥进入3～4牙时，丝锥的位置要正确无误。之后转动铰杠，使丝锥自然旋入工件，并不断反转断屑，直至攻通，如图1—8—9所示。然后，自然反转，退出丝锥。再用二锥对螺孔进行一次清理。最后用M12的标准螺钉检查螺孔，以自然顺畅旋入螺孔为宜。

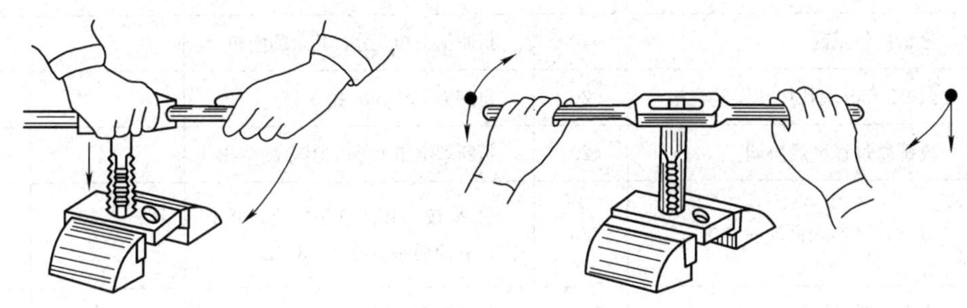

图1—8—7　起攻方法

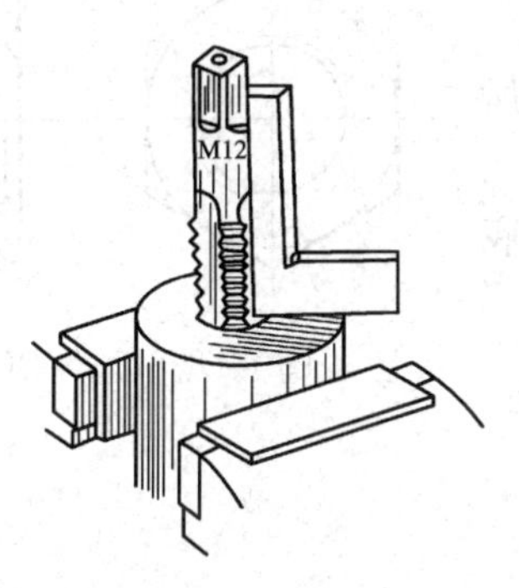

图1—8—8　检查方法

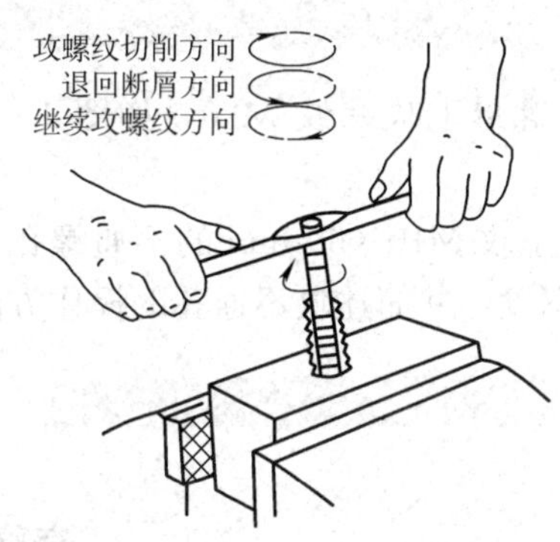

图1—8—9　攻螺纹方法

三、注意事项

(1) 选择合适的铰杠长度，以免转矩过大，折断丝锥。

(2) 正常攻螺纹阶段，双手作用在铰杠上的力要平衡。切忌用力过猛或左右晃动，造成孔口烂牙。每正转1/2～1圈时，应将丝锥反转1/4～1/2圈，将切屑切断排出。加工盲孔时更要如此。

(3) 转动铰杠感觉吃力时，不能强行转动，应退出头锥，换用二锥，如此交替进行。

(4) 攻不通螺孔时，可在丝锥上做好深度标记，并要经常退出丝锥，清除留在孔内的切屑。当工件不便倒出切屑时，可用磁性针棒吸出切屑或用弯的管子吹去切屑。

(5) 攻钢料等韧性材料工件时，加机油润滑可使螺纹光洁，并能延长丝锥寿命；对铸铁件，通常不加润滑油，也可加煤油润滑。

任务评价

评分标准

序号	项目与技术要求	配分	评分标准	检测结果	得分
1	工具装夹方法准确	10	不符合要求酌情扣分		
2	工、量具装夹位置正确	10	不符合要求酌情扣分		
3	立钻操作正确	10	折断钻头扣5分，其余酌情扣分		
4	ϕ10.2 mm底孔尺寸误差合格	20	每超差0.1 mm扣5分		
5	攻螺纹过程自然协调	20	折断丝锥扣10分，其余酌情扣分		
6	M12尺寸与表面质量合格	20	公差按GB/T 1804—2000f评定，表面质量见表1—8—2		
7	安全文明操作	10	酌情扣分		

思考与练习

1. 在六角螺母上攻螺纹M20，如图1—8—10所示。

2. 在钢件上攻M10×30 mm的不通螺孔，计算底孔直径及钻孔深度，并简述攻不通孔的操作方法。

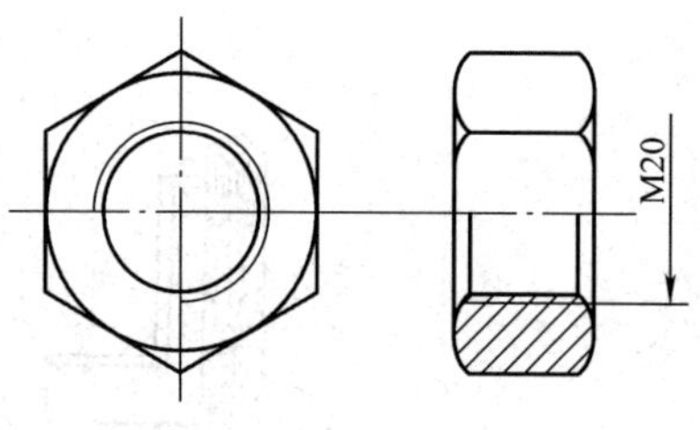

图1—8—10　六角螺母

知识拓展

套螺纹

用圆板牙在外圆柱面（或外圆锥面）上切削出外螺纹的加工方法称为套螺纹。

1. 套螺纹工具

套螺纹所用的工具是圆板牙和圆板牙铰杠。

(1) 圆板牙。圆板牙是加工外螺纹的刀具，有封闭式和开槽式（可调式）两种，如图1—8—11所示。

圆板牙的结构如图1—8—12所示，由切削部分、校准部分和排屑孔组成。圆板牙本身就像一个圆螺母，只是在它上面钻有3～5个排屑孔（容屑槽），并形成切削刃。

(2) 圆板牙铰杠。圆板牙铰杠是装夹圆板牙的工具，如图1—8—13所示。圆板牙放入后，用螺钉紧固。

2. 套螺纹前圆杆直径的确定

套螺纹时圆杆直径应略小于螺纹大径，圆杆尺寸根据下式确定：$d=D-0.13P$。

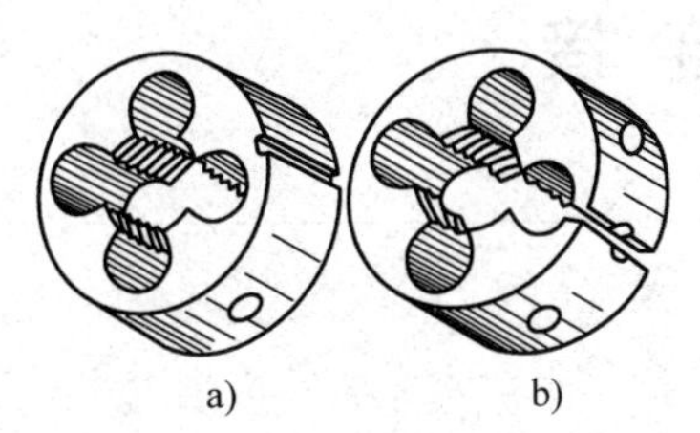

图 1—8—11　圆板牙
a）封闭式　b）开槽式

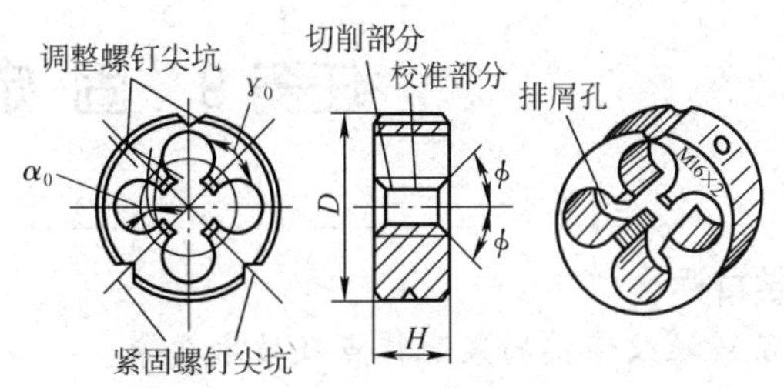

图 1—8—12　圆板牙的结构

式中　d——圆杆直径，mm；

D——螺纹大径，mm；

P——螺距，mm。

3. 套螺纹方法

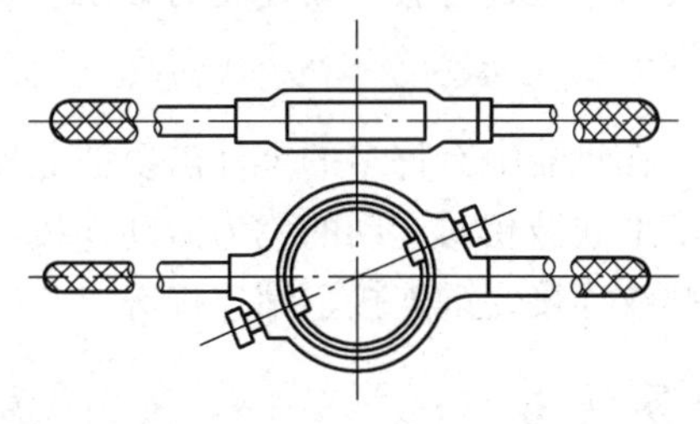

图 1—8—13　圆板牙铰杠

工件装夹要端正、牢固，套螺纹时的切削力矩较大，且工件都为圆杆，一般要用 V 形架或黄铜衬垫，才能保证工件的可靠夹紧。工件伸出钳口的长度在不影响螺纹要求长度的前提下，应尽量短些。圆杆端部需要倒 15°～20°锥角，使圆板牙容易对准工件和切入材料，如图 1—8—14 所示。

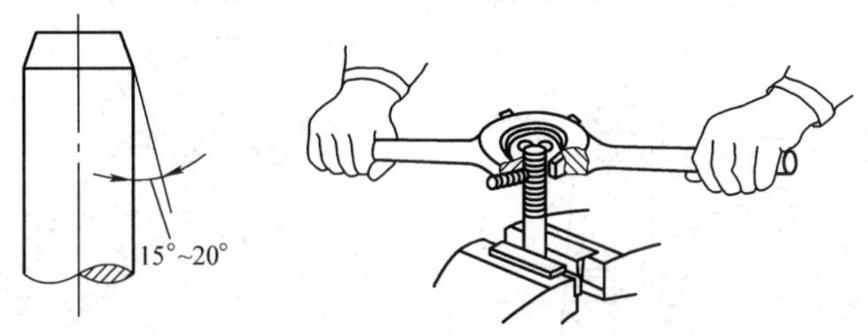

图 1—8—14　圆杆倒角与套螺纹

起套方法与攻螺纹起攻方法一样，一只手掌按住铰杠中部，沿圆杆轴向施加压力，另一只手做顺向旋进，转动要慢，压力要大，并保证圆板牙端面与圆杆轴线的垂直度要求。圆板牙切入圆杆 2～3 牙时，应及时检查其垂直度误差并做准确校正。

起套完成时，不要加压，让圆板牙自然切进，以免损坏螺纹和圆板牙，并要经常倒转断屑。

在钢件上套螺纹时，如手感较紧，应及时退出，清理切屑后再进行，并加切削液或用机油润滑，要求较高时可用菜油或二硫化钼。

任务9 固定连接

◆ **教学目标**

◎ 了解螺纹连接的装配特点及技术要求

◎ 掌握螺纹连接的装配、调整和修理方法

◎ 了解键连接、销连接的装配特点

◎ 掌握键连接、销连接的装配、调整和修理

在机器中有许多的零件需要彼此连接，连接件间不能做相对运动的称为固定连接；能按一定形式做相对运动的称为活动连接。通常所谓的连接主要是指固定连接，常见的固定连接有螺纹连接、键连接、销连接等。

任务提出

如图 1—9—1 所示用螺纹连接装配滑动轴承，滑动轴承结构安装在轴承座与轴承盖的内部，此时就需要用可拆卸的螺纹连接方式安装，以便维修与调试。在此处应用的是双头螺柱连接，既要使轴颈与滑动轴承均匀细密接触，又要有一定的配合间隙，保证连接的可靠性。

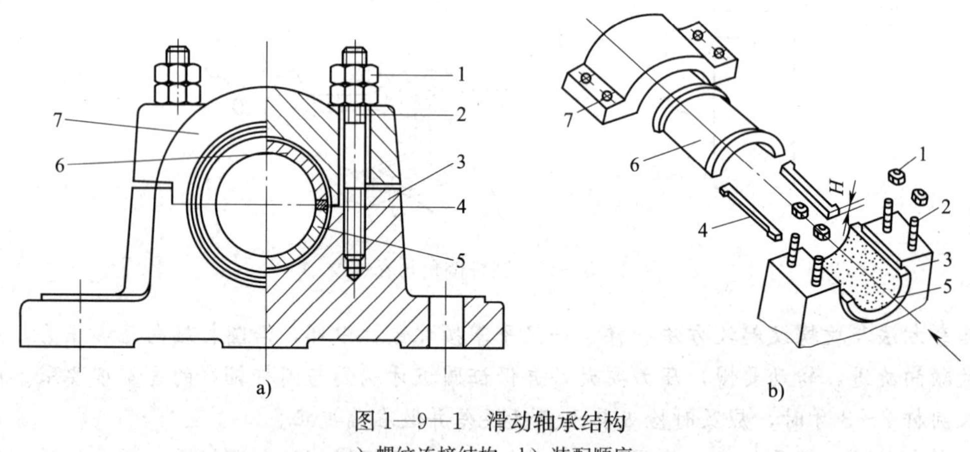

图 1—9—1 滑动轴承结构

a）螺纹连接结构 b）装配顺序

1—螺母 2—双头螺柱 3—轴承座 4—垫片 5—下轴瓦 6—上轴瓦 7—轴承盖

任务分析

在螺纹连接的应用中，应根据两连接件的结构及不同使用场合，合理选择螺纹连接的形式。图 1—9—1 中，a 图为滑动轴承的装配结构图，b 图为装配滑动轴承的顺序图。图中轴承座和轴承盖采用双头螺柱连接，要求双头螺柱与轴承座配合紧固，轴心线必须与轴承盖上表面垂直，装入双头螺柱时，必须用油润滑，以便拆卸。该任务的操作步骤为：装配准备→确定装配顺序→将双头螺柱装配于轴承座上→按顺序逐次装配其他部件→检验及校正装配质量。

相关知识

一、螺纹连接的特点与类型

螺纹连接是一种可拆的固定连接，它具有结构简单、连接可靠、装拆方便等优点，在机械中应用广泛。螺纹连接的主要类型有螺栓连接、双头螺柱连接、螺钉连接及紧固螺钉连接等，如图 1—9—2 所示。

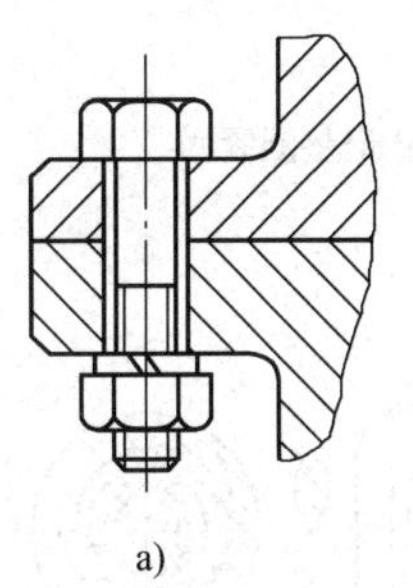
a)

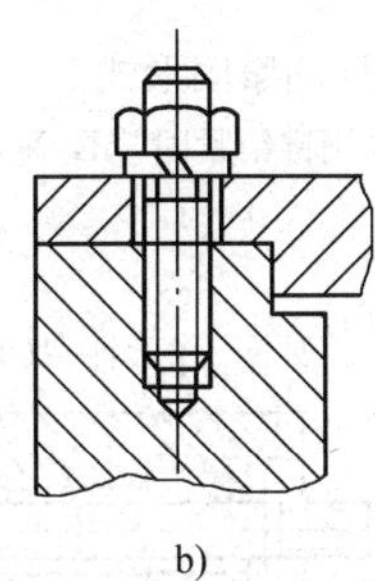
b)

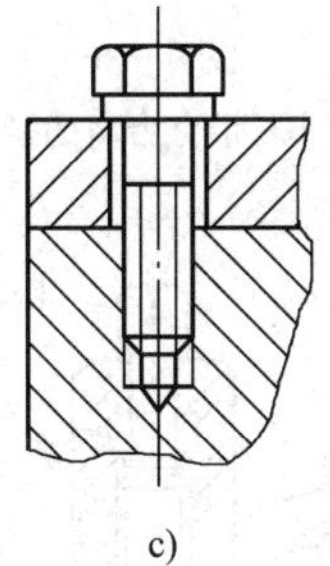
c)

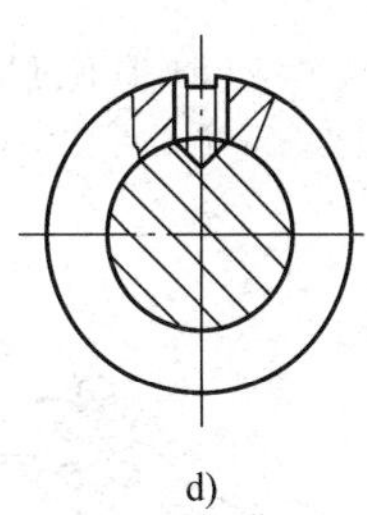
d)

图 1—9—2　螺纹连接的种类

a）螺栓连接　b）双头螺柱连接　c）螺钉连接　d）紧固螺钉连接

二、螺纹连接的装配技术要求

1. 保证一定的拧紧力矩

为达到螺纹连接可靠性和紧固的目的，螺纹连接装配时应有一定的拧紧力矩，使螺纹牙间产生足够的预紧力。

2. 使用可靠的防松装置

螺纹连接一般都具有自锁性，通常情况下不会自行松脱，但在冲击、振动或交变载荷下，螺纹连接难免松动。为防止冲击、振动或交变载荷作用下螺纹出现松动现象，螺纹连接时必须使用可靠的防松装置或采取有效的防松措施。

3. 保证螺纹连接的配合精度

螺纹配合精度由螺纹公差带和旋合长度两个因素确定，分为精密、中等和粗糙三种。

三、螺纹连接的预紧与防松

1. 螺纹连接的预紧（见图 1—9—3 和图 1—9—4）

一般的螺纹连接可用普通扳手或电动、风动扳手拧紧即可，而有规定预紧力的螺纹连接，则常用控制扭矩法、控制扭角法和控制螺栓伸长法等来保证准确的预紧力。

2. 螺纹连接的防松

螺纹连接用于振动或冲击场合时，会发生松动，为防止螺钉或螺母松动，必须有可靠的防松装置。防松的根本目的在于防止螺纹副的相对转动。防松的方法很多，按工作原理不同，可分为三类：摩擦防松、机械防松、破坏螺纹副的运动关系防松。防松装置的类型及应用见表 1—9—1。

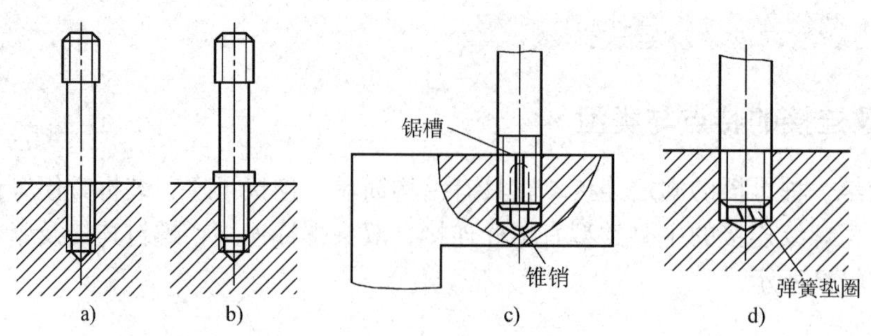

图 1—9—3　双头螺柱的紧固形式

a）具有过盈的配合　b）带有台肩的紧固　c）采用锥销紧固　d）采用弹簧止退垫圈紧固

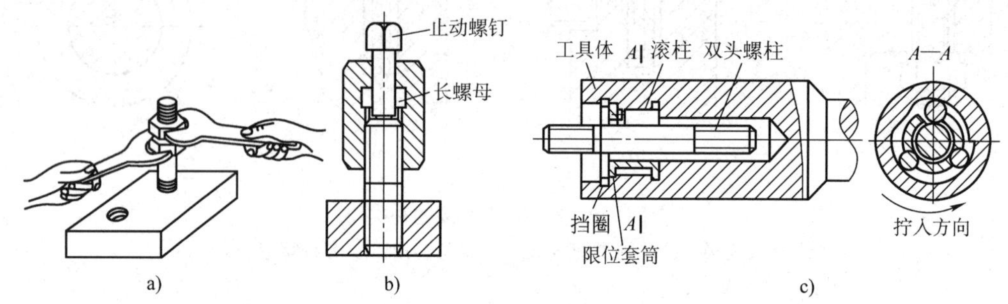

图 1—9—4　拧紧双头螺柱的方法

a）双螺母拧紧　b）长螺母拧紧　c）专用拧紧工具拧紧

表 1—9—1　　螺纹防松装置的类型及应用

类型		结构形式	特点及应用
摩擦防松	双螺母		利用主、副两个螺母，先将主螺母拧紧至预定位置，然后再拧紧副螺母。这种防松装置由于要用两只螺母，增加了结构尺寸和质量，一般用于低速、重载或较平稳的场合
	弹簧垫圈		这种防松装置容易刮伤螺母和被连接件表面，同时，因弹力分布不均，螺母容易偏斜。其构造简单，一般用于工作平稳、不经常装拆的场合
机械防松	开口销与槽型螺母		用开口销把螺母直接锁在螺栓上，它防松可靠，但螺杆上销孔位置不易与螺母最佳销紧位置的槽口吻合。多用于变载的振动场合

续表

类型		结构形式	特点及应用
机械防松	圆螺母止动垫圈	30° 15° 30° 30° 30°	装配时，先把垫圈的内翅插入螺杆槽中，然后拧紧螺母，再把外翅弯入螺母的外缺口内。用于受力不大的螺母防松
	六角螺母止动垫圈		垫圈耳部分别与六角螺钉或螺母紧贴，防止回松。用于连接部分可容纳变弯耳的场合
	串联钢丝	正确 错误	用钢丝穿过各螺钉或螺母头部的径向小孔，利用钢丝的牵制作用来防止回松。使用时应注意钢丝的穿绕方向。适用于布置较紧凑的成组螺纹连接
破坏螺纹副的运动关系防松	冲点和点焊	冲点 点焊	将螺钉或螺母拧紧后，在螺纹旋合处冲点或点焊。防松效果很好，用于不再拆卸的场合
	黏结	涂黏结剂	在螺纹旋合表面涂黏结剂，拧紧后，黏结剂自行固化，防松效果良好，且有密封作用，但不便拆卸

四、螺纹连接的装拆工具

螺纹紧固件多为标准件。由于其种类繁多，形状各异，所以螺纹连接的装拆工具也有各种不同的形式，使用时应根据具体情况合理选用。此外，在成批生产和装配流水线上还广泛采用了风动、电动扳手等。

1. 螺钉旋具（见图 1—9—5）

螺钉旋具用于装拆头部开槽的螺钉。常用的螺钉旋具有：一字旋具、十字旋具、快速旋具和弯头旋具。

（1）一字旋具。该种旋具应用广泛，其规格以旋具体部分的长度表示。常用规格有 100 mm、150 mm、200 mm、300 mm 和 400 mm 等几种。使用时应根据螺钉沟槽的宽度选用相应的螺钉旋具。

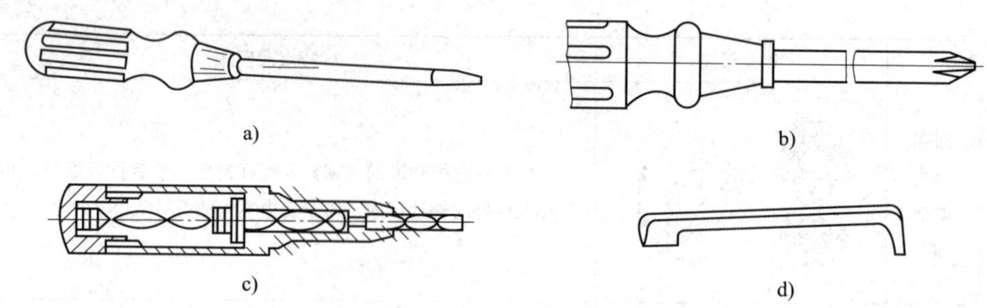

图 1—9—5　螺钉旋具

a）一字旋具　b）十字旋具　c）快速旋具　d）弯头旋具

（2）十字旋具。主要用来装拆头部带十字槽的螺钉，其优点是旋具不易从槽中滑出。

（3）快速旋具。推压手柄，使螺旋杆通过来复孔而转动，可以快速装拆小螺钉，提高装拆速度。

（4）弯头旋具。两端各有一个刃口，互成垂直位置，适用于螺钉头顶部空间受到限制的拆装场合。

2. 扳手

扳手是用来装拆六角形、正方形螺钉及各种螺母的工具。常见的扳手有：通用扳手、专用扳手、套筒扳手、钳形扳手、内六角扳手。

（1）通用扳手。通用扳手（见图 1—9—6）的开口尺寸可在一定范围内调节。使用时让其固定钳口顺着主要作用力方向，否则容易损坏扳手。其规格用长度表示。

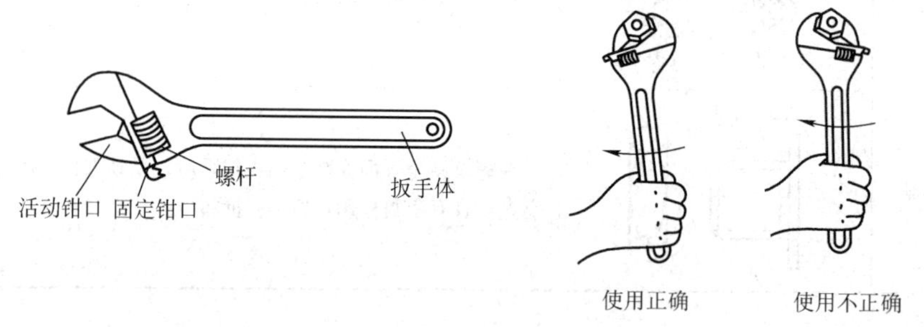

图 1—9—6　通用扳手及其使用

（2）专用扳手

1）呆扳手（见图 1—9—7）。用于装拆六角形、方头螺母或螺钉，有单头和双头之分。其开口尺寸与螺母或螺钉对边间距的尺寸相适应，并根据标准尺寸做成一套。

2）整体扳手（见图 1—9—8）。分为正方形、六角形、十二角形（梅花扳手）等。整体扳手只要转过一定角度，就可以改换方向再扳，适用于工作空间狭小，不能容纳普通扳手的场合。

3）套筒扳手（见图 1—9—9）。由一套尺寸不等的梅花套筒组成。常用于受结构限制其他扳手无法装拆的场合，或为了节省装拆时间时采用。使用方便，工作效率较高。

4）钩形扳手（见图 1—9—10）。专门用来锁紧各种结构的圆螺母。

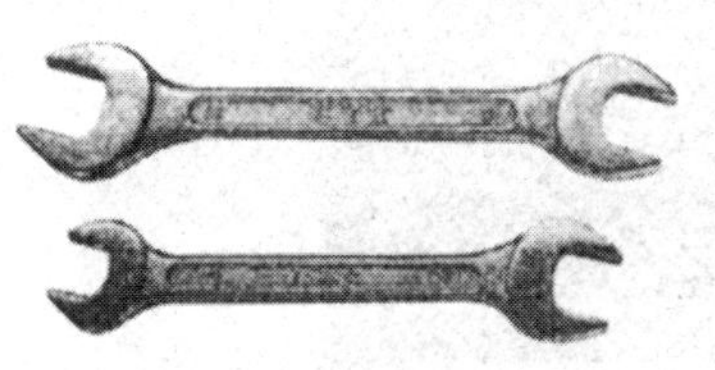

图 1—9—7　呆扳手

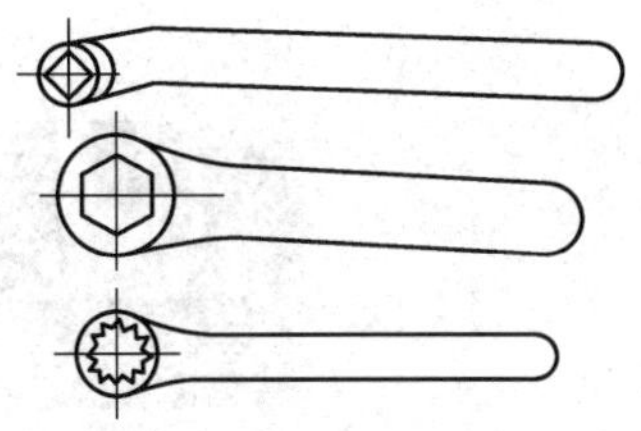

图 1—9—8　整体扳手

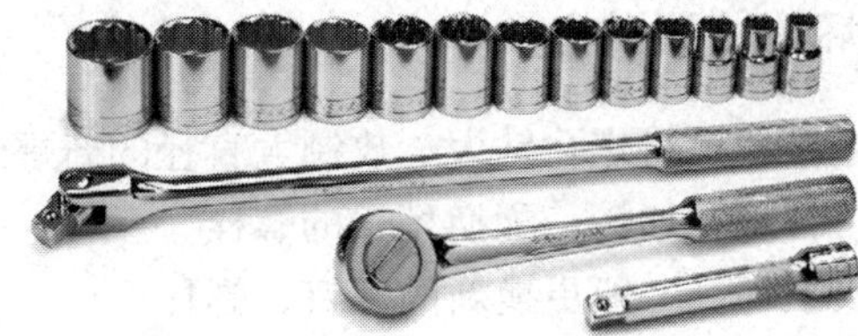

图 1—9—9　套筒扳手

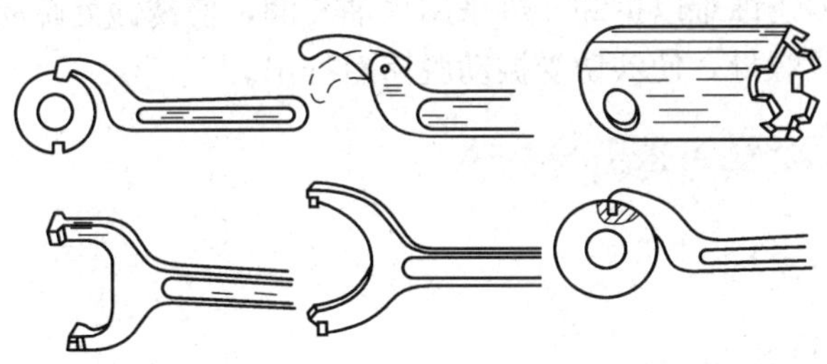

图 1—9—10　钩形扳手

5）内六角扳手（见图 1—9—11）。用于装拆内六角螺钉，成套的内六角扳手可供装拆 M4～M30 的内六角螺钉。

（3）特种扳手

1）棘轮扳手（见图 1—9—12）。使用方便，效率较高，反复摆动手柄即可逐渐拧紧螺母或螺钉。

2）管子扳手（见图 1—9—13）。用于管子的装拆。

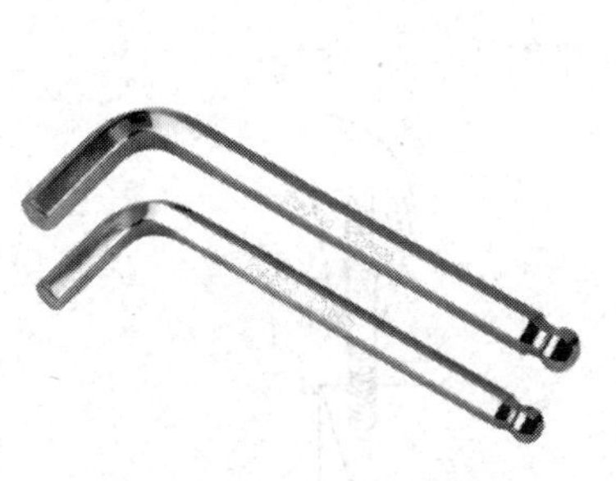

图 1—9—11　内六角扳手

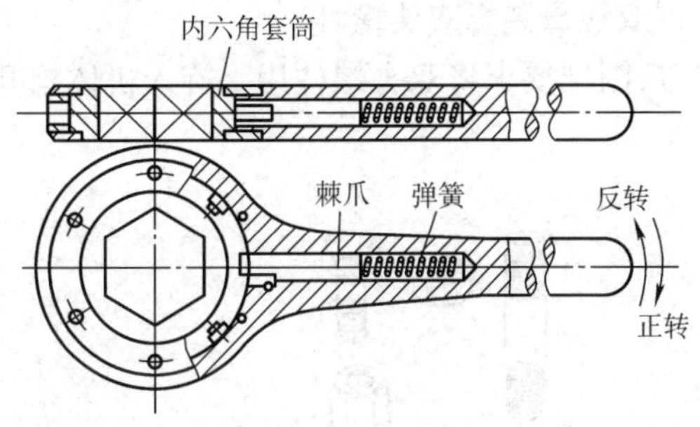

图 1—9—12　棘轮扳手

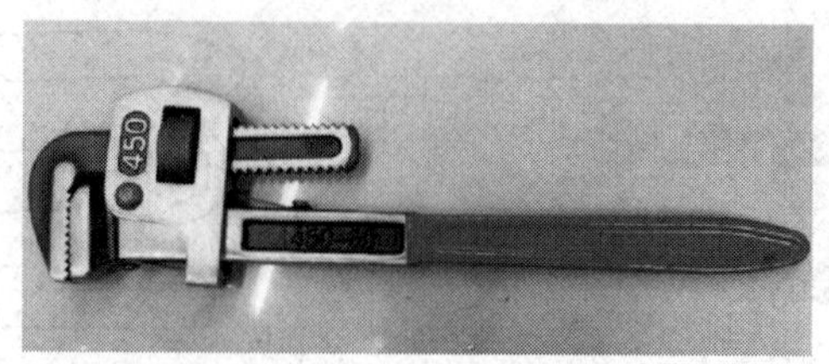

图 1—9—13　管子扳手

五、螺纹连接的损坏形式及修复

（1）螺孔损坏使配合过松。可将螺孔钻大，攻制大直径的新螺纹，配换新螺钉。当螺孔螺纹只损坏端部几扣时，可将螺孔加深，配换稍长的螺栓。

（2）螺钉、螺柱的螺纹损坏。一般更换新的螺钉、螺柱。

（3）螺柱头拧断。若螺柱断处在孔外，可在螺柱上锯槽、锉方或焊上一个螺母后再拧出。若断处在孔内，可用比螺纹小径小一点的钻头将螺柱钻出，再用丝锥修整内螺纹。

（4）螺钉、螺柱因锈蚀难以拆卸。可采用煤油浸润，使锈蚀处疏松后便较容易拆卸；也可以用锤子敲打螺钉或螺母，使铁锈受振动脱落后拧出。

任务实施

一、准备工作

1. 识读装配图（见图 1—9—1）

了解装配关系、技术要求和配合性质。

2. 选择工具

根据图样要求，选择双头螺柱 4 个、六角螺母 8 个、长螺母 1 个、止动螺钉 1 个（见图 1—9—14）。选择呆扳手和通用扳手各 1 把，机械油（N32）适量，90°角尺 1 把。

3. 润滑、防锈处理

在机体的螺孔内加注机械油（N32）润滑，以防拧入时产生螺纹拉毛现象，同时也可防锈。

二、操作步骤

1. 用双螺母装拆双头螺柱

（1）按图样要求将双头螺柱用手旋入机体螺孔内（见图 1—9—15）。

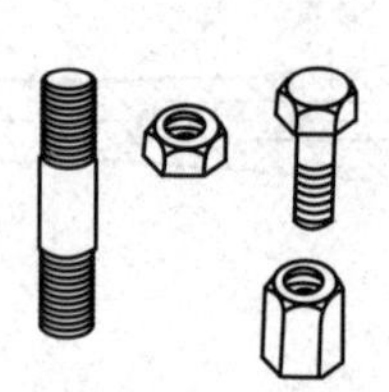

图 1—9—14　装配的螺纹件

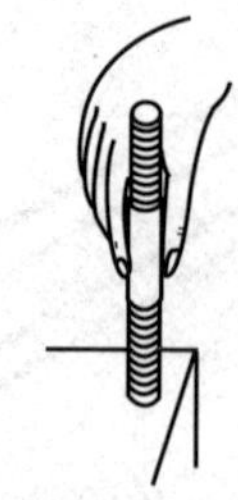

图 1—9—15　旋入双头螺柱

(2) 用手将两个螺母旋在双头螺柱上，并相互稍微锁紧。

(3) 用一个扳手卡住上螺母，用右手按顺时针方向旋转；用另一个扳手卡住下螺母，用左手按逆时针方向旋转，将双螺母锁紧（见图 1—9—16）。

(4) 用扳手按顺时针方向扳动上螺母，将双头螺柱锁紧在机体上（见图 1—9—17）。

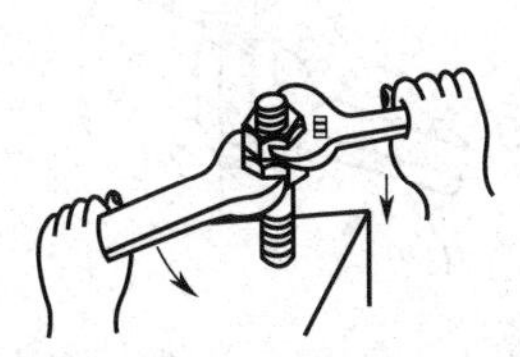

图 1—9—16　拧紧双螺母

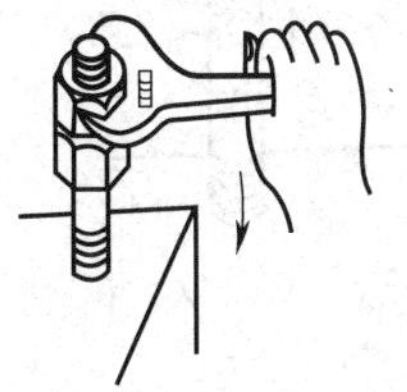

图 1—9—17　锁紧螺柱

(5) 用右手握住扳手，按逆时针方向扳动上螺母，用左手握住另一个扳手，卡住下螺母不动，使两螺母松开，卸下两个螺母。

(6) 用 90°角尺检验或目测双头螺柱的中心线是否与机体表面垂直（见图 1—9—18）。

(7) 检查后，若稍有偏差，如对精度要求不高时可用锤子锤击校正（见图 1—9—19），或拆下双头螺柱用丝锥回攻校正螺孔；如对精度要求较高时则要更换双头螺柱。若偏差较大，不能强行以锤击校正，否则影响连接的可靠性。

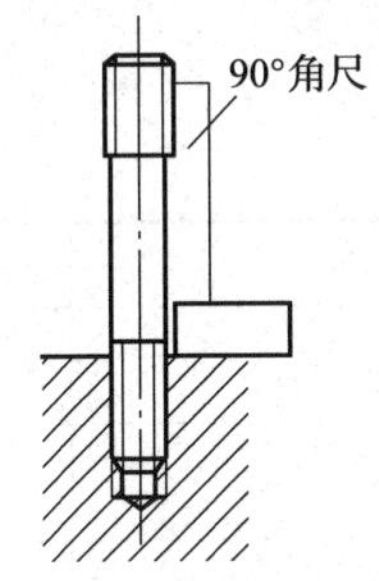

图 1—9—18　检查垂直度

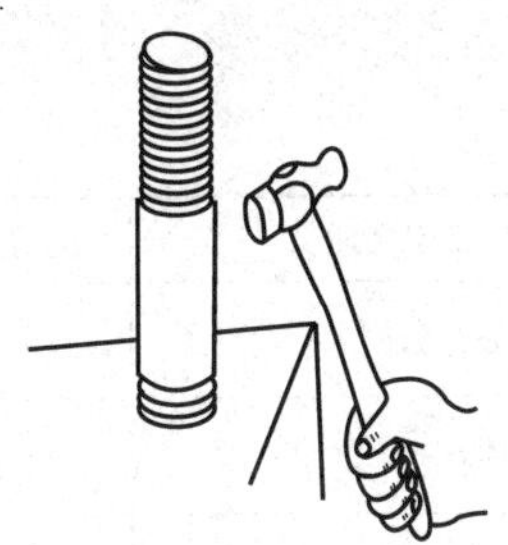

图 1—9—19　校正垂直度

(8) 将轴承盖套入双头螺柱（见图 1—9—20）。

(9) 用手将螺母旋入螺柱上压住轴承盖。

(10) 用扳手卡住螺母，按顺时针方向旋转，压紧轴承盖（见图 1—9—21）。

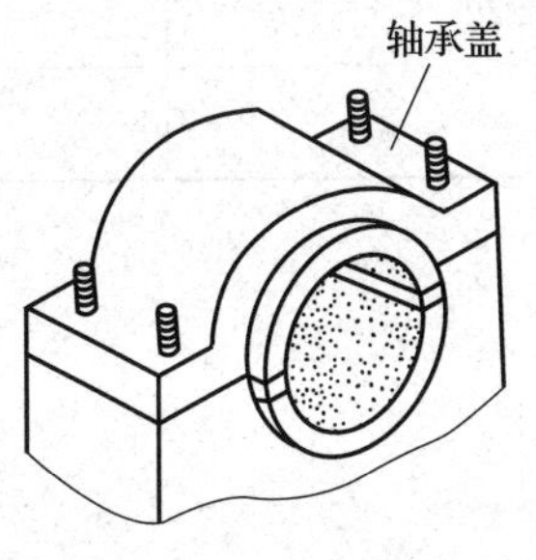

图 1—9—20　安装轴承盖

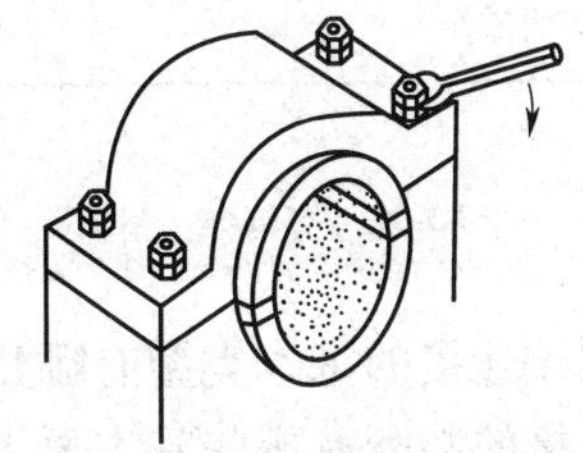

图 1—9—21　拧紧螺母

(11) 将另一个螺母旋入螺柱，并用扳手拧紧，使之与第一个螺母相互锁紧，防止松动。

2. 用长螺母装拆双头螺柱

(1) 按用双螺母装拆双头螺柱的第 1～5 步，将双头螺柱旋入机体螺孔内。

（2）将长螺母旋入双头螺柱上，旋入深度约为 1/2 长螺母厚（见图 1—9—22）。

（3）在长螺母上再旋入一个止动螺钉，并用扳手拧紧（见图 1—9—23）。

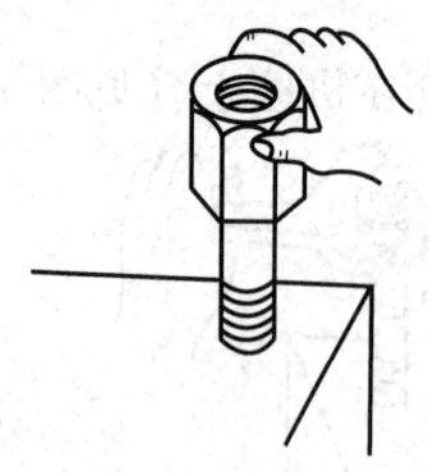

图 1—9—22　旋入长螺母

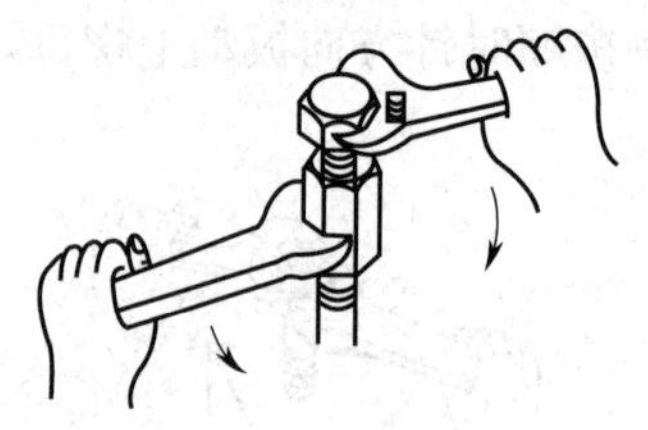

图 1—9—23　拧紧止动螺钉

（4）用扳手按顺时针方向拧动长螺母，将双头螺柱拧紧在机体上（见图 1—9—24）。

（5）用扳手按逆时针方向拧松止动螺钉，用手旋出止动螺钉和长螺母。

（6）按用双螺母装拆双头螺柱的第 8～11 步安装轴承盖，并拧上两个螺母。

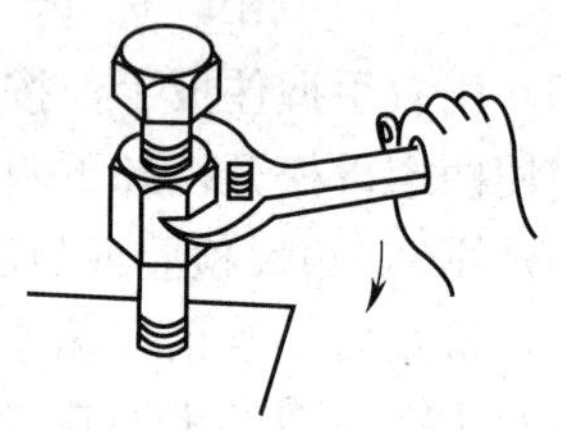

图 1—9—24　拧紧螺柱

任务评价

评分标准

序号	项目与技术要求	配分	评分标准	检测结果	得分
1	装配前的准备充分	15	不充分全扣		
2	正确使用工具	15	不合理全扣		
3	螺钉歪斜（90°角尺检验）	15	全扣		
4	预紧力达到装配精密效果	15	达不到要求全扣		
5	装拆螺纹乱牙	20	不正确全扣		
6	防松可靠	10	达不到要求全扣		
7	安全文明操作	10	酌情扣分		

思考与练习

1. 普通螺纹连接的基本类型有哪几种？
2. 螺纹连接的装配有哪些基本要求？
3. 重要螺纹连接如何控制预紧力？
4. 螺钉和螺母在装配时应注意什么？
5. 螺纹连接常用的防松方法有哪些？

知识拓展

一、键连接的装配与维修

键连接是将轴和轴上零件在圆周方向上固定，以传递扭矩的一种装配方法。它具有结构简单、工作可靠、拆卸方便等优点，应有广泛。常用的有平键连接、楔键连接和花键连接。

1. 平键连接的装配（见图 1—9—25）

（1）清理平键和键槽各表面上的污物和毛刺。

（2）锉配平键两端的圆弧面，保证键与键槽的配合要求。一般在长度方向允许有0.1 mm的间隙，高度方向允许键顶面与其配合面有0.3～0.5 mm 的间隙。

（3）清洗键槽和平键，并加注润滑油。

（4）用平口虎钳将键压入键槽内，使键与键槽底面贴合（见图 1—9—26）。也可垫铜皮后用锤子将键敲入键槽内，或直接用铜棒将键敲入键槽内。

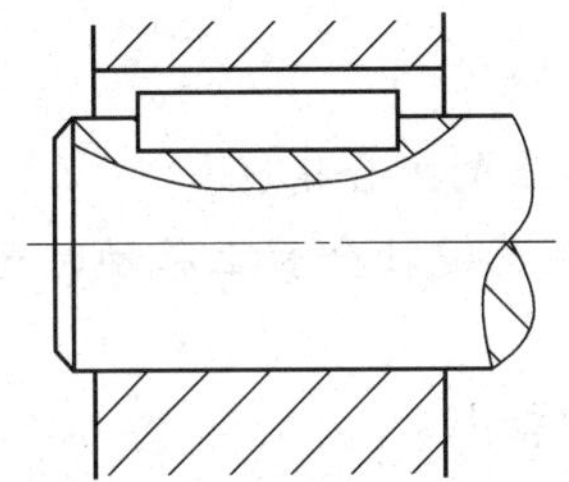

图 1—9—25　平键连接

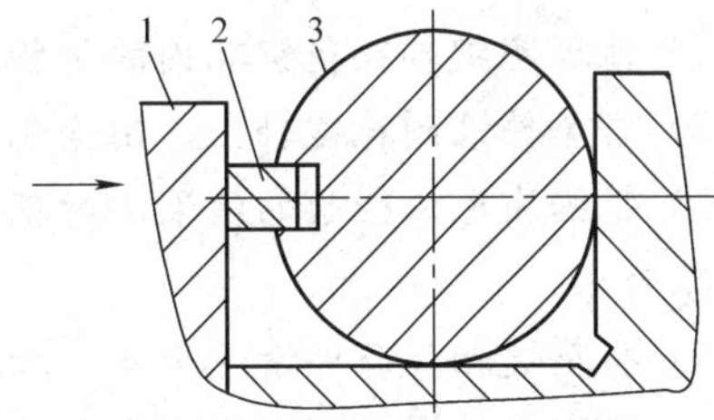

图 1—9—26　平键压入键槽的方法
1—平口虎钳　2—平键　3—工件

（5）试配并安装套件（如齿轮、带轮等），装配后要求套件在轴上不得有摆动现象。

2. 楔键连接的装配

（1）普通楔键连接的装配（见图 1—9—27）

1）清除楔键及键槽内的污物和毛刺。

2）将楔键试装入轴的键槽和套的键槽之间，用涂色法检查楔键工作面与套件键槽的接触情况。

3）根据涂色法检验结果，用锉刀或刮刀对楔键进行修整，保证楔键和套件键槽有良好的接触。

4）楔键修整合格后，用铜锤（或铜棒）将楔键敲入轴和套件的键槽内，并保证合理的配合性质。

（2）钩头楔键连接的装配（见图 1—9—28）

钩头楔键连接的装配步骤与普通楔键连接的装配步骤基本相同，其不同之处在于钩头楔键在修整后装配时，应保证键的钩头与套件端面之间有一定的间隙，以利于调整和拆卸。

3. 花键连接的装配

（1）静花键连接的装配（见图 1—9—29）

1）清理花键轴和套件花键孔内的污物和毛刺，并加注润滑油。

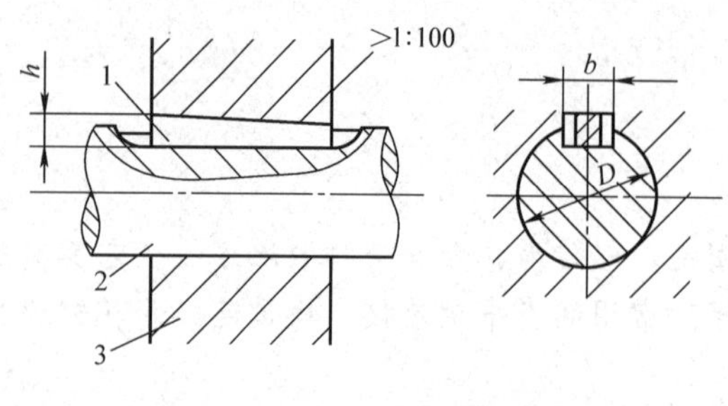

图 1—9—27　普通楔键连接

1—普通楔键　2—轴　3—套类零件

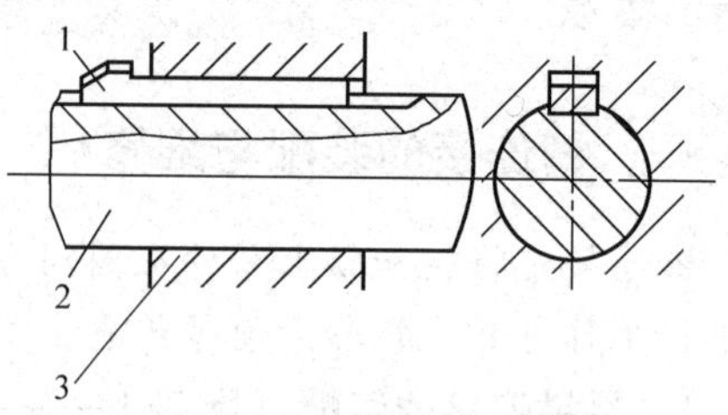

图 1—9—28　钩头楔键连接

1—钩头楔键　2—轴　3—套类零件

2）当过盈量较小时，可用铜棒将套件敲入花键轴上，敲套件时要注意不使其偏斜，以防将配合表面拉伤。

3）当配合过盈量较大时，应采用热装方法进行装配。其具体方法是把套件放入 100℃ 的热油中加热，待达到热平衡时迅速将套件取出擦净，然后将套件套入花键轴的正确位置。

（2）动花键连接的装配

1）清理花键轴及花键孔内的污物和毛刺。

2）将套件装到花键轴上，用涂色法检验花键孔在花键轴全长上的配合情况。

3）根据涂色法检验的结果，对花键轴进行修整，直至套件在花键轴全长上移动时无阻滞现象为止。

4）将花键轴及套件清洗干净，加注润滑油后将套件装到花键轴上。

4. 键连接的损坏形式及修理

（1）键槽损坏的修理（见图 1—9—30）

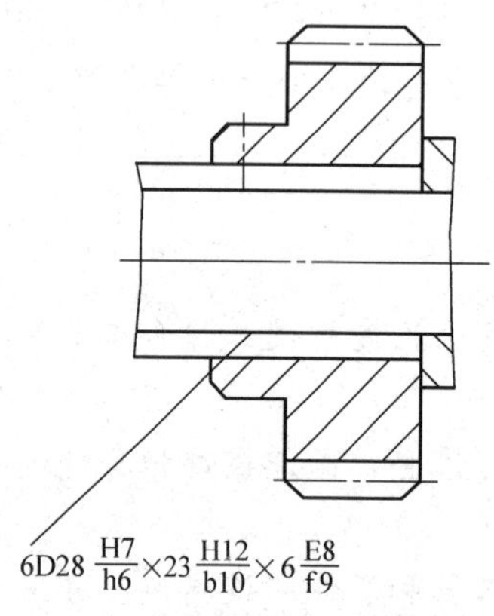

图 1—9—29　静花键连接

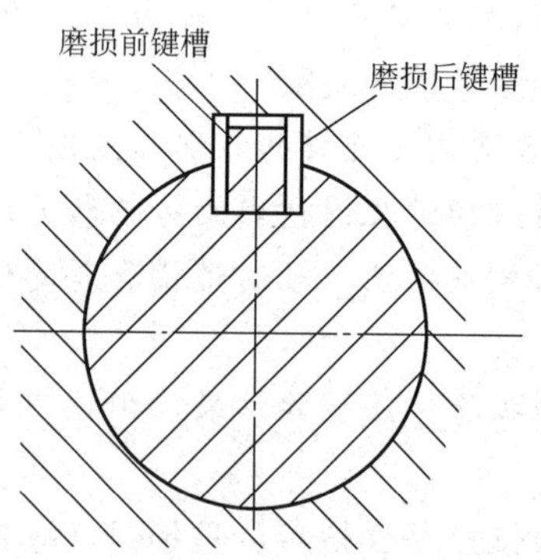

图 1—9—30　键槽的磨损

1）以原键槽中心平面为基准，用铣削的方法将原键槽铣宽。

2）根据修复（铣宽）的键槽尺寸，重新锉配新键。

3）将键和键连接的各表面清洗干净，涂上润滑油，将键压入键槽后再把套件装上即可。

4）键连接中只有一个键槽损坏时，只要将损坏的键槽修复（用铣削方法铣宽），然后根据修复后键槽尺寸和与其配合的键槽尺寸，重新配制成阶梯键即可（见图 1—9—31）。

（2）键磨损或损坏的修复（见图 1—9—32）

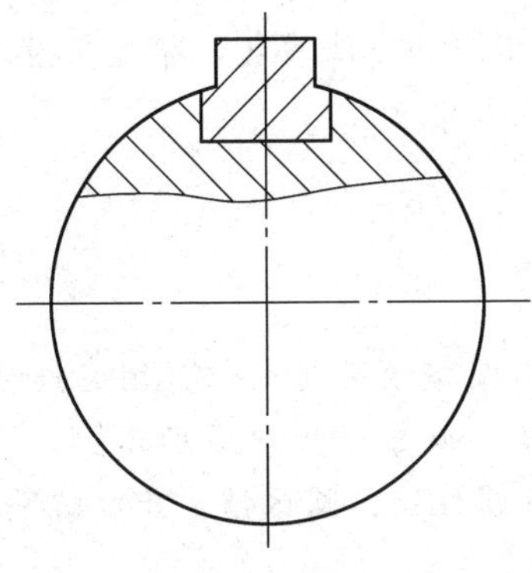

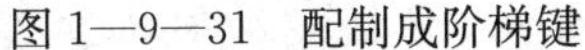

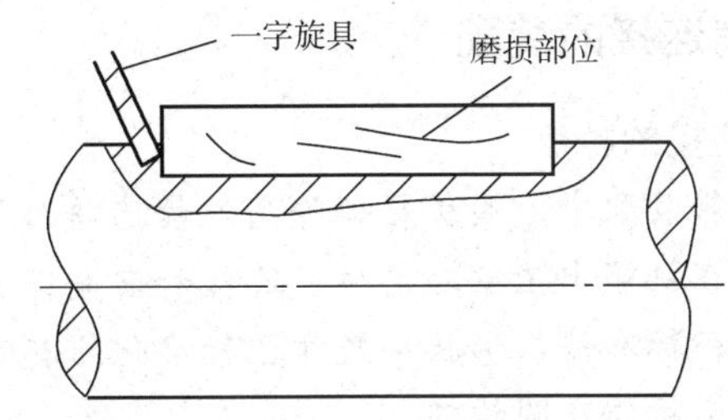

图 1—9—31 配制成阶梯键

图 1—9—32 键磨损的修复

1）将套件从轴上拆卸下来。

2）用錾子或一字旋具将磨损或损坏的键从键槽中取出来。

3）根据键槽尺寸配制新键。

4）将键和键槽清理干净，涂上润滑油，将键压入（或用铜棒敲入）键槽。

5）装上配合套件。

（3）键扭曲变形或被剪断的修复（见图 1—9—33）

1）用錾子或一字旋具将断在键槽内的残键（或扭曲变形的键）取出，如图 1—9—33a 所示。

2）用增加键槽长度的方法增加键的强度，如图 1—9—33b 所示。

3）用增加键槽宽度的方法来增加键的抗剪强度，如图 1—9—33c 所示。

4）在原槽位置的对称部位再铣一个键槽，采用双键连接的方法来增加键的抗剪强度，如图 1—9—33d 所示。

（4）花键磨损的修复

1）花键磨损的修复如图 1—9—34 所示。花键磨损会造成侧隙过大，可采用镀铬的方法增加花键齿的齿宽，然后用铣削或磨削的方法使花键达到技术要求。当花键磨损严重时，要用堆焊方法加厚花键的齿宽，然后再用铣削或磨削的方法使花键达到技术要求。

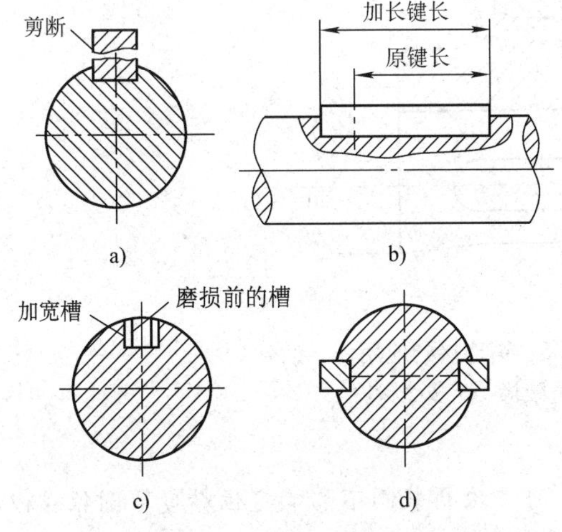

图 1—9—33 键变形或被剪断的修复

a）键剪断 b）加长键长 c）加宽键槽 d）双键连接

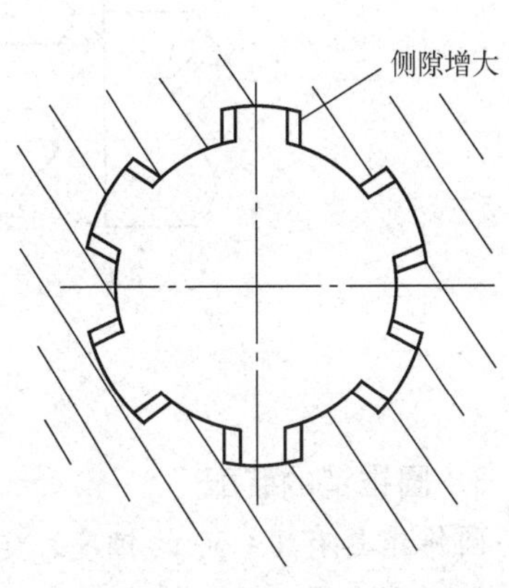

图 1—9—34 花键磨损的修复

2）花键损坏的修复。当花键局部损坏时，可采用堆焊的方法修复，即先在损坏处堆焊，然后进行热处理，最后采用铣削或磨削方法使其达到技术要求。

二、销连接的装配

1. 销连接的特点

在溜板箱装配中，溜板箱体除用螺栓连接外还要用圆锥销进行定位。销连接结构简单，装拆方便，在机械中主要起定位、连接和安全保护作用，如图 1—9—35 所示。

销是一种标准件，形状和尺寸已标准化。其种类有圆柱销、圆锥销、开口销等，其中应用最多的是圆柱销及圆锥销。

2. 圆柱销的装配

圆柱销一般靠过盈固定在销孔中，用以定位和连接。圆柱销不宜多次装拆，否则会降低定位精度和连接的紧固程度。为保证配合精度，装配前被连接件的两孔应同时钻、铰，并使孔壁表面粗糙度值不高于 $Ra1.6\ \mu m$。装配时应在销表面涂机油，用铜棒将销轻轻敲入。

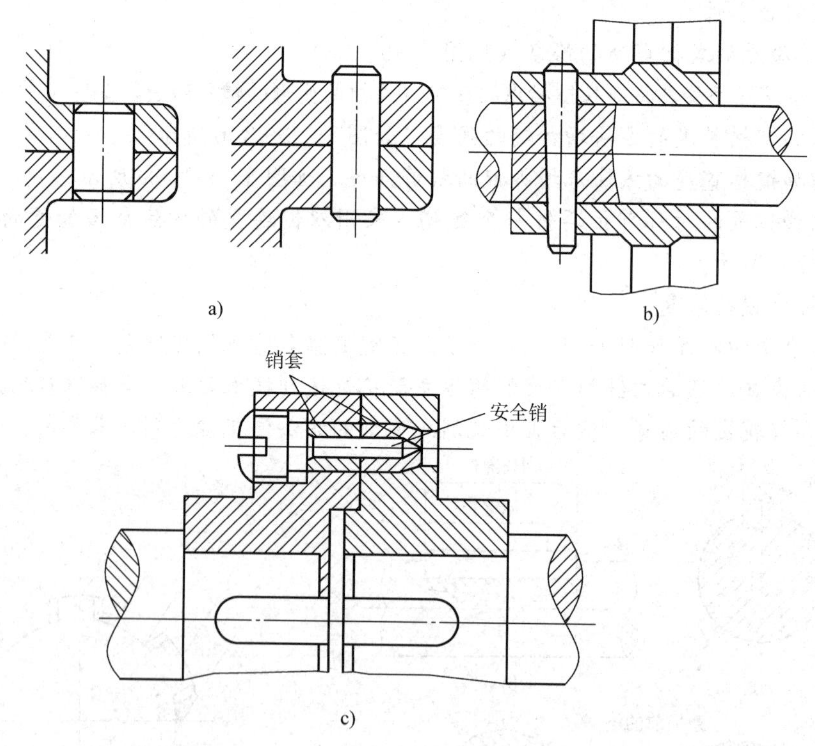

图 1—9—35　销连接的应用

a）定位　b）连接　c）安全保护

3. 圆锥销的装配

圆锥销具有 1∶50 的锥度，定位准确，可多次拆装而不影响定位精度。圆锥销以小端直径和长度代表其规格，装配前以小端直径选择钻头。被连接件的两孔应同时钻、铰，铰孔时，用试装法控制孔径，孔径大小以锥销长度的 80%左右能自由插入为宜；装配时用锤子敲入，销子的大头可稍微露出或与被连接件表面平齐。

应当注意，无论是圆柱销还是圆锥销，往盲孔中压入时，为便于装配，销上必须钻一通气小孔或在侧面开一道微小的通气小槽，供放气用。

4. 销连接的拆卸

拆卸普通圆柱销和圆锥销时，可用锤子或冲棒向外敲出（圆锥销由小头敲击）。拆卸带螺尾的圆锥销可用螺母旋出，如图 1—9—36 所示；拆卸带内螺纹的圆柱销和圆锥销时，可用与内螺纹相符的螺钉取出，也可以用拔销器拔出，如图 1—9—37 所示。

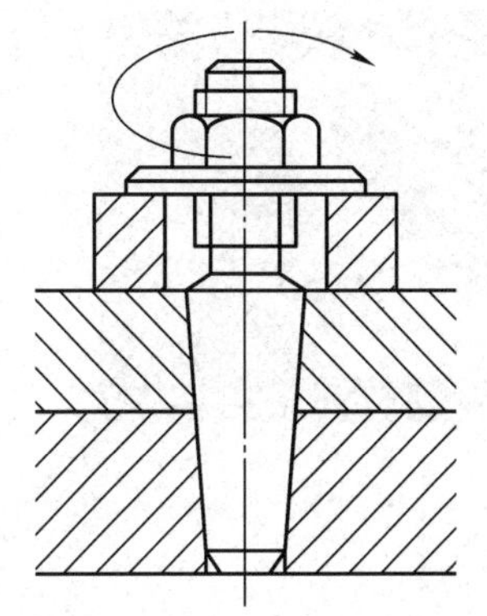

图 1—9—36 拆卸带螺尾的圆锥销

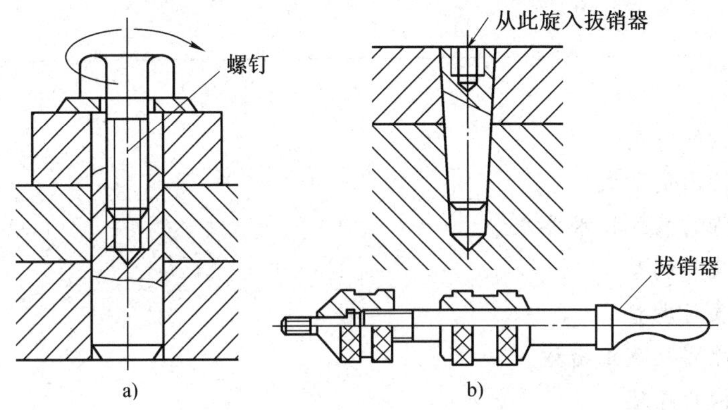

图 1—9—37 拆卸带内螺纹的圆柱销和圆锥销

a）用螺钉拆卸带内螺纹的圆柱销 b）用拔销器拆卸带内螺纹的圆锥销

2 模块二 常用机构装配

任务1　带传动机构的装配与调整

◆ **教学目标**

◎ 带传动机构的种类
◎ 带轮与轴的固定形式
◎ 带传动机构的装配技术要求
◎ 带轮的安装与调整
◎ V带的安装与调整
◎ V带磨损原因及改正措施
◎ 带传动机构的修理

带传动机构是常见的一种机械传动装置，它依靠张紧在带轮上的带与带轮之间的摩擦力或啮合来传递动力。带传动机构具有工作平稳、噪声小、结构简单、不需要润滑、缓冲吸振、制造容易、过载保护，并能适应中心距较大的两轴传动等优点。但其缺点是传动比不准确、传动效率低、工作寿命短。

任务提出

如图2—1—1所示是CA6140型车床带传动机构，安装和调试该带传动机构是车床总装配的主要安装工序之一，是影响机床工作平稳、减少噪声、有效传递动力的关键。某车床V带经过长时间的高强度使用，磨损量越来越大，出现打滑而降低传动效率，需成组更换。本任务要求更换此处带传动机构的V带，并达到规定的技术要求。

任务分析

如图2—1—1所示，该带传动机构将电动机的运动传递到主轴箱，通过箱内的传动系统实现车床的主运动——主轴的旋转运动。

任务步骤为：拆卸带轮安装孔盖→检查带轮、轴与V带磨损情况→放松V带→依次拆卸旧V带→修整带轮→检查带轮安装精度→安装新V带→检查与调整带传动机构的张紧力→装上主轴箱侧面门。

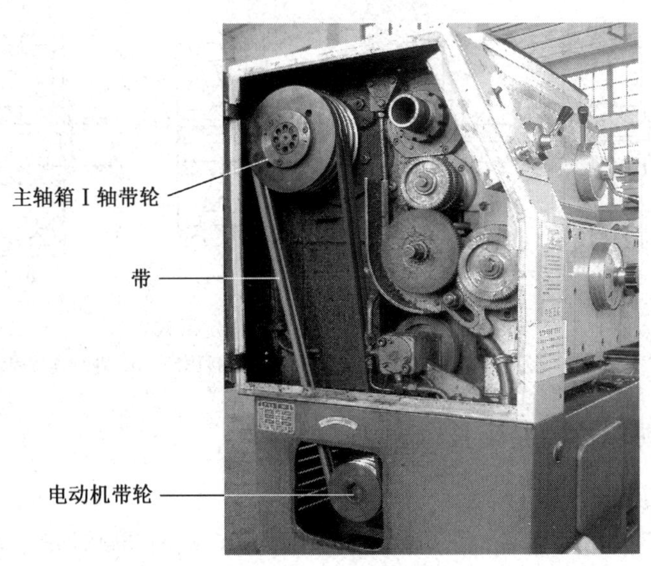

图 2—1—1　CA6140 型车床带传动机构

相关知识

一、带传动机构的种类

按带的形状，带传动机构可分为平带、V 带、圆形带、同步带和多楔带五种（见图 2—1—2）。其中 V 带传动机构应用最为广泛，CA6140 型车床的电动机到主轴箱Ⅰ轴的传动为 V 带传动机构。

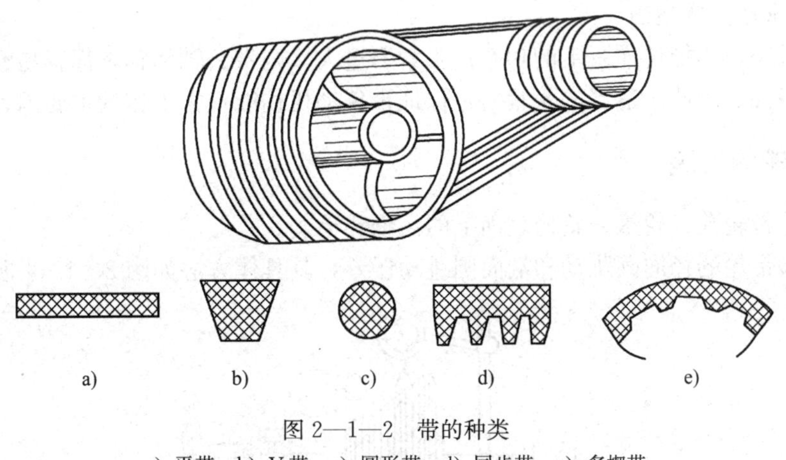

图 2—1—2　带的种类
a）平带　b）V 带　c）圆形带　d）同步带　e）多楔带

二、带轮与轴的固定形式

带轮与轴的固定形式如图 2—1—3 所示，有圆锥轴颈固定、圆柱轴颈固定、楔键连接固定和花键连接固定四种。

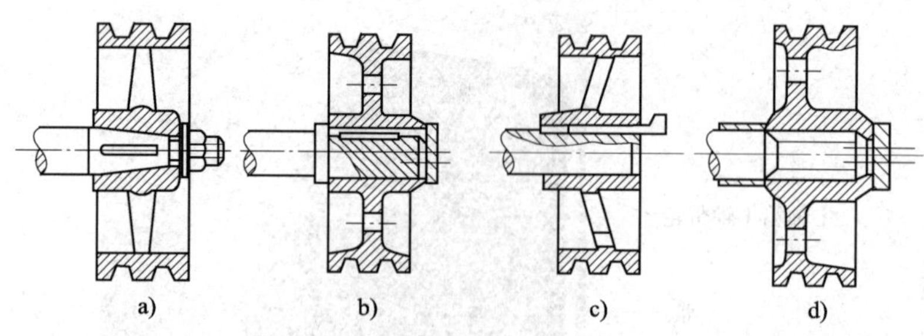

图 2—1—3　带轮与轴的固定形式

a）圆锥轴颈固定　b）圆柱轴颈固定　c）楔键连接固定　d）花键连接固定

三、V 带传动机构的装配技术要求

1. 带轮安装要正确

通常要求其径向圆跳动量为（0.002 5～0.005）D，端面圆跳动量为（0.000 5～0.001）D，D 为带轮直径。

2. 两轮的中间面应重合

其倾斜角和轴向偏移量不得超过规定要求。一般倾斜角要求不超过 1°，否则会使带容易脱落或加快带的侧面磨损。

3. 带轮工作表面的表面粗糙度值要适当

表面粗糙度要求过高不但加工费用高，而且容易打滑；表面粗糙度要求过低则带的磨损加快。所以一般选用 $Ra3.2$ μm。

4. 带在轮上的包角不能小于 120°

对 V 带传动机构，包角不能小于 120°，否则容易打滑。

5. 带的张紧力要适当

张紧力过小，不能传递一定的功率；张紧力过大，则带、轴和轴承都容易磨损，并且降低了传动平稳性。因此，适当的张紧力是保证带传动机构能正常工作的重要因素。

四、带轮的安装

（1）清除带轮孔、轮缘、轮槽表面上的污物和毛刺。

（2）检验带轮的径向圆跳动和端面圆跳动误差，其具体方法如图 2—1—4 所示。

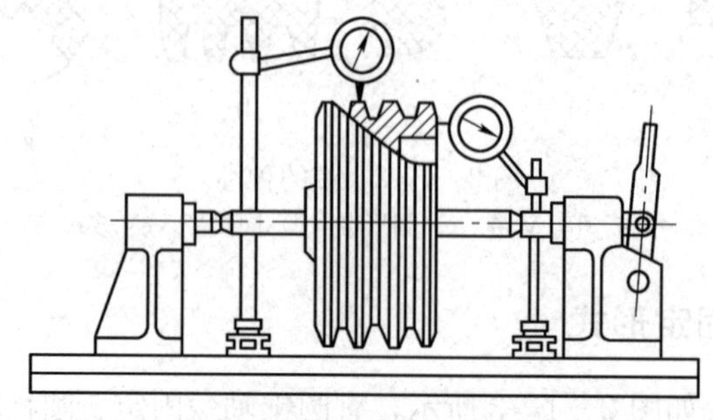

图 2—1—4　带轮径向和端面圆跳动误差检验

1）将检验棒插入带轮孔中，用两顶尖支顶检验棒。

2）将百分表测头分别置于带轮圆柱面和带轮端面靠近轮缘处。

3）旋转带轮一周，百分表在圆柱面上的最大读数差，即为带轮径向圆跳动误差；百分表在大端面上的最大读数差，即为带轮端面圆跳动误差。

（3）锉配平键，保证键连接的各项技术要求。

（4）把带轮孔、轴颈清洗干净，涂上润滑油。

（5）装配带轮时，将带轮键槽与轴颈上的键对准，当孔与轴的轴线同轴后，用铜棒敲击带轮靠近孔端面处，将带轮装配到轴颈上。也可用螺旋压入工具将带轮压入轴上（见图 2—1—5）。

（6）检查两带轮的相互位置精度

1）当两带轮的中心距较小时，可用较长的钢直尺紧贴一个带轮的端面，观察另一个带轮端面是否与该带轮端面平行或者在同一个平面内，如图 2—1—6a 所示。若检验结果不符合技术要求，可通过调整电动机的位置来解决。

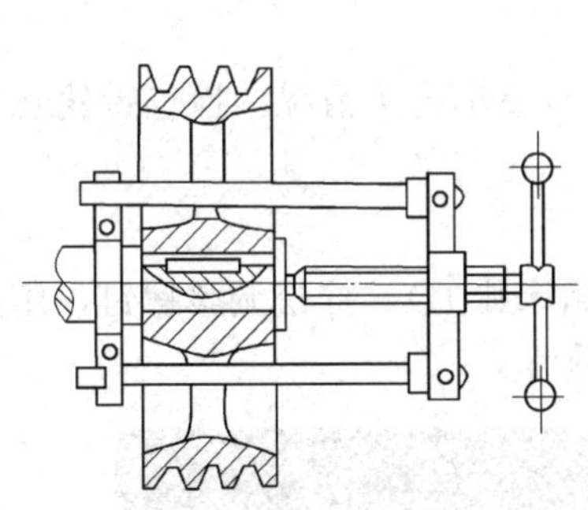

图 2—1—5　用螺旋压入工具压入带轮

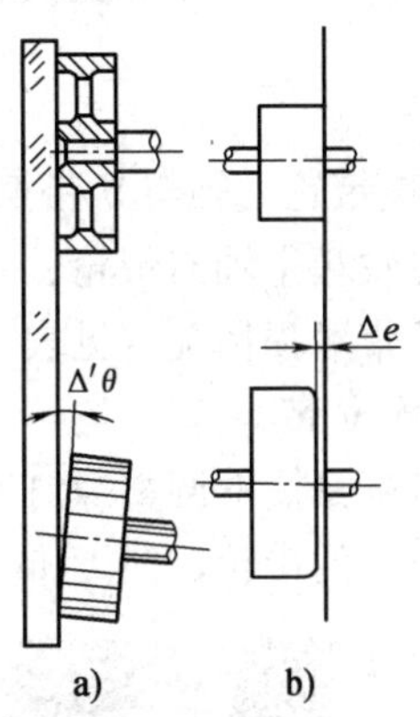

图 2—1—6　检验带轮位置精度

a）钢直尺检验　b）拉线检验

2）当两带轮的中心距较大无法用钢直尺来检验时，可用拉线法检查。使拉线紧贴一个带轮的端面，以此为射线延长至另一个带轮端面，观察两带轮是否平行或在同一平面内，如图 2—1—6b 所示。

任务实施

一、准备工作

1．设备与零件

CA6140 型车床，4 根 B2134 新 V 带。

2．量具

1 套杠杆百分表及磁性表座。

3．工具

内六角扳手、通用扳手、8 英寸细齿平锉刀、紫铜棒、一字旋具、撬杠，以及油盘和若干砂纸、干净棉纱、干净煤油。

二、操作步骤

1. 拆卸带轮安装孔盖

用内六角扳手逆时针拧松主轴箱侧面门上的螺钉，打开侧面门。用一字旋具撬下电动机和带轮安装孔上的盖，如图 2—1—7 所示。

图 2—1—7 电动机和带轮安装孔

2. 检查带轮、轴与 V 带磨损情况

观察主轴箱Ⅰ轴与带轮、带轮与 V 带、电动机与带轮连接情况。检查带轮孔与轴的磨损情况，V 带磨损情况（见表 2—1—1）。

3. 放松 V 带

用一字旋具撬下调整螺钉安装孔的盖（在主轴箱床腿上）。拧松调整螺钉，用撬杠抬高与电动机连接的带轮，使 V 带放松，如图 2—1—8 所示。

图 2—1—8 调整螺钉安装孔

4. 依次拆卸旧 V 带

5. 修整带轮

检查带轮轮槽的磨损情况，用锉刀、砂纸修整带轮的外圆和端面，并用煤油擦净。

6. 检查与调整带轮安装精度

磁性表座固定在主轴箱侧面，检查主轴箱Ⅰ轴上带轮径向圆跳动和端面圆跳动误差，并调整使其符合要求（参见图 2—1—4）。磁性表座固定在主轴箱侧面，检查电动机轴上带轮径向圆跳动和端面圆跳动误差，并调整使其符合要求。

7. 安装新 V 带

依次安装 4 根新 V 带。安装 V 带时，先将其套在小带轮轮槽中，然后套在大轮上，一边转动大轮，一边用一字旋具将带拨入带轮槽中。方法如下：

(1) 将V带套入小带轮最外端的第一个轮槽中。

(2) 将V带套入大带轮轮槽，左手按住大带轮上的V带，右手握住V带往上拉。在拉力作用下，V带沿着转动的方向即可全部进入大带轮的轮槽内，如图2—1—9a所示。

(3) 用一字旋具撬起大带轮（或小带轮）上的V带，旋转带轮，即可使V带进入大带轮（或小带轮）的第二个轮槽内，如图2—1—9b所示。

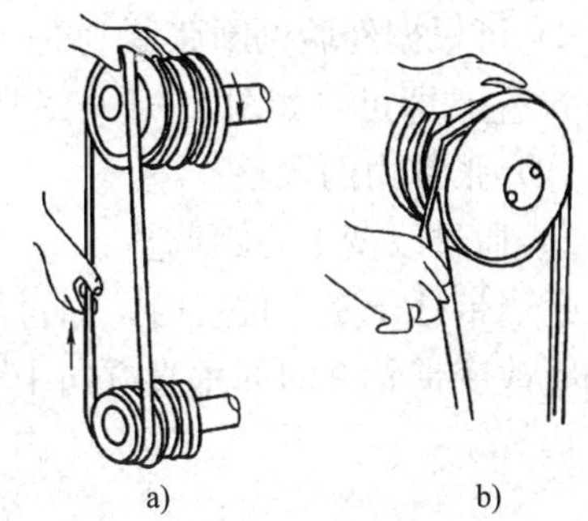

图2—1—9　V带的安装方法

a）初装入槽　b）移入第二个轮槽

(4) 重复上述步骤，即可将第一根V带逐步拨到两个带轮的最后一个轮槽中。

(5) 检查V带装入轮槽中的位置是否正确，如图2—1—10所示。

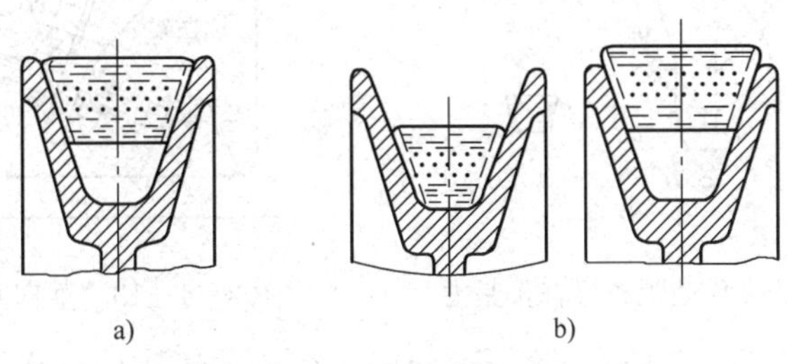

图2—1—10　V带在轮槽中的位置

a）正确　b）不正确

8．检查与调整带传动机构的张紧力

撤出撬杠，使电动机在重力作用下自然下垂，使带张紧。再用通用扳手拧紧调整螺钉上的螺母。

(1) 带传动机构张紧力的检查

1）在带与带轮的两个切点 A 点与 B 点的中间，用弹簧秤垂直于带加一个载荷 G。

2）通过测量带产生的挠度 y 来检查张紧力的大小。在V带传动机构中，规定在测量载荷 G 的作用下，产生的挠度 $y=1.6\,l/100$ mm 为适当，l 为两切点间的距离，如图2—1—11所示。

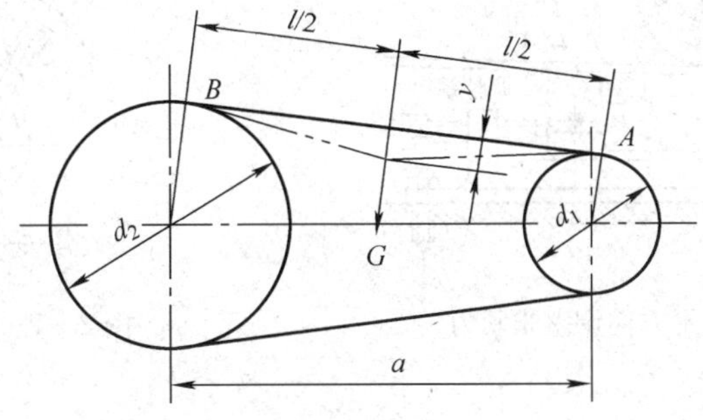

图2—1—11　通过测量挠度检查张紧力

3）可根据经验判断张紧力是否合适。用大拇指按在 V 带切边处中点。能将 V 带按下 15 mm 左右即可，如图 2—1—12 所示。

（2）张紧力的调整

1）通过改变中心距调整

①当带处于竖直位置时，通过旋转装置中的调整螺母，使电动机连同带轮一起绕摆动轴转动，改变带轮之间的垂直方向中心距，使张紧力增大或减小，如图 2—1—13 所示。

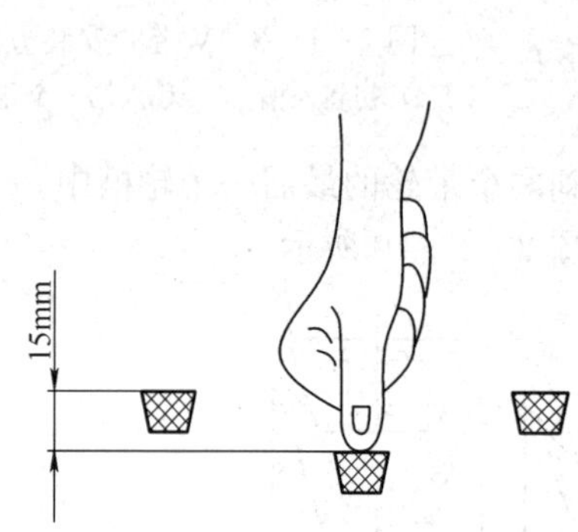

图 2—1—12　按下 V 带移动距离检查张紧力

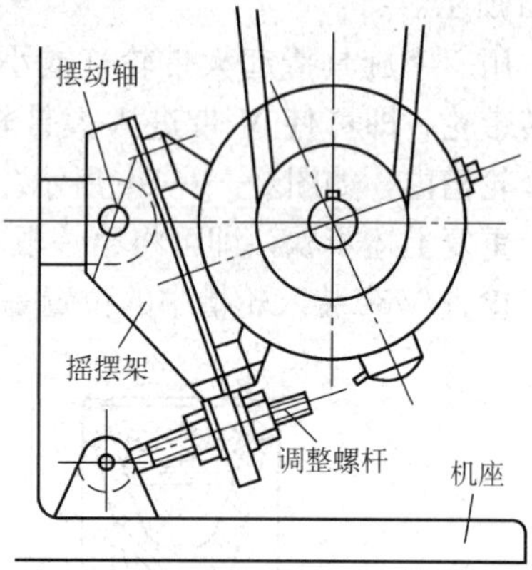

图 2—1—13　垂直方向调整张紧力

②当带处于水平位置时，通过旋转调整螺钉，使电动机连同带轮一起做水平方向移动，从而改变两带轮之间的水平方向中心距，使张紧力增大或减小，如图 2—1—14 所示。

2）利用张紧轮来调整张紧力。如图 2—1—15 所示，通过改变重锤 G 到转轴 O_1 的距离来调整张紧力的大小，远离 O_1 时张紧力大，靠近 O_1 时张紧力小。

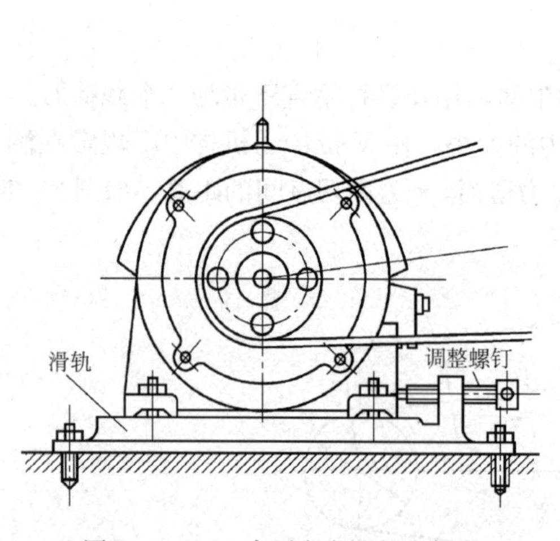

图 2—1—14　水平方向调整张紧力

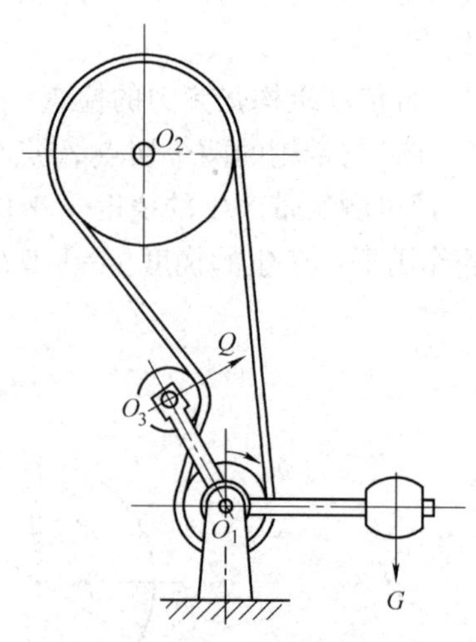

图 2—1—15　张紧轮调整

9．装上主轴箱侧面门

用内六角扳手关上主轴箱侧面的门，整理工具。

三、文明操作

(1) 禁止使用有裂纹、带毛刺、手柄松动等不合要求的工具，并严格遵守常用工具安全操作规程。

(2) 装配工具摆放应有一定的规律性，严禁乱堆乱放。

(3) 检查拆卸或装配工作中间停止或休息时，零件必须放稳妥。

(4) 保持工作场地的清洁。装配工作结束后，对所用过的设备都应按照要求清理，及时清扫工作场地，并将清洗纱布等放至指定位置。

四、注意事项

(1) 百分表是比较精密的测量工具，要轻拿轻放，不得碰撞或跌落地上。

(2) 不能划伤V带。

任务评价

评分标准

序号	项目与技术要求	配分	评分标准	检测结果	得分
1	准备工具充分	10	准备不合理扣10分		
2	旧V带的拆卸、检查正确	10	拆卸方法不正确扣5分 旧V带检查方法不正确扣5分		
3	清除带轮的污物和毛刺	10	不清除扣10分		
4	百分表的安装与使用正确	10	使用方法不准确扣5分 安装方法不准确扣5分		
5	带轮径向圆跳动误差检测正确	10	检测部位不正确扣5分 读数不正确扣5分		
6	带轮端面圆跳动误差检测正确	10	检测部位不正确扣5分 读数不正确扣5分		
7	安装V带的方法正确	15	新V带检查方法不正确扣5分 安装方法不正确扣10分		
8	张紧力的检查方法正确	15	检查方法不正确扣5分 处理方法不正确扣10分		
9	安全文明操作	10	酌情扣分		

思考与练习

1. V带传动机构的装配技术要求是什么？
2. 带传动机构有哪些修复方法？

知识拓展

一、V带磨损原因及改正措施（见表2—1—1）

表2—1—1　　V带磨损原因及改正措施

症状	可能原因	改正措施
带顶部表皮磨损	保护罩磨损	更换或修理保护罩
	惰轮动作失常	更换惰轮
带顶角磨损	带对带轮不配（对应于带轮之带过小）	使用正确的带与带轮组合
带侧面磨损	带滑动	调整到不滑动为止
	带和带轮不成直线	调整到成直线
	带轮磨损	更换带轮
	带的大小不对	更换使用正确大小的带
带底角磨损	带对带轮不配	使用正确的带与带轮的组合
	带轮磨损	更换带轮
带底面磨损	带底部到达带轮槽底	使用正确的带与带轮的配合
	带轮磨损	更换带轮
	带轮上有碎片	清洁带轮
下覆盖蕊线层破裂	带轮直径过小	用较大直径的带轮
	带滑动	调整使之保持不滑动
	后测惰轮过小	用较大直径的后测惰轮
	不当的储存	不要过紧的卷带、扭折或弯曲，避免受热和直晒曝光
下覆盖蕊线层侧面烧伤或硬化	带滑动	调整使之不滑动
	带轮磨损	更换带轮
	传动装置设计安全系数不足	对照技术传动装置手册
	传动轴移动	检查中心距离是否变化
带表皮硬化	传动装置周围环境太热	改善传动装置的通风条件
带表皮剥落胶粘或隆起	受油或化学品污染	不要对带涂漆，避免带遭到油脂或化学品的污染

二、带传动机构的修理

1. 带轮轴颈弯曲的修理（见图2—1—16）

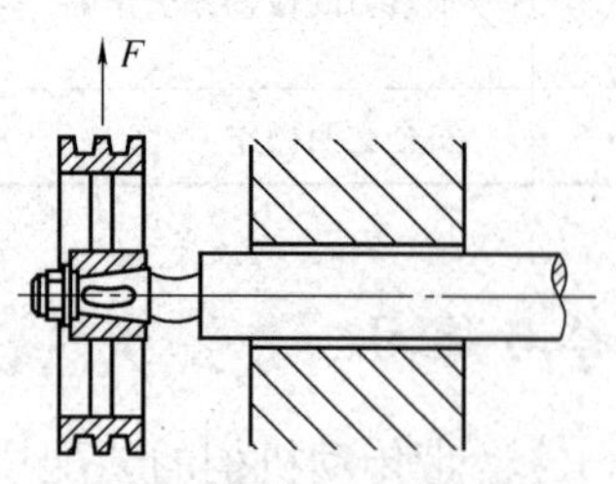

图2—1—16　带轮轴颈弯曲

（1）先将带轮从弯曲的轴颈上拆卸下来，然后将带轮轴从机体中取出。

（2）将带轮轴放在V形架上，百分表测量头放在弯曲轴颈端部的外圆上，转动带轮轴一周，在轴颈上标记百分表最大读数和最小读数处，百分表的最大读数差即为轴颈的弯曲量，如图 2—1—17 所示。

(3) 当带轮轴颈弯曲量较小时，可用如图 2—1—18 所示的方法进行矫正修复；当弯曲量较大时，应更换新轴。

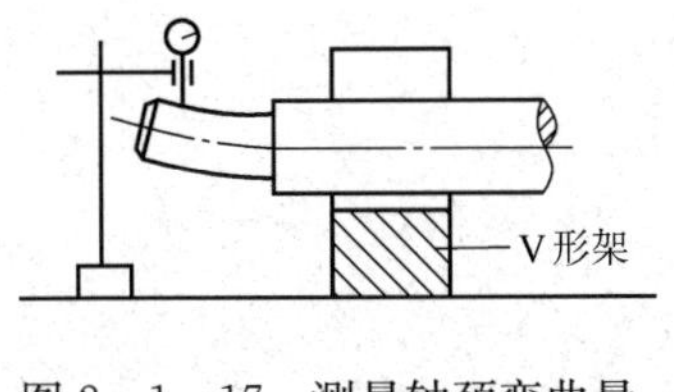

图 2—1—17　测量轴颈弯曲量

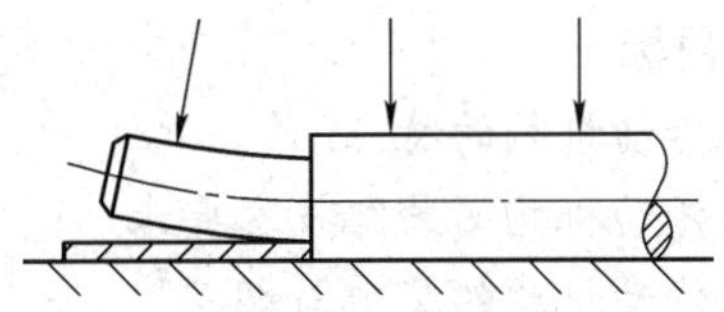

图 2—1—18　矫正方法

2. 带轮孔与轴配合松动的修复

(1) 带轮孔与轴的磨损量较小时，可先将带轮孔在车床上修光，保证其自身的形状精度合格。然后将轴颈修光（保证形状精度合格），根据孔径实际尺寸进行镀铬修复。

(2) 带轮孔与带轮轴的磨损量均较大时，可先将轴颈在车床或磨床上修光，并保证其自身形位精度合格。然后将带轮孔镗大、镶套，并用骑缝螺钉固定的方法修复，如图 2—1—19 所示。

3. 带轮轮槽磨损的修复

将带轮从轮轴上拆卸下来，在车床上将原带轮槽车深，同时修整带轮的轮缘，保证轮槽尺寸、形状符合要求（见图 2—1—20）。

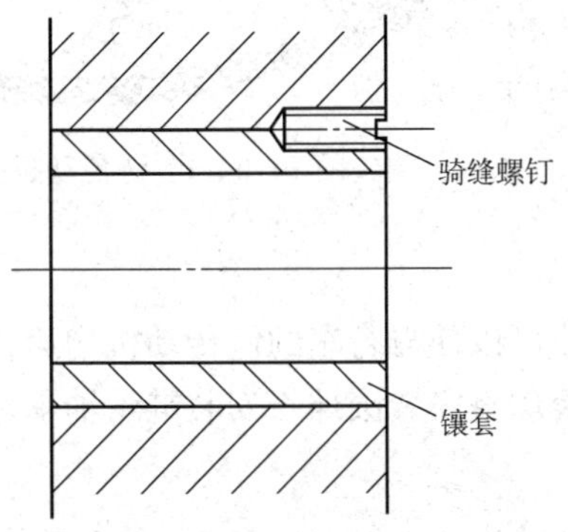

图 2—1—19　镶套、骑缝螺钉固定修复法

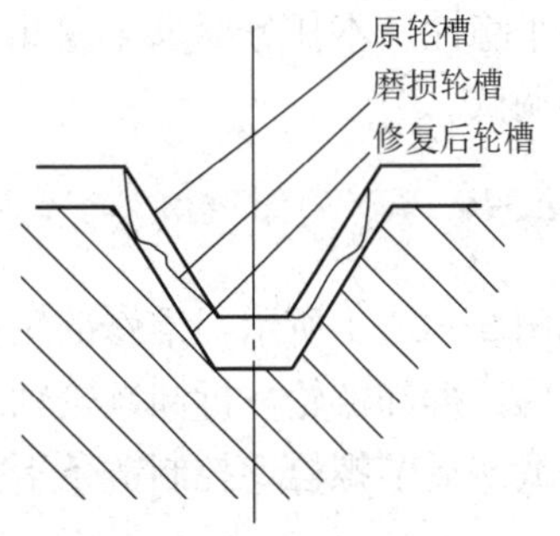

图 2—1—20　修整带轮的轮槽

4. 带打滑的修复

在正常情况下因带被拉长而打滑时，可通过调整张紧装置解决。若超出正常范围的拉长而引起打滑，应整组更换 V 带。2 根或 3 根以上 V 带需要更换时，要选用规定型号的 V 带，并要求每组 V 带紧度一致。不准新旧混装或减少根数使用，否则，新旧 V 带受力不均，旧 V 带不起作用，新 V 带加速磨损，影响动力传递和缩短 V 带的寿命。

任务 2　链传动机构的装配与调整

◆ **教学目标**

◎ 链传动机构的特点

◎ 链传动机构的装配技术要求

◎ 链传动机构的装配与调整

◎ 链传动机构的维护与修复

链传动机构一般由两个链轮和连接它们的链条组成，通过链条与链轮的啮合来传递运动和动力。链传动机构的传递功率大，传动效率高，能保证准确的平均传动比，适合于在低速、重载和高温条件，以及尘土飞扬、淋水、淋油等不良环境中工作。但其安装维护要求较高，无过载保护作用，易磨损，易伸长，传动平稳性差，运转时会产生附加动载荷、振动、冲击和噪声。

任务提出

如图 2—2—1 所示是普通自行车中的链传动机构，在经过一定时间的运转后，自行车的骑行中链轮会出现旋转抖动，链条下垂严重，影响了链传动机构的传动平稳性。本任务要求完成此处的链传动机构的装配和调试。

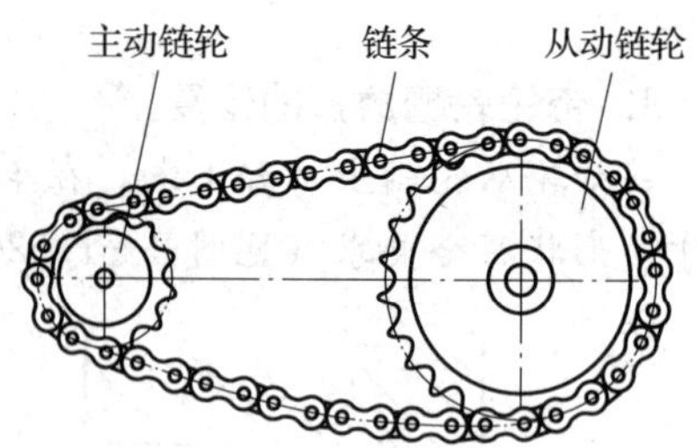

图 2—2—1　链传动机构

任务分析

如图 2—2—1 所示，维修链轮并调整位置，才可以使自行车的链传动机构运转灵活。任务步骤为：拆卸链轮→拆卸链轮轴承端盖→清理滚珠→安装滚珠→安装链轮轴承端盖→安装链轮→调节活节螺栓，控制链条下垂度。

相关知识

一、链传动机构的装配技术要求

（1）链轮的两轴线必须平行，其允差为沿轴长方向 0.5 mm/m。

（2）两链轮的中心平面应重合。轴向偏移量不能太大，一般当两轮中心距小于 500 mm 时，轴向偏移量应在 1 mm 以下；两轮中心距大于 500 mm 时，轴向偏移量应在 2 mm 以下。两链轮轴线平行度误差及轴向偏移量的测量方法如图 2—2—2 所示。用钢直尺或钢卷尺分别测出两轴线之间的距离 A 和 B，A、B 两尺寸之差即为两轴线之间的平行度误差。用钢直尺（或拉线）靠紧一个链轮的端面（最好是以大链轮端面为基准），用游标卡尺测量出尺寸 a 值的大小，即为两链轮的轴向偏移量。

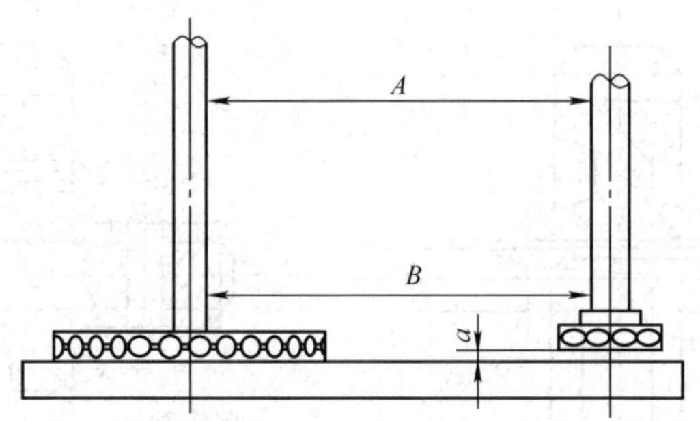

图 2—2—2　两链轮轴向平行度误差及轴向偏移量的测量

（3）链轮的圆跳动量可用划线盘或百分表进行检验，如图 2—2—3 所示。将划线盘固定，使划针端部分别指向并靠近链轮端面和圆周齿的上方。旋转链轮一周，用塞尺测量链轮在端面轮缘处的尺寸 a。a 的最大尺寸与最小尺寸之差即为链轮的端面圆跳动误差。塞尺在圆柱面上 δ 值的最大尺寸与最小尺寸之差即为链轮的径向圆跳动误差。

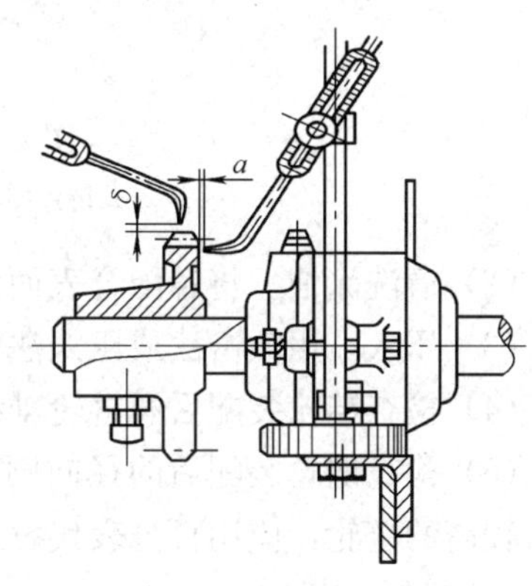

图 2—2—3　链轮圆跳动量的检验

（4）链条的下垂度要适当。检查链条下垂度的方法如图 2—2—4 所示。如果链传动机构为水平或稍倾斜（45°以内），下垂度 f 应不大于 $2\%L$（L 为两链轮中心距）；倾斜度增大时，就要减小下垂度；在链垂直放置时，f 应小于 $0.2\%L$。

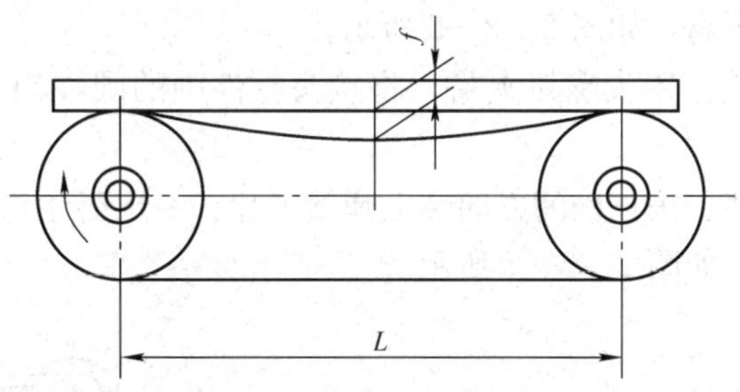

图 2—2—4　检查链条下垂度

二、链传动机构的装配与调整

1. 链轮在轴上的固定方法

键连接后再用螺钉固定，如图 2—2—5a 所示；过盈连接后再用圆柱销固定，如图 2—2—5b 所示。

2. 链轮的装配与调整

（1）清理。清除链轮孔、链轮轴及键表面的污物和毛刺。

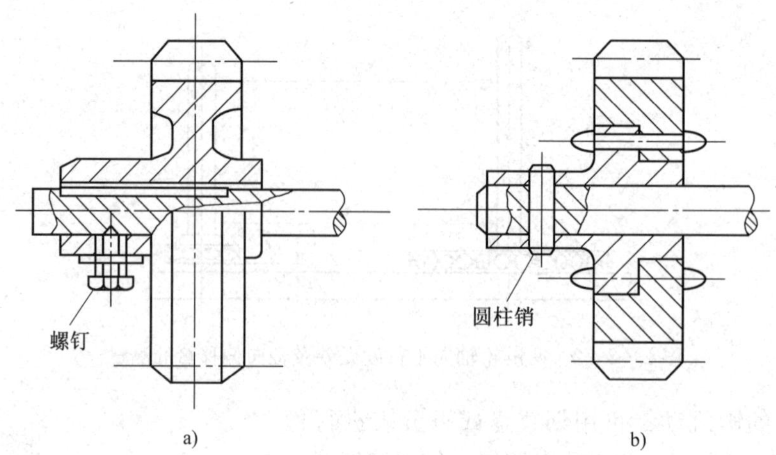

图 2—2—5　链轮在轴上的固定方法

a）键连接后螺钉固定　b）过盈连接后圆柱销固定

（2）清洗涂油。将各配合表面清洗干净后涂上润滑油。

（3）压入。用锤击法或压入法将链轮压入轴的固定位置，拧紧紧定螺钉。

（4）检查链轮装配后两链轮轴线的平行度误差和轴向偏移量（见图 2—2—2）。

（5）检查链轮装配后的径向圆跳动和端面圆跳动误差（见图 2—2—3）。对于传动精度要求较高的链轮，应用百分表代替划线盘进行检验，其具体方法和用划线盘测量相似。

3. 链条拉紧

（1）清洗。用煤油将链条和接头零件清洗干净，并用纱布擦拭干净。

（2）链条拉紧。先将链条套到链轮上，再把链条的接头部分转到方便装配的位置，并用拉紧工具拉紧到适当的距离，如图 2—2—6 所示。

（3）圆柱销组件安装。用尖嘴钳夹持，将接头零件中的圆柱销组件、挡板装上，如图 2—2—7 所示。

（4）弹簧卡片的安装。按正确的方向装上弹簧卡片。一定要注意，弹簧卡片的开口方向和链条的运动方向相反，如图 2—2—7 所示。

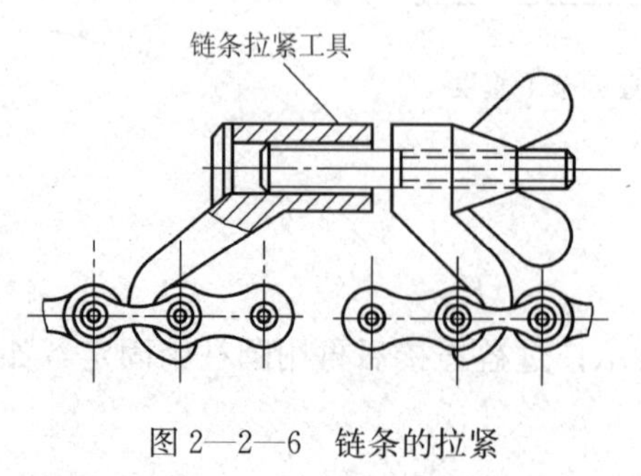

图 2—2—6　链条的拉紧

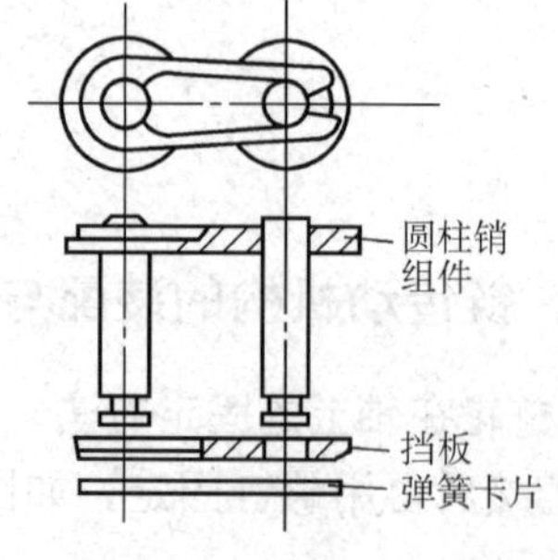

图 2—2—7　接头的组装

（5）调整下垂度。调节张紧轮调整链条的下垂度。

任务实施

一、准备工作

1. 设备与零件

自行车，轴承的滚动体（滚珠）。

2. 工具

通用扳手、锤子、8 英寸细齿平锉刀、样冲、尖嘴钳、紫铜棒以及油盘和若干干净棉纱、机油、黄油。

二、操作步骤

1. 拆卸链轮（后轮）

用通用扳手、尖嘴钳拆卸与自行车后轴连接的螺母和其他连接件，拆下自行车后轮，如图 2—2—8 所示。

图 2—2—8　拆卸后轮

2. 拆卸链轮轴承端盖

把样冲的尖放在链轮轴承端盖的槽中，用锤子顺时针敲击样冲（端盖的螺纹是反扣），拆卸链轮轴承端盖，如图 2—2—9 所示。

图 2—2—9　拆卸轴承端盖

3. 清理滚珠

可以一手拿着棉布，另一手抓着车轮，将滚珠、链轮齿圈、调整垫倒在棉布上，用棉布擦净滚珠、链轮齿圈，更换破损的滚珠，如图 2—2—10 所示。

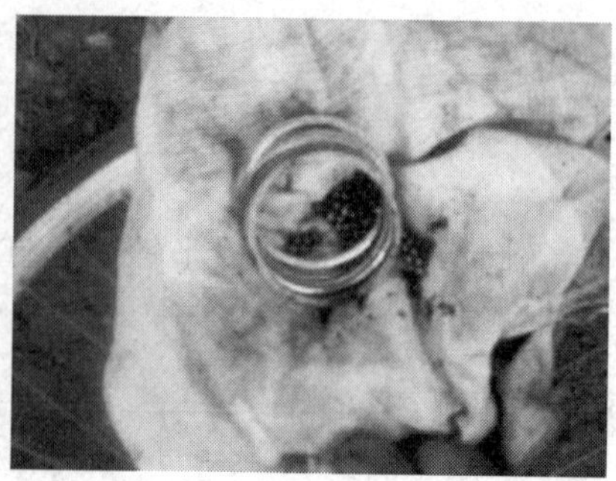

图 2—2—10 清理滚珠

4. 安装滚珠

用手蘸干净的黄油，均匀涂抹在链轮齿圈的两侧，擦掉链轮齿圈中间的黄油，把滚珠均匀的布置在链轮齿圈两侧。

5. 安装链轮轴承端盖

把沾有滚珠的链轮齿圈安装回链轮轮毂，用锤子逆时针敲击样冲，装上链轮轴承端盖。

6. 安装链轮（后轮）

用通用扳手、尖嘴钳安装与自行车后轴连接的螺母和其他连接件，装上自行车后轮。

7. 调整活节螺栓

安装过程中注意调节活节螺栓（俗称拉车）的松紧，以张紧链条，控制链条的下垂度，如图 2—2—11 所示。

图 2—2—11 调整活节螺栓

三、文明操作

（1）禁止使用有裂纹、带毛刺、手柄松动等不合要求的工具，并严格遵守常用工具安全操作规程。

（2）装配工具摆放应有一定的规律性，严禁乱堆乱放。

（3）检查拆卸或装配工作中间停止或休息时，零件必须放稳妥。

（4）保持工作场地的清洁。装配工作结束后，对所用过的设备都应按照要求清理，及时清扫工作场地，并将清洗纱布等放至指定位置。

四、注意事项

（1）清除毛刺时应用细齿锉刀。

（2）需用铜棒敲击部件时，不可敲击配合面。

（3）安装弹簧卡片时要避免弹簧卡片弹出伤人。

任务评价

评分标准

序号	项目与技术要求	配分	评分标准	检测结果	得分
1	安装前清洗	10	不清除扣 10 分		
2	准备工具充分	10	工具准备不合理扣 5～10 分		
3	链条拉紧正确	20	拉紧不正确扣 20 分		
4	圆柱销组件安装正确	20	安装不正确扣 20 分		
5	弹簧卡片的安装正确	20	方向错误扣 10 分 弹簧卡片弹出扣 10 分		
6	链条的下垂度调整符合要求	10	超差扣 10 分		
7	安全文明操作	10	酌情扣分		

思考与练习

1. 叙述链传动机构的装配技术要求。
2. 叙述链传动机构的维护方法。

知识拓展

链传动机构的维护与修复

1. 链传动机构的维护

（1）链传动机构的润滑。应根据链传动机构的结构特点和润滑要求，分别采用人工定期润滑、定期浸油润滑、油浴润滑和压力循环润滑等方法。

（2）链条下垂度的检查。当链条磨损拉长后，会产生下垂和脱链（俗称掉链）现象，所以要定期检查链条的下垂度。其检验方法如图 2—2—4 所示。

将链条的一边拉紧，在另一边和两链轮相切处放置钢直尺，测出链条的下垂量 f，以出厂尺寸的大小判定下垂度是否合格。若下垂度超过规定值时，可以通过调节两链轮中心距或调节张紧轮的方法解决。

链节数一般为偶数，这样，当将链联成环形时，正好是内外链板相连，其接头处正好用开口销或弹性锁片来锁紧。因此，当下垂度的尺寸较大时，可采用去掉 2 个链节（或偶数个链节）的方法解决。如果链节数为奇数时，正反链板接头的连接一般选择过渡链节，极易损坏，设计时需要尽量避免。

2. 链节断裂的修复

将断裂的链节放在带有孔的铁砧上，用锤子敲击冲头将链节心轴冲出，如图 2—2—12 所示，然后换装新的链节，最后将心轴两端铆合或用弹簧卡片卡住即可。

3. 链轮个别齿折断的修复

当链轮个别齿折断时，一般都是采用更换新链轮的方法修复。对于较大尺寸的链轮，为节约费用也可采用堆焊后再加工的方法修复，如图 2—2—13 所示。

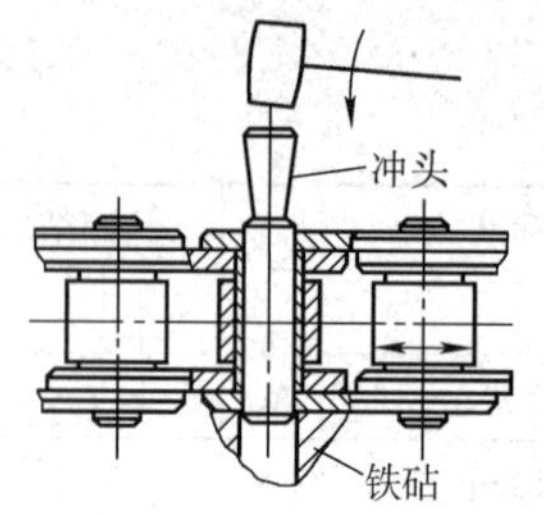

图 2—2—12　链节拆卸方法

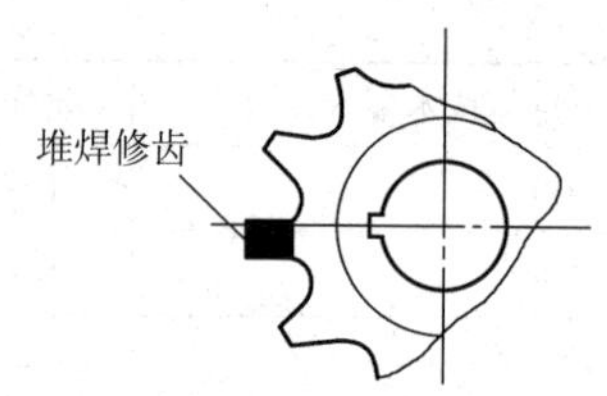

图 2—2—13　链轮齿折断的修复方法

任务 3　齿轮传动机构的装配与调整

◆ **教学目标**

◎ 齿轮传动机构的特点
◎ 齿轮传动机构的装配技术要求
◎ 齿轮与轴的装配
◎ 齿轮轴组件与箱体的装配
◎ 齿轮传动机构的装配与调整
◎ 齿轮的修理

齿轮传动是机械中最常见的传动方式之一，它依靠轮齿间的啮合来传递运动和扭矩。齿轮传动机构具有能保证准确的传动比、传递的功率和速度范围大、传动效率高、使用寿命长、结构紧凑和体积小等优点，它的缺点是传动时噪声大、易冲击振动、不宜远距离传动和制造成本高等。

任务提出

如图 2—3—1 所示为 CA6140 型车床的挂轮机构，CA6140 型车床加工零件外圆、端面或者螺纹时，用齿数 $z_1=63$、$z_2=100$、$z_3=75$ 的第一套挂轮；加工蜗轮蜗杆时，用齿数 $z'_1=64$、$z_2=100$、$z'_3=97$ 的第二套挂轮。CA6140 型车床工作以第一套挂轮为主，当要加工蜗轮蜗杆时，必须对挂轮进行重新配置。本任务要求把齿数 $z_1=63$、$z_2=100$、$z_3=75$ 的第一套挂轮更换为齿数 $z'_1=64$、$z_2=100$、$z'_3=97$ 的第二套挂轮。

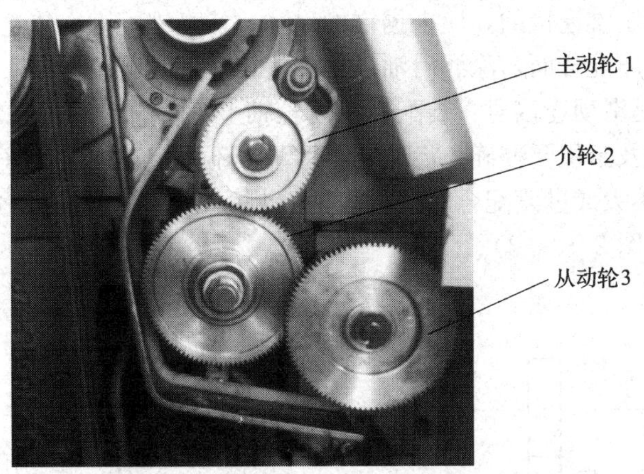

图 2—3—1 CA6140 型车床的挂轮

任务分析

如图 2—3—1 所示，齿数为 $z_1=63$ 和 $z'_1=64$ 的挂轮是一个双联齿轮，作为主动轮，齿数为 $z_3=75$ 和 $z'_3=97$ 的挂轮也是一个双联齿轮，作为从动轮，而齿数 $z_2=100$ 的挂轮是介轮（中间齿轮）。

任务步骤为：打开主轴箱侧门→拆卸挂轮（主动轮、从动轮、介轮）→调整挂轮星形架→更换挂轮→安装介轮→调整啮合间隙→拧紧螺钉、螺母。

相关知识

一、齿轮传动机构的装配技术要求

（1）齿轮孔与轴的配合要适当，能满足使用要求。空套齿轮在轴上不得有晃动现象；滑移齿轮不应有咬死或阻滞现象；固定齿轮不得有偏心或歪斜现象。

（2）保证齿轮有准确的安装中心距和适当的齿侧间隙。齿侧间隙是指齿轮副非工作表面在法线方向的距离。侧隙过小，齿轮传动不灵活，热胀时会卡齿，加剧磨损；侧隙过大，则易产生冲击和振动。

（3）保证齿面有一定的接触面积和正确的接触位置。

（4）在变速机构中应保证齿轮准确的定位，其错位量不得超过规定值。

（5）对转速较高的大齿轮，一般应在装配到轴上后再做动平衡检查，以免振动过大。

二、齿轮与轴的装配

齿轮与轴的连接形式有固定连接、空套连接和滑动连接三种形式。固定连接主要有键连接、螺栓法兰盘连接和固定铆接等；滑动连接主要采用的是花键连接（传递扭矩较小时也可采用滑键连接）。

齿轮与轴的装配过程如下：

（1）清除齿轮与轴配合面上的污物和毛刺。

（2）对于采用固定键连接的，应根据键槽尺寸，认真锉配键，使之达到键连接要求。

（3）清洗并擦干净配合面，涂润滑油后将齿轮装配到轴上。

1）当齿轮和轴是滑动连接时，装配后在齿轮轴上不得有晃动现象，滑移时不应有阻滞和卡死现象；滑移量及定位要准确，齿轮啮合错位量不得超过规定值（见图 2—3—2）。

2）对于过盈量不大或过渡配合的齿轮与轴的装配，可采用锤击法或专用工具压入法将齿轮装配到轴上（见图 2—3—3）。

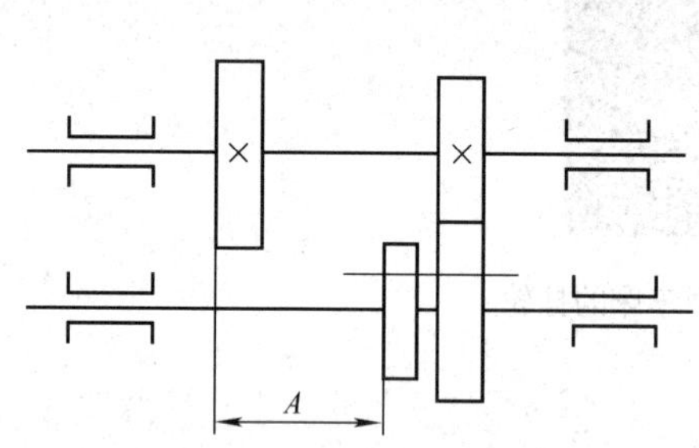

图 2—3—2　齿轮啮合错位的检查

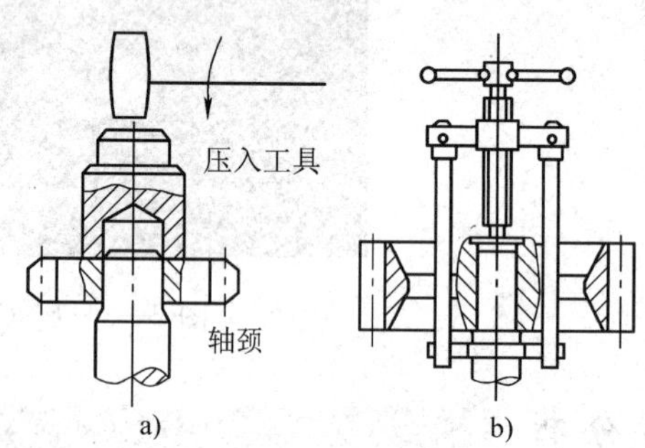

图 2—3—3　齿轮的装配方法

a）锤击法装配　b）专用工具压入法装配

3）对于过盈量较大的齿轮固定连接的装配，应采用温差法，即通过加热齿轮（或冷却轴颈）的方法，将齿轮装配到规定的位置。

4）当齿轮用法兰盘和轴固定连接时，装配齿轮和法兰盘后，必须将螺钉紧固；采用固定铆接方法时，齿轮装配后必须用铆钉铆接牢固。

（4）对于精度要求较高的齿轮与轴的装配，齿轮装配后必须对其装配精度进行严格检查，检查方法是：

1）直接观察法检查。如图 2—3—4 所示，采用直接观察的方法，可以看出装配后不同轴，装配后齿轮歪斜（垂直度超差），装配后齿轮位置不对（轴肩未贴紧）等情况。

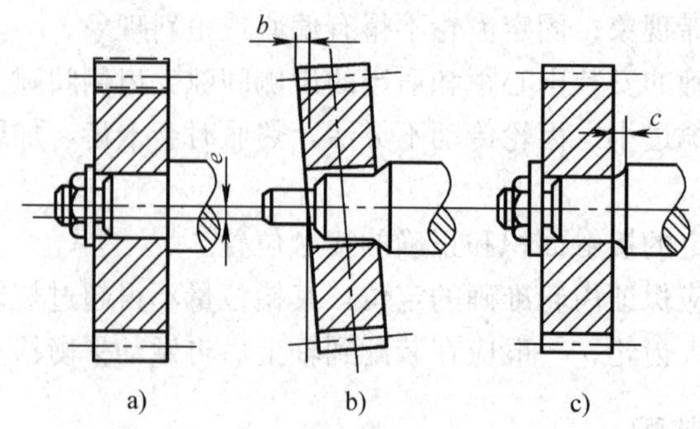

图 2—3—4　齿轮在轴上安装误差

a）不同轴　b）齿轮歪斜　c）轴肩未贴紧

2）齿轮径向圆跳动量检查。将装配后的齿轮轴支撑在检验平板上的两个V形架上，使轴与检验平板平行。把圆柱规放到齿轮槽内，使百分表测头触及圆柱规的最高点，测出百分表的读数值。然后转动齿轮，每隔3～4个齿检查一次，转动齿轮一周，百分表的最大读数与最小读数之差，就是齿轮分度圆的径向圆跳动误差（见图2—3—5）。

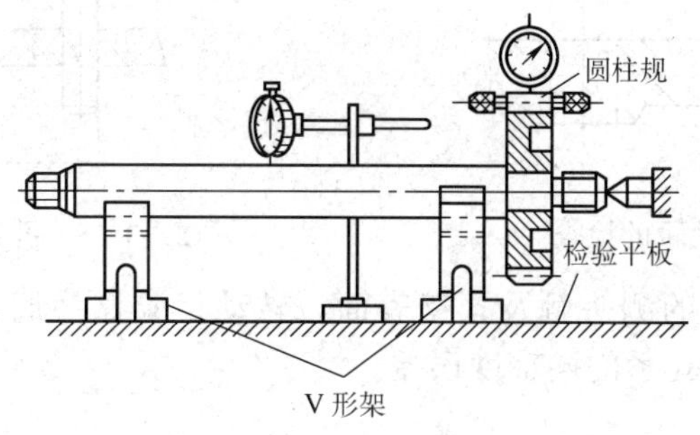

图2—3—5　齿轮径向圆跳动误差的检查

3）齿轮端面圆跳动量的检查。将齿轮轴支顶在检验平台（平板）上两顶尖之间，将百分表触头抵在齿轮的端面上（应尽量靠近外缘处），转动齿轮一周，百分表最大读数与最小读数之差，即为齿轮端面圆跳动误差，如图2—3—6所示。

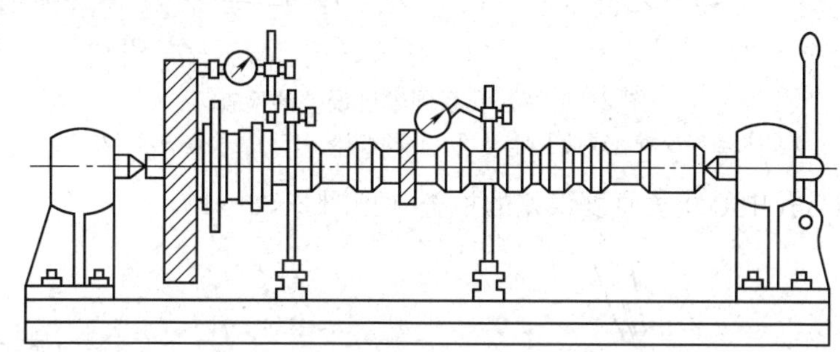

图2—3—6　齿轮端面圆跳动误差的检查

三、齿轮轴组件与箱体的装配

1. 装配前对箱体孔精度的检查

（1）孔距的检查（见图2—3—7）。用游标卡尺分别测量出d_1、d_2、L_1和L_2的值，然后计算出中心距A。

$$A=L_1+(d_1+d_2)/2 \text{ 或 } A=L_2-(d_1+d_2)/2$$

（2）孔系平行度误差的检查（见图2—3—8）。将检验棒插入孔中，用游标卡尺或千分尺分别测量出检验棒两端的尺寸L_1和L_2，两尺寸之差（L_1-L_2）即为孔系平行度误差。

（3）孔系同轴度误差的检查（见图2—3—9）。对于成批生产的产品采用检验棒直接插入的方法检验。若检验棒能自由插入同一轴线的几个孔中（当孔径不同时要先装配内径相同的检验套），则表明孔系的同轴度合格（见图2—3—9a）。对于单件生产的产品，可用检验棒和百分表检查（见图2—3—9b），将检验棒插入孔系中孔距最大的两个孔中，在检验棒中

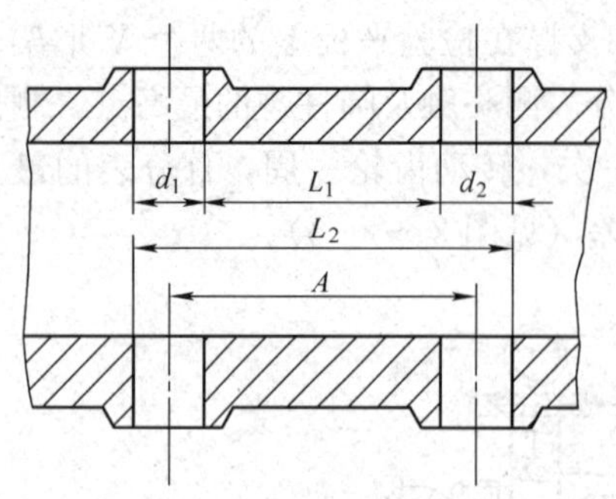

图 2—3—7　孔距的检查

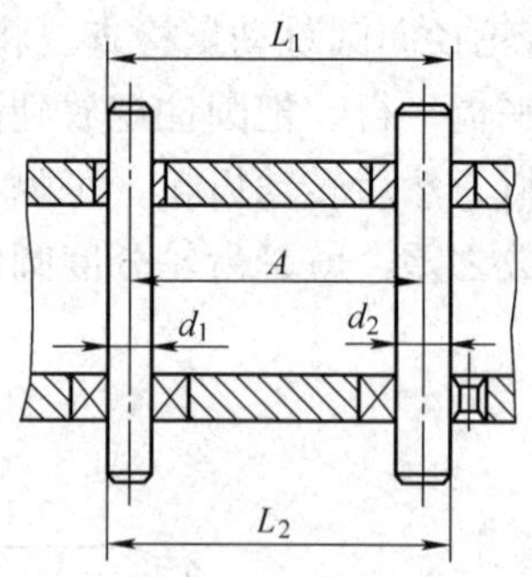

图 2—3—8　孔系平行度误差的检查

部固定百分表，使百分表的测头触及孔壁表面，转动检验棒一周，百分表最大读数与最小读数之差的一半，即为孔系的同轴度误差。

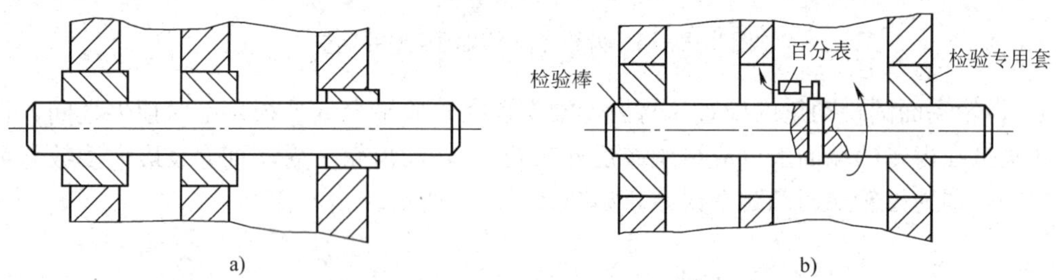

图 2—3—9　孔系同轴度误差的检查

a) 用检验棒检查（成批生产）　b) 用检验棒、百分表检查（单件生产）

（4）孔端面与孔中心线垂直度误差的检查（见图 2—3—10）

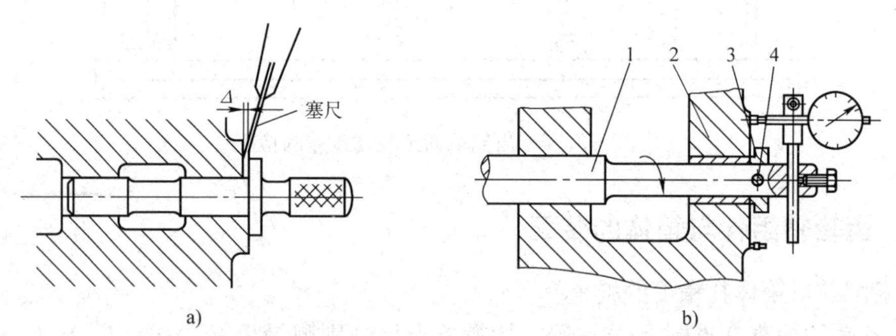

图 2—3—10　孔系垂直度误差的检查

a) 塞尺检查　b) 百分表测量

1—检验棒　2—测量套（工艺套）　3—止推套　4—圆锥销

1）将带有圆盘的检验棒插入箱体孔中，用塞尺插入圆盘与端面的缝隙中，所插入塞尺的最大厚度尺寸，即为孔端面与孔中心线的垂直度误差值（见图 2—3—10a）。

2）另一种方法是将检验棒与测量套装入孔中，再装上止推套并用圆锥销定位，与测量套靠紧，防止检验棒轴向移动。在检验棒的一端固定百分表，使百分表的测头触在孔的端面上。检验棒转动一周，百分表最大读数与最小读数之差即为孔端面与孔中心线的垂直度误差值（见图 2—3—10b）。

（5）孔中心线与基面的尺寸精度和平行度误差的检验（见图 2—3—11）。将箱体基面（底面）用等高块支顶在检验平板上，把检验棒插入箱体的孔中，用百分表、量块或游标高度尺测量出检验棒两端到检验平板的尺寸 h_1 和 h_2，则孔中心线到基面的距离 h 为：

$$h=(h_1+h_2)/2-d/2-a$$

平行度误差 $\Delta=|h_1-h_2|$。

2. 将齿轮轴组件装入箱体

将齿轮轴组件装入箱体的顺序，一般都是从最后一根从动轴开始装起，然后逐级向前进行装配。在车床主轴箱装配中，应按照由下而上的顺序，逐级将每根轴组装入箱体。

将轴组装入箱体时，要保证齿轮轴向位置准确。相互啮合的齿轮副装配一对就检查一对，以中间平面为基准对中，当齿轮轮缘宽度小于 20 mm 时，轴向错位量不得大于 1 mm（见图 2—3—12）。当轮缘宽度大于 20 mm 时，轴向错位量不能大于轮缘宽度的 5%，且最多不能大于 5 mm。

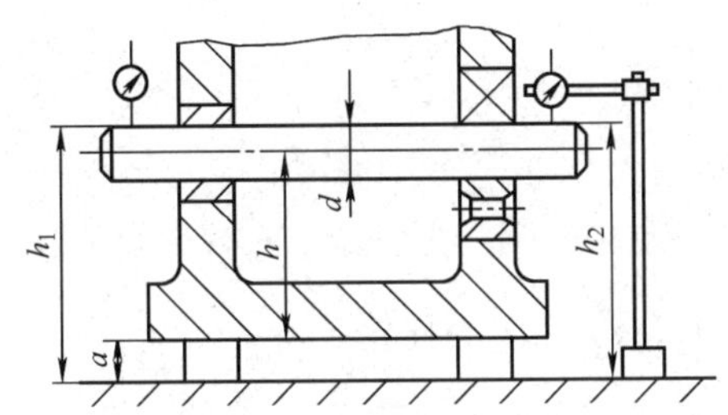

图 2—3—11 孔中心线与基面平行度误差的检验

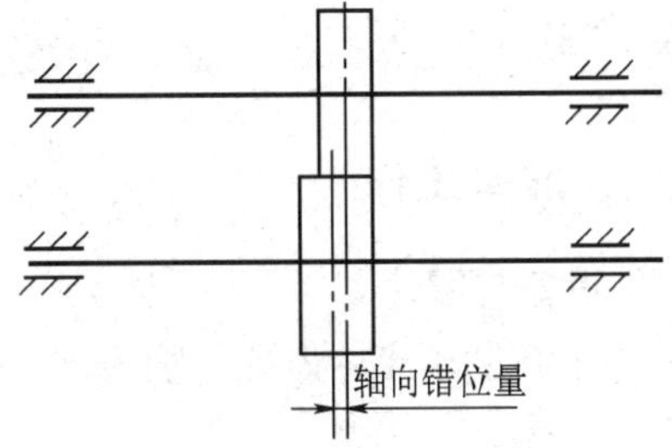

图 2—3—12 轴向错位的检查

3. 检查齿轮的啮合质量

（1）检查齿侧间隙（简称侧隙）

1）用压铅丝法检查侧隙（见图 2—3—13）。在齿面沿齿宽两端平行放置两条铅丝，宽齿可放 3～4 条，铅丝直径不宜超过最小侧隙的 4 倍。转动相啮合的两个齿轮挤压铅丝，铅丝被挤压后最薄处的尺寸，即为齿侧间隙。

2）用百分表检查侧隙（见图 2—3—14）。将百分表的测头与一个齿轮分度圆处的齿面接触，另一个齿轮固定。将接触百分表的齿轮从一侧啮合转到另一侧啮合，百分表的最大读数与最小读数之差，即为侧隙。

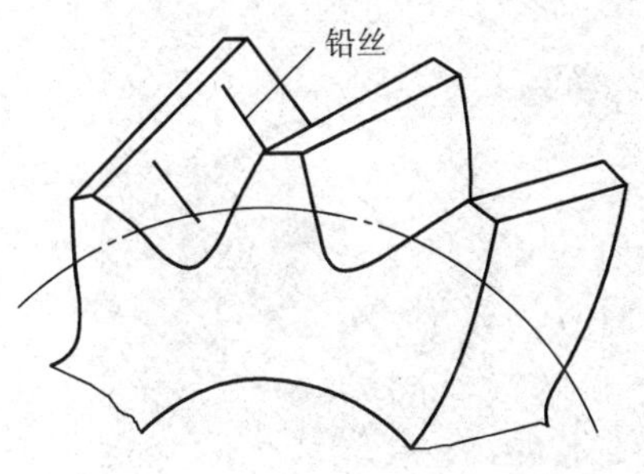

图 2—3—13 用压铅丝法检查侧隙

图 2—3—14 用百分表检查侧隙

（2）检查接触精度（见图 2—3—15）。将红丹粉均匀地涂于大齿轮的齿面上，转动齿轮，从动轮稍微制动（主要是为了增大摩擦力）。对于双向工作的齿轮，正反两个方向都要检查。用于一般传动的齿轮，在齿廓高度上接触斑点不少于 30%～50%，在齿廓宽度上接触斑点不少于 40%～70%，其分布的位置是以分度圆为基准，上下对称分布（见图 2—3—15a）。

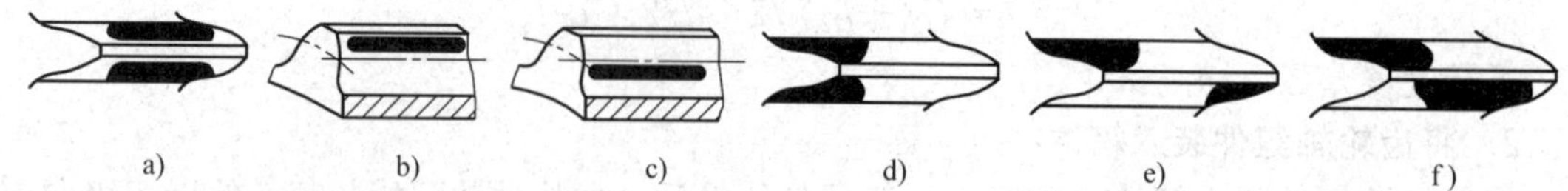

a)　b)　c)　d)　e)　f)

图 2—3—15　接触精度的检查

a）啮合正确　b）中心距太大　c）中心距太小

d）两齿轮轴线不平行　e）两齿轮轴线歪斜　f）两齿轮轴线不平行且歪斜

当啮合齿轮接触不良时（见图 2—3—15b、c、d、e、f），可以在中心距允差范围内，采用刮削轴孔或调整轴承座位置的方法来解决。

任务实施

一、准备工作

1. 设备与零件

CA6140 型车床，齿数分别为 $z'_1=64$、$z_2=100$、$z'_3=97$ 的挂轮。

2. 工具

手套、呆扳手一套、套筒扳手、内六角扳手、铜棒、撬杠，油盘和一些干净棉纱、煤油。

二、操作步骤

1. 打开主轴箱侧门

用内六角扳手逆时针拧松主轴箱侧面门上的螺钉，打开侧门。

2. 拆卸主动轮

如图 2—3—1 所示，主动齿轮是最上面的挂轮。用 17－M10 的呆扳手拧松（非旋下）主动轮的六角螺钉，取下夹垫，拆卸主动轮（齿轮与齿轮轴花键连接，间隙配合），如图 2—3—16 所示。

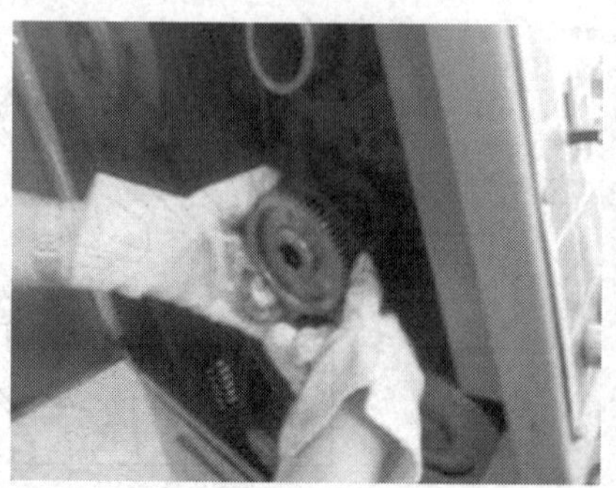

图 2—3—16　主动轮和夹垫

3．拆卸从动轮

如图 2—3—1 所示，从动齿轮是右下的挂轮。用 17－M10 的呆扳手拧松（非旋下）从动轮的六角螺钉，拿下夹垫，拆卸从动轮（齿轮与齿轮轴花键连接，间隙配合），如图 2—3—17 所示。

图 2—3—17　从动轮和夹垫

4．拆卸介轮

如图 2—3—1 所示，介轮是左下的中间齿轮。把 27－M18 扳手的开口放入介轮轴的卡槽中，逆时针拧下介轮轴，拆卸介轮，取出 T 形螺母，如图 2—3—18 所示。

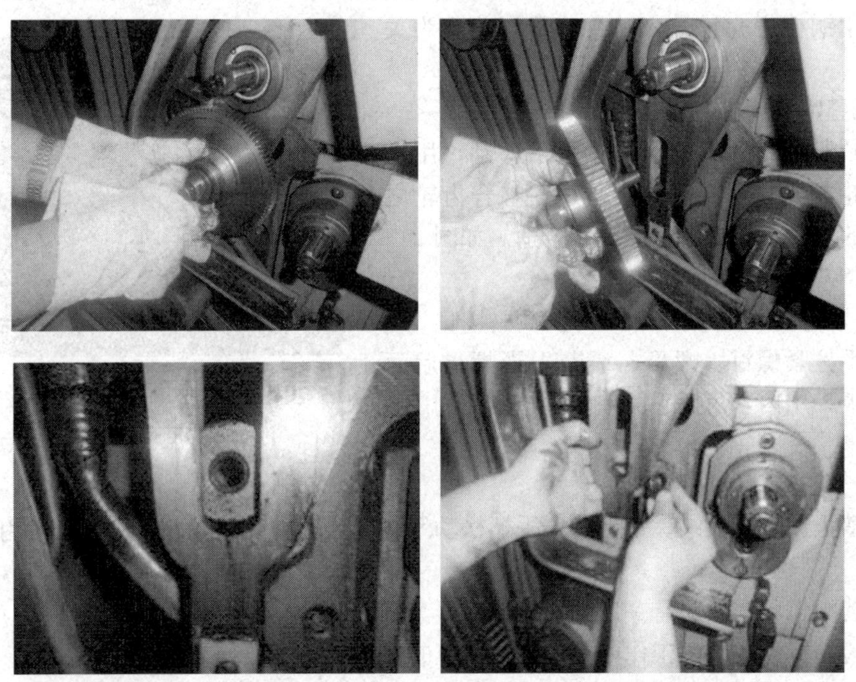

图 2—3—18　拆卸介轮

5．调整挂轮星形架

如图 2—3—19 所示，拆下介轮后，能够看到星形架。更换挂轮前，要用 ϕ30 mm 的套筒扳手拧松星形架最上面的调整螺母。并用铜棒敲击星形架，调整介轮与从动轮安装位置间的距离（更换的齿数 $z'_3=97$ 的挂轮比原始的齿数 $z_3=75$ 的挂轮直径大）。

图 2—3—19　星形架

6. 更换挂轮

双联齿轮靠近星形架的为啮合齿轮，安装齿数为 $z'_1=64$ 的主动轮，安装齿数为 $z'_3=97$ 的从动轮。

7. 安装介轮

把 T 形螺母放入星形架的卡槽中（为防止安装时掉落，预先在卡槽后面加放一块硬纸板），把介轮轴拧入 T 形螺母，以安装介轮。为保证介轮与从动轮啮合间隙，需要适当调整星形架，用铜棒把介轮敲入啮合位置（此步为关键步骤）。

8. 调整啮合间隙

介轮轴能在星形架的卡槽中上下移动，用来调节主动轮与介轮啮合间隙。通过在啮合齿轮之间压铅丝的方法判断啮合间隙是否合适。如图 2—3—20 所示啮合间隙的检查。

9. 拧紧螺钉、螺母

用扳手拧紧螺钉、螺母，拿出 T 形螺母后面放的硬纸板，用内六角扳手关上主轴箱侧面的门。

图 2—3—20　啮合间隙的检查

三、文明操作

(1) 禁止使用有裂纹、带毛刺、手柄松动等不合要求的工具，并严格遵守常用工具安全操作规程。

(2) 装配工具摆放应有一定的规律性，严禁乱堆乱放。

(3) 检查拆卸或装配工作中间停止或休息时，零件必须放稳妥。

(4) 保持工作场地的清洁。装配工作结束后，对所用过的设备都应按照要求清理，及时清扫工作场地，并将清洗纱布等放至指定位置。

四、注意事项

(1) 齿轮轻拿轻放，不得磕碰或跌落地上，防止轮齿的变形。

(2) 装配时，严禁将手伸入啮合的齿轮，防止夹伤。

(3) 星形架最上面的调整螺母必须用套筒扳手拧紧，防止松动。

任务评价

评分标准

序号	项目与技术要求	配分	评分标准	检测结果	得分
1	准备工具充分	10	准备不合理扣10分		
2	拆卸、检查正确	10	拆卸方法不正确扣5分 检查方法不正确扣5分		
3	清除污物和毛刺	10	不清除扣10分		
4	星形架的调整正确	10	调整方法不准确扣5～10分		
5	更换挂轮正确	10	更换不正确扣10分 未贴紧扣5分		
6	安装介轮正确	15	未装入扣15分 方法不正确扣5～15分		
7	调整啮合间隙正确	15	调整方法不正确扣10分 啮合间隙不正确扣5分		
8	拧紧螺钉螺母	10	未拧紧扣10分		
9	安全文明操作	10	酌情扣分		

思考与练习

1. 齿轮传动的装配技术要求是什么?
2. 如何检查齿轮径向和端面圆跳动误差?

知识拓展

齿轮的修理

(1) 齿轮严重磨损或轮齿断裂时，一般都应更换新的齿轮。当一个大齿轮和一个小齿轮啮合时，因小齿轮磨损较快，应先更换小齿轮。更换齿轮时，新齿轮的齿数、模数、压力角必须与原齿轮相同。

(2) 对于大模数齿轮或一些传动精度要求不高的齿轮，当轮齿局部损坏时，可采用焊补法或镶齿法修复。

1) 焊补法（堆焊法）修复（以齿轮崩齿修复为例，见图2—3—21）。

①根据齿轮材料选用相应的焊条，放在50～200℃的电炉中烘焙40～60 min。

图2—3—21 崩齿缺陷

②堆焊（见图2—3—22）。在零件适当位置上放置引弧和落弧的紫铜板，通过引弧堆焊于齿轮崩齿处，直到堆满齿为止。锤击焊口，清除熔渣。

③立刻向堆焊处浇一遍冷水，然后迅速将零件放入50～60℃的电炉中，关闭电炉，让其随炉冷却或立刻进行低温回火处理。

④待零件冷却至室温后即可进行切齿加工修复。

⑤检查修复后的轮齿是否符合有关的技术要求，焊缝热影响区有无明显的退火现象。修复后的齿形如图2—3—23所示。

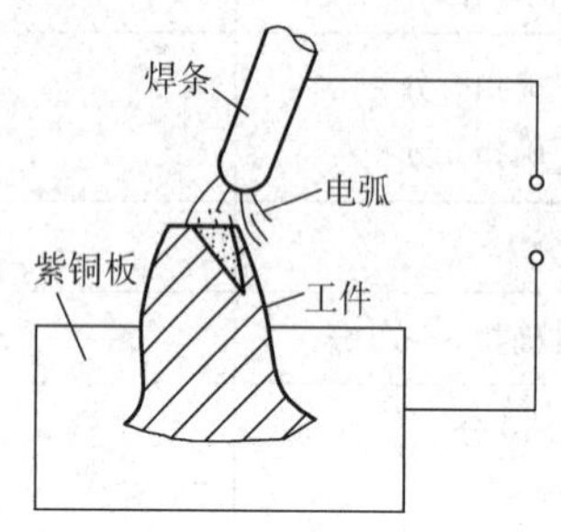

图2—3—22　堆焊方法

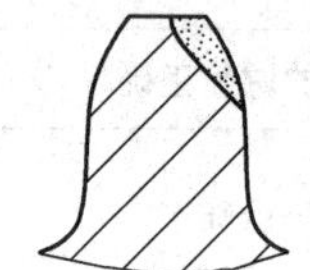

图2—3—23　修复后的齿形

2）镶齿法修复的一般步骤：

①将损坏的轮齿切掉。

②根据修复齿的形状和尺寸镶配新的轮齿。

③焊接固定，如图2—3—24a所示；或用螺钉固定，如图2—3—24b所示。

（3）更换轮缘修复法（见图2—3—25）

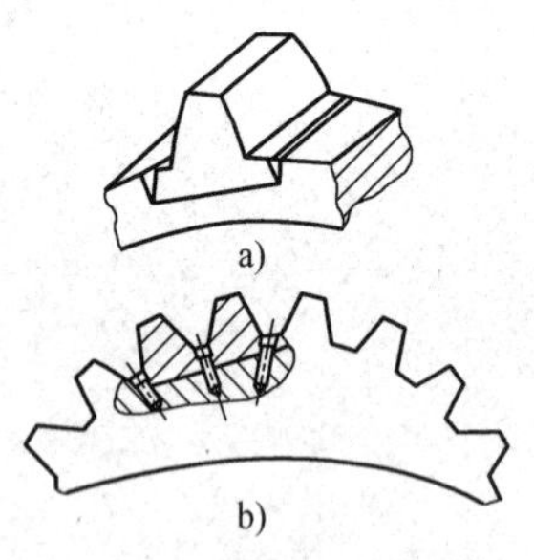

图2—3—24　镶齿法
a）焊接固定　b）螺钉固定

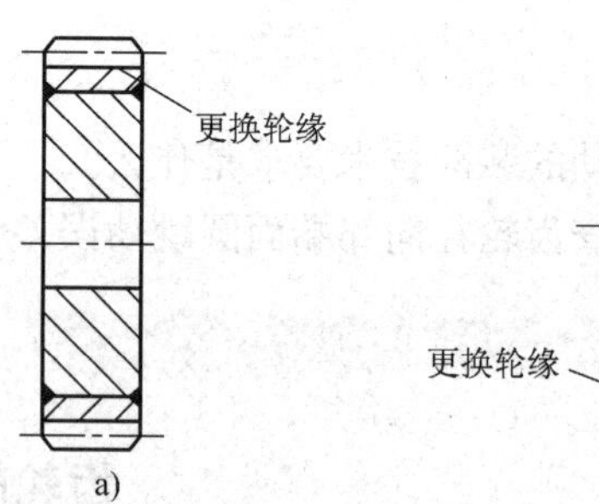

图2—3—25　更换轮缘修复法
a）焊接固定　b）铆接固定

1）将损坏的齿轮轮齿切掉。

2）按原齿轮外圆和车掉轮齿后的直径配制一个新的轮缘。

3）将新制轮缘压入齿坯，用焊接、铆接或螺钉固定的方法将新的轮缘固定（见图2—3—25）。

4）在加工齿轮的机床上按技术要求加工出新的轮齿。

任务 4　螺旋传动机构的装配与调整

◆ 教学目标

◎ 螺旋传动机构的特点

◎ 螺旋传动机构的装配技术要求

◎ 螺旋传动机构的装配与调整

◎ 螺旋传动机构的修复

螺旋传动机构是利用螺杆和螺母的啮合来传递动力和运动的机械传动装置，可将旋转运动变换为直线运动。它具有传动精度高、工作平稳、无噪声、易于自锁、能传递较大扭矩等特点。按工作特点，螺旋传动机构的螺旋分为传力螺旋、传导螺旋和调整螺旋。

任务提出

如图 2—4—1 所示平口虎钳，又名机床用平口虎钳，是一种通用夹具，常用于安装小型工件。它是铣床、钻床的随机附件，将其固定在机床工作台上，用来夹持工件进行切削加工。其工作表面是螺旋副、导轨副及间隙配合的轴和孔的摩擦面，长时间使用，丝杠易磨损，螺纹牙型变尖细，轴向活动量过大。本任务要求检修平口虎钳并更换丝杠和轴套。

图 2—4—1　平口虎钳

任务分析

平口虎钳的装配结构是可拆卸的螺纹连接和销连接，活动钳身的直线运动是由螺旋运动转变的。

任务步骤为：拆卸平口虎钳→清洗平口虎钳→测量平口虎钳→装配平口虎钳→调整平口虎钳。

相关知识

一、螺旋传动机构的装配技术要求

为了保证丝杠的传动精度和定位精度，螺旋传动机构装配后，一般应满足以下技术要求：

（1）螺旋副应具有较高的配合精度和准确的配合间隙。

（2）螺旋副轴线的同轴度及丝杠轴心线与基面的平行度，应符合规定要求。

（3）螺旋副相互转动应灵活，丝杠的回转精度应在规定的范围内。

二、螺旋传动机构的装配

1. 螺旋副配合间隙的测量与调整

螺旋副的配合间隙是保证其传动精度的主要因素，分径向间隙和轴向间隙两种。在不同的设备中消隙装置、消隙方法不同，以下为常用的几种配合间隙的测量与调整方法。

（1）径向间隙的测量。径向间隙的大小取决于丝杠螺母的加工精度，并直接反映丝杠螺母的配合精度，其测量方法如图 2—4—2 所示。将螺母旋转到丝杠的适当位置，使百分表触头抵在螺母上，用稍大于螺母质量的力 F 压下或抬起螺母，百分表指针的摆动量即为径向间隙值。

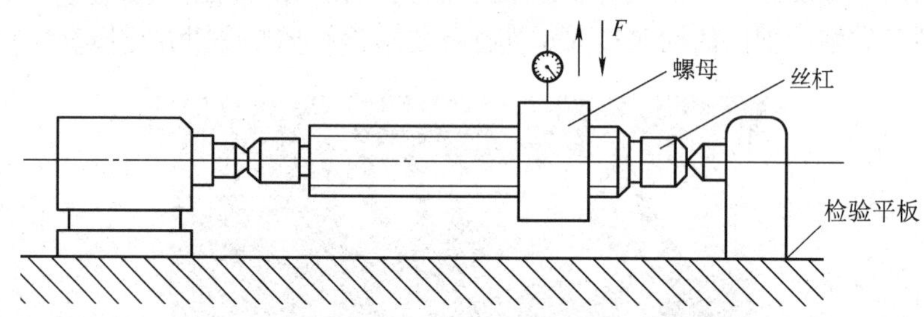

图 2—4—2　丝杠螺母径向间隙的测量

（2）轴向间隙的消除与调整。丝杠螺母的轴向间隙直接影响其传动的准确性，进给丝杠应有轴向间隙消除机构，简称消隙机构。

1）单螺母消隙机构。螺旋副传动机构只有一个螺母时，常采用如图 2—4—3 所示的消隙机构，使螺旋副始终保持单向接触。注意消隙机构的消隙力方向应和切削力 P_x 方向一致，以防止进给时产生爬行，影响进给精度。

2）双螺母消隙机构。双向运动的螺旋副应用两个螺母来消除双向轴向间隙，其结构如图 2—4—4 所示。

①如图 2—4—4a 所示是楔块消隙机构。调整时，松开螺钉 3，再拧动螺钉 1 使楔块 2 向上移动，以推动带斜面的螺母右移，从而消除右侧轴向间隙，调好后用螺钉 3 锁紧。消除左侧轴向间隙时，则松开左侧螺钉，并通过楔块使螺母左移。该机构常用在中溜板丝杠与螺母的传动中。

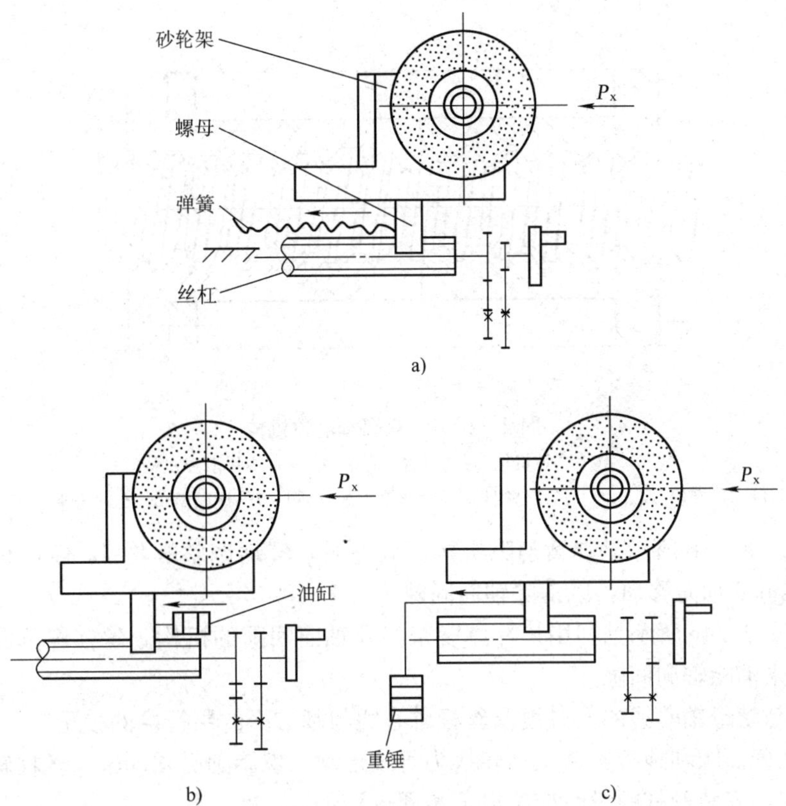

图 2—4—3　单螺母消隙机构

a）用弹簧拉力消隙　b）用油缸压力消隙　c）用重锤消隙

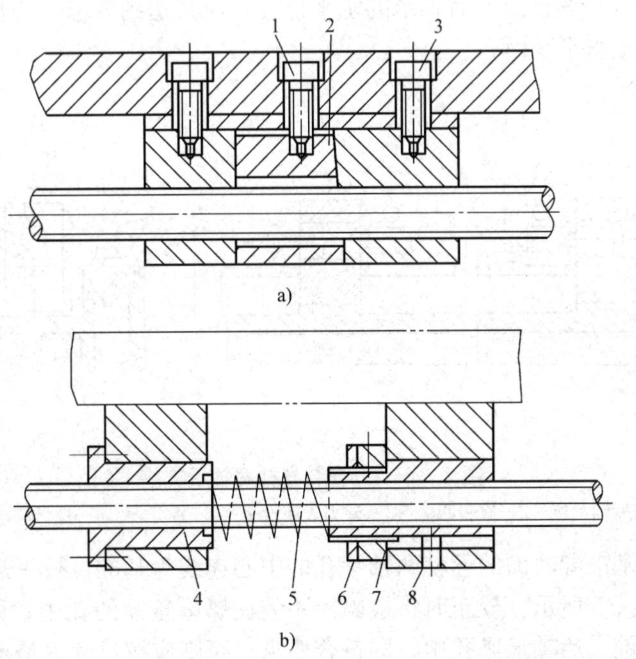

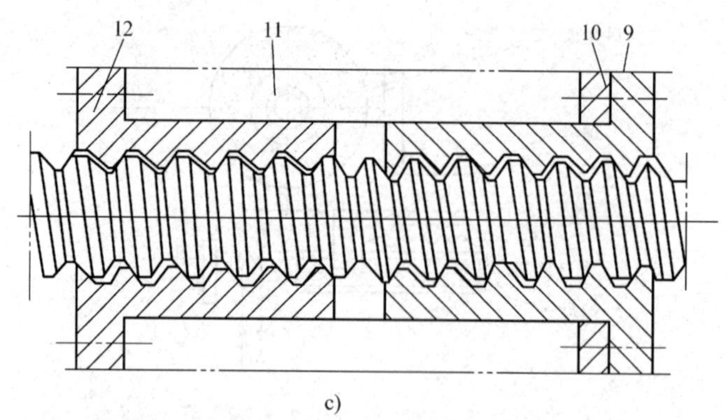

c)

图 2—4—4 双螺母消隙机构

a）楔块消隙机构 b）弹簧消隙机构 c）垫片消隙机构

1、3—螺钉 2—楔块 4、8、9、12—螺母 5—弹簧 6—垫圈 7—调整螺母 10—垫片 11—工作台

②如图 2—4—4b 所示是弹簧消隙机构。调整时，转动调整螺母 7，通过垫圈 6 及压缩弹簧 5，使螺母 8 轴向移动，以消除轴向间隙。

③如图 2—4—4c 所示是利用垫片厚度来消除轴向间隙的机构。丝杠螺母磨损后，通过修磨垫片 10 来消除轴向间隙。

2. 丝杠与螺母轴心线的同轴度及丝杠轴心线与基准面的平行度的校正

为了能准确而顺利地将旋转运动转换为直线运动，螺旋副必须同轴，丝杠轴线必须和基面平行。为此，安装丝杠螺母时应按以下步骤进行：

（1）先正确安装丝杠两轴承支座，用专用检验心棒和百分表校正，使两轴承孔轴心线在同一直线上，且螺母移动时与基准导轨平行，如图 2—4—5 所示。校正时可以根据误差情况修刮轴承座结合面，并调整前、后轴承的水平位置，使其达到要求。心轴上母线 a 校正垂直平面，侧母线 b 校正水平平面。

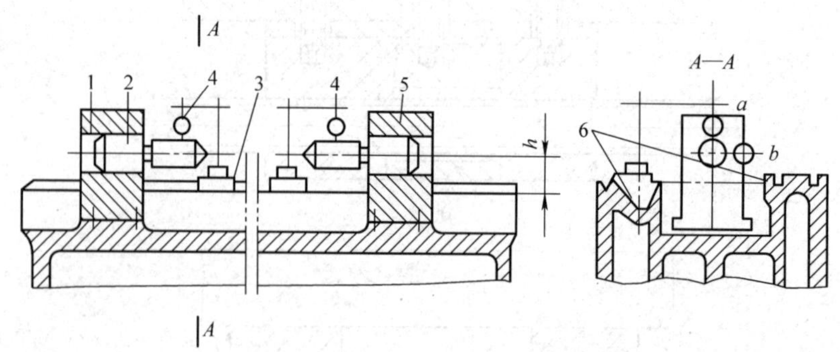

图 2—4—5 安装丝杠两轴承支座

1、5—前后轴承座 2—检验心棒 3—磁力表座滑板 4—百分表 6—螺母移动基准导轨

（2）以平行于基准导轨面的丝杠两轴承孔的中心连线为基准，校正螺母与丝杠轴承孔的同轴度，如图 2—4—6 所示。校正时将检验棒 4 装在螺母座 6 的孔中，移动工作台 2，若检验棒 4 能顺利插入前、后轴承座孔中，即符合要求；否则应按尺寸 h 修磨垫片 3 的厚度。

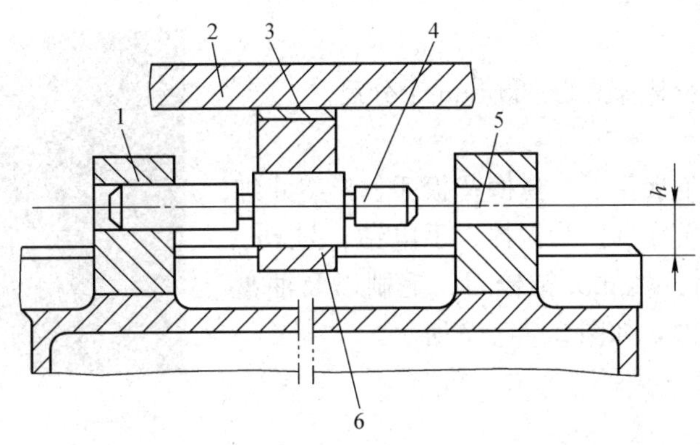

图 2—4—6　校正螺母与丝杠轴承孔的同轴度

1、5—前后轴承座　2—工作台　3—垫片　4—检验棒　6—螺母座

(3) 调整丝杠螺母机构的转动灵活性。丝杠、螺母在装配前，应清除各连接面、配合面上的污物和毛刺，对丝杠、螺母要认真清洗，涂润滑油后再装配。装配时应缓慢转动丝杠(或螺母)，以防咬死。丝杠在螺母内转动应松紧一致，不应有过紧或阻滞现象。

(4) 调整丝杠的回转精度。丝杠的回转精度是指丝杠的径向跳动和轴向窜动的大小。装配时，通过正确安装丝杠两端的轴承支座来保证。

三、螺旋传动机构的修复

螺旋传动机构经过长期使用，丝杠和螺母都会出现磨损。常见的损坏形式有丝杠螺纹磨损、轴颈磨损、螺母磨损及丝杠弯曲等。

1. 丝杠螺纹磨损的修复

梯形螺纹丝杠的磨损不超过齿厚的 10%时，通常用车深螺纹的方法修复，再根据修复后的丝杠配车新螺母；矩形螺纹丝杠磨损后，一般不能修复，只能更换新丝杠；对磨损较大的精密丝杠，常采用更换的方法。

2. 丝杠轴颈磨损的修复

丝杠轴颈磨损后，可根据磨损情况，采用镀铬、涂镀、堆焊等方法加大轴颈，再采用机械加工方法加工轴颈。在车削轴颈时，应与车削螺纹同时进行，以便保持这两部分轴线的同轴度，磨损的衬套应更换。

3. 螺母磨损的修复

螺母磨损通常比丝杠磨损迅速，因此需要经常更换。

4. 丝杠弯曲的修复

弯曲的丝杠常用矫正法修复。

任务实施

一、准备工作

1. 设备与零件

平口虎钳。

2. 量具

百分表、内径百分表架、0～25 mm 千分尺。

3. 工具

锤子、1 套内六角扳手、1 套梅花扳手、8 英寸细齿平锉刀、1 套组合式旋具、紫铜棒、手电钻、ϕ4 mm 钻头、ϕ4 mm 圆锥销、ϕ4 mm 锥铰刀、毛刷以及油盘和若干干净棉纱、机油，如图 2—4—7 所示。

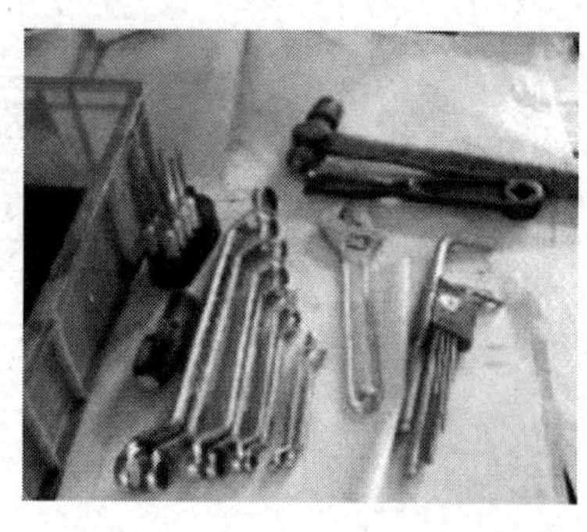

图 2—4—7 平口虎钳装拆工具

二、操作步骤

1. 拆卸平口虎钳

平口虎钳是由固定钳身、钳口板、固定螺钉、活动钳口等不同零件组成，把平口虎钳的紧固螺钉全部用工具取下，将平口虎钳分解，用细齿平锉刀去毛刺。如图 2—4—8 所示，拆卸顺序如下：

（1）使用一字旋具拆卸紧定螺钉，并将丝杠及旋转手柄拆卸（由上至下）。

（2）使用扳手拆卸固定钳身与旋转架及轨道片相连接的两对螺栓连接。

（3）用十字旋具拆除滑动钳身和钳口板。

（4）用扳手拆卸旋转架与轨道片相连接的螺栓连接、旋转架。

2. 清洗平口虎钳

清洗拆卸下的固定钳身、钳口板、活动钳口等，包括新丝杠和轴套，如图 2—4—9 所示。

图 2—4—8 平口虎钳拆解

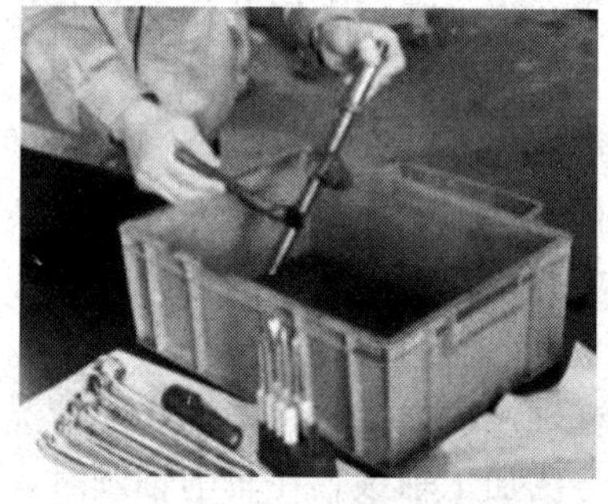

图 2—4—9 平口虎钳丝杠的清洗

3. 测量平口虎钳

为了保证精度，先用 0～25 mm 千分尺校对内径百分表，然后用内径百分表测量活动钳口上的圆孔直径（安装定心螺母头部），如图 2—4—10 所示。

图 2—4—10 测量平口虎钳圆孔直径

4. 装配平口虎钳

（1）把新丝杠装入定心螺母，把丝杠螺母副放入固定钳口丝杠安装槽中。

（2）把丝杠从安装孔拉出一部分，使台阶紧贴安装孔壁，丝杠另一端安上新轴套，用圆锥销固定（用 ϕ4 mm 钻头钻孔，ϕ4 mm 锥铰刀铰锥孔）。

（3）把活动钳口板安装在定心螺母上，用螺钉固定，安装钳口板。

（4）翻转平口虎钳，用压板和活动钳口固定。把平口虎钳放在转台上，用螺母固定，如图 2—4—11 所示。

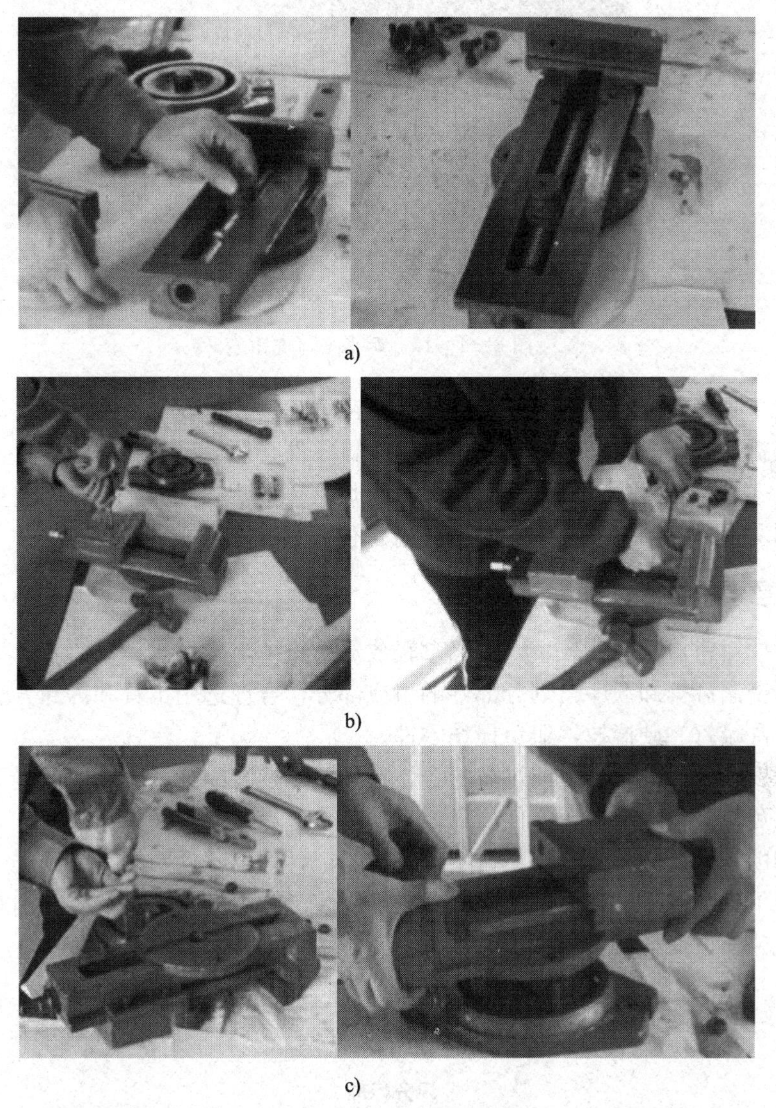

图 2—4—11　平口虎钳的装配

a）装入新丝杠　b）安装钳口板　c）固定平口虎钳

5. 调整平口虎钳

调整螺母，调平平口虎钳，如图 2—4—12 所示。

三、文明操作

（1）禁止使用有裂纹、带毛刺、手柄松动等不合要求的工具，并严格遵守常用工具安全操作规程。

图 2—4—12　调平平口虎钳

（2）装配工具摆放应有一定的规律性，严禁乱堆乱放。

（3）检查拆卸或装配工作中间停止或休息时，零件必须放稳妥。

（4）保持工作场地的清洁。装配工作结束后，对所用过的设备都应按照要求清理，及时清扫工作场地，并将清洗纱布等放至指定位置。

四、注意事项

（1）平口虎钳钳口、底座较重，要轻拿轻放，防止掉落砸伤。

（2）要周密制订拆卸顺序，划分部件的组成部分，合理选用工具和拆卸方法，按一定顺序拆卸，严防乱敲打、硬撬拉，避免损伤零件。

（3）对精度较高的配合部位或过盈配合，在不致影响装配技术要求的前提下，应尽量少拆或不拆，以免降低精度或损坏零件。

（4）拆卸的零件要分类、分组，对零件进行登记，列出零件明细表。

（5）应记下拆卸顺序，以便以相反顺序正确复装。拆下的零件用后应按类有序放置，妥善保管，防止碰伤、变形、生锈或丢失。

任务评价

评分标准

序号	项目与技术要求	配分	评分标准	检测结果	得分
1	拆卸平口虎钳符合要求	20	工具准备不合理扣 5～20 分		
2	清洗平口虎钳符合要求	10	不清洗扣 10 分		
3	测量平口虎钳符合要求	20	方法不正确扣 20 分		
4	装配平口虎钳符合要求	30	安装不正确扣 5～30 分		
5	调整平口虎钳符合要求	10	未调平扣 10 分		
6	安全文明操作	10	酌情扣分		

思考与练习

1. 丝杠螺母传动机构的装配技术要求是什么？

2. 为什么要消除螺旋副的轴向间隙？单、双螺母的螺旋副传动机构消除间隙的方法各有几种？

任务5　蜗杆传动机构的装配与调整

◆ **教学目标**

◎ 蜗杆传动机构的特点

◎ 蜗杆传动机构的装配技术要求

◎ 蜗杆传动机构装配前箱体的检验

◎ 蜗杆传动机构装配质量的检验

◎ 蜗杆传动机构的装配

蜗杆传动机构用来传递互相垂直的空间交错两轴之间的运动和动力，常用于转速需要急剧降低的场合。它具有降速比大、结构紧凑、有自锁性、传动平稳、噪声小等优点。缺点是传动效率较低，工作时发热大，需要良好的润滑。蜗杆传动机构的应用非常广泛，如冶金、机床、化工、建筑等各种设备的减速传动。

任务提出

如图2—5—1所示为CA6140型车床溜板箱中的蜗杆传动机构，该机构是保证机床安全切削的重要组成部分。本任务要求完成蜗杆传动机构的装配，并达到规定的技术要求。

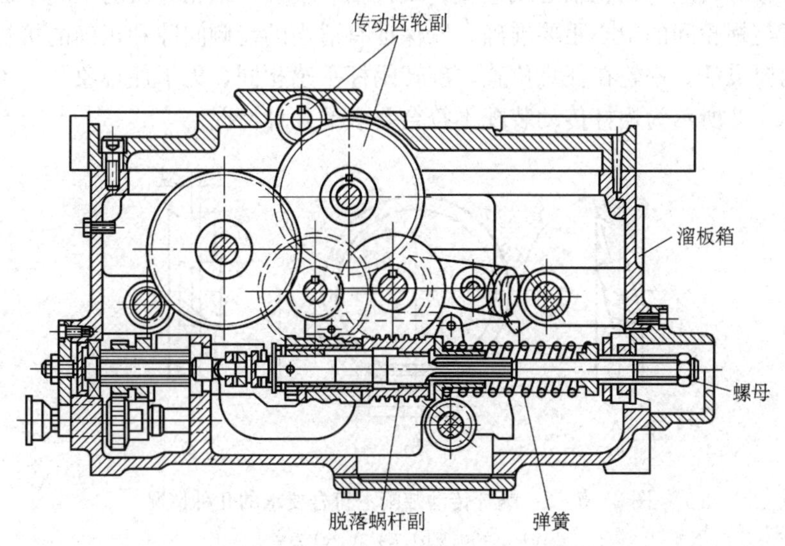

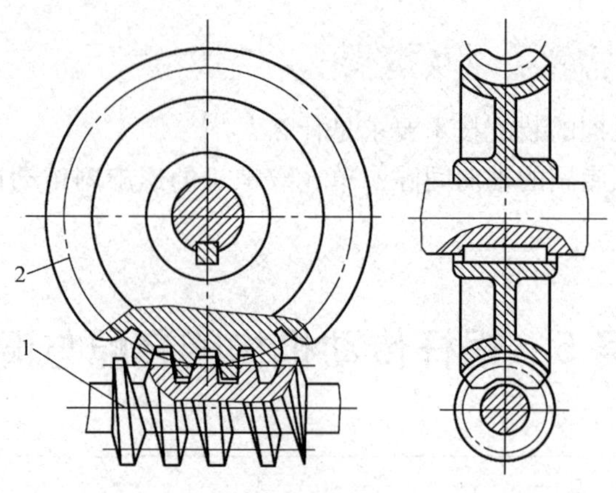

图 2—5—1 蜗杆传动机构

1—蜗杆 2—蜗轮

任务分析

如图 2—5—1 所示为 CA6140 型车床溜板箱中的蜗杆传动机构，它是保证自动走刀正常进行和起安全保险作用的装置。当自动走刀遇到阻力或切削力过大时，蜗杆与蜗轮脱离，造成自动走刀失灵。该机构位于溜板箱最下层，装拆比较困难。

任务步骤为：放油→清洗零件→组合蜗轮→安装蜗轮→装配蜗轮蜗杆→检验装配质量。

相关知识

一、蜗杆传动机构装配技术要求

通常蜗杆传动是以蜗杆为主动件，其轴心线与蜗轮轴心线在空间交错，轴间交角为 90°。装配时应符合以下技术要求：

（1）蜗杆轴心线应与蜗轮轴心线垂直，蜗杆轴心线应在蜗轮轮齿的中间平面内。

（2）蜗杆与蜗轮间的中心距要准确，以保证有适当的齿侧间隙和正确的接触斑点。

（3）转动要灵活。蜗轮在任意位置，旋转蜗杆手感相同，无卡住现象。

如图 2—5—2 所示为蜗杆传动装配不符合要求的几种情况。

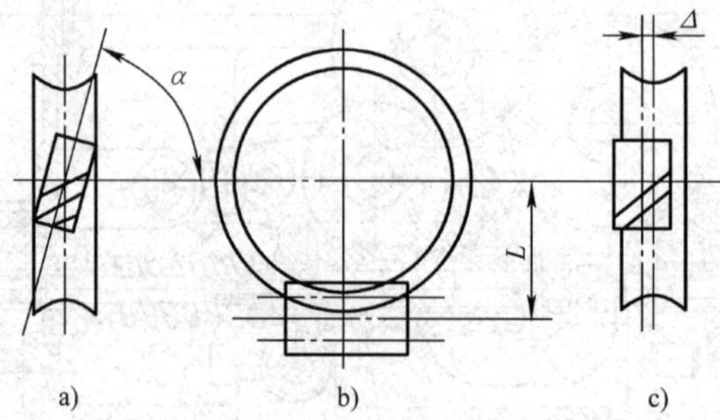

图 2—5—2 蜗杆传动装配不符合要求的几种情况

a）$\alpha \neq 90°$ b）$L \neq A$ c）$\Delta \neq 0$

二、蜗杆传动机构装配前箱体的检验

为了确保蜗杆传动机构的装配要求，通常是先对箱体上蜗杆轴孔中心线与蜗轮轴孔中心线间的中心距和垂直度误差进行检验，然后进行装配。

1. 箱体孔中心距的检验

检验箱体孔的中心距可按如图 2—5—3 所示的方法进行。将箱体用 3 只千斤顶支撑在平板上。测量时，将检验心轴 1 和 2 分别插入箱体蜗轮和蜗杆轴孔中，调整千斤顶，使其中一个心轴与平板平行后，再分别测量两心轴至平板的距离，即可计算出中心距 A：

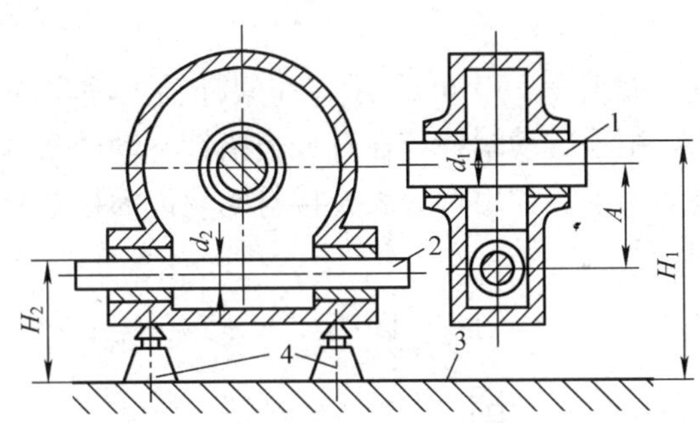

图 2—5—3　蜗杆轴孔与蜗轮轴孔中心距的检验

1、2—心轴　3—平板　4—千斤顶

$$A=(H_1-d_1/2)-(H_2-d_2/2)$$

式中　H_1——心轴 1 至平板的距离，mm；

H_2——心轴 2 至平板的距离，mm；

d_1、d_2——心轴 1 和 2 的直径，mm。

2. 箱体孔轴心线间垂直度误差的检验

检验箱体孔轴心线间的垂直度误差可按如图 2—5—4 所示的方法进行。检验时，先将蜗轮孔心轴和蜗杆孔心轴分别插入箱体上蜗轮和蜗杆的安装孔内。在蜗轮孔心轴上的一端套装有百分表的尺架，并用螺钉紧定，百分表触头抵住蜗杆孔心轴。旋转蜗轮孔心轴，百分表在蜗轮孔心轴上 L 长度范围内的读数差，即为两轴线在 L 长度范围内的垂直度误差。

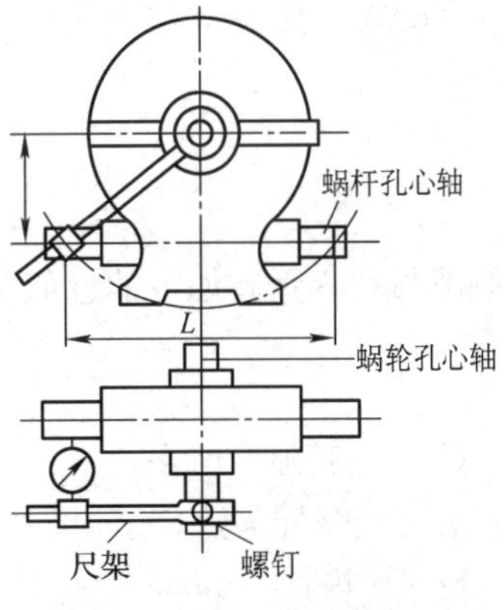

蜗杆孔心轴
L
蜗轮孔心轴
尺架
螺钉

图 2—5—4　蜗杆箱体孔轴心线间垂直度误差的检验

三、蜗杆传动机构装配质量的检验

1. 蜗轮的轴向位置及接触斑点检验

用涂色法检验其啮合质量。先将红丹粉涂在蜗杆的螺旋面上，并转动蜗杆，可在蜗轮轮齿上获得接触斑点，如图 2—5—5 所示。图 2—5—5a 为正确接触，其接触斑点应在蜗轮中部稍偏于蜗杆旋出方向；图 2—5—5b、图 2—5—5c 所示的接触斑点表示蜗轮轴向位置不正确，应配磨垫片来调整蜗轮的轴向位置。接触斑点的长度，轻载时为齿宽的 25%～50%，满载时为齿宽的 90%左右。

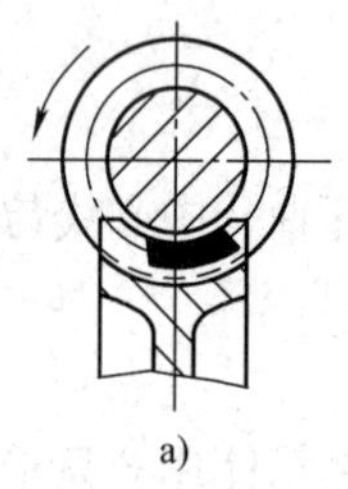

a)

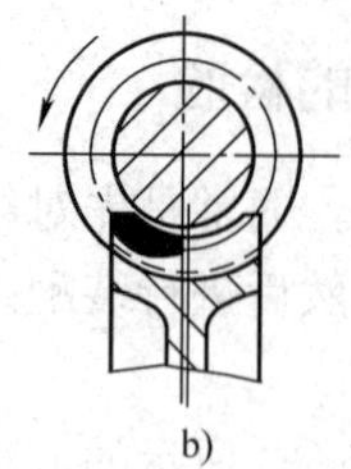

b)

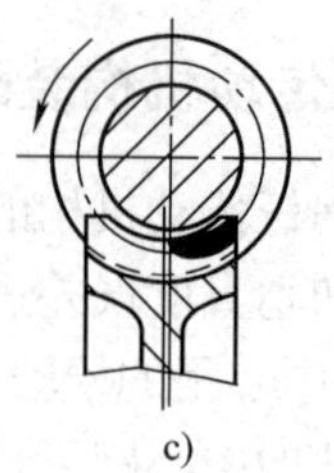

c)

图 2—5—5　用涂色法检验蜗轮齿面接触

a）正确　b）蜗轮偏右　c）蜗轮偏左

2．齿侧间隙的检验

一般要用百分表测量。如图 2—5—6a 所示，在蜗杆轴上固定一带量角器的刻度盘，百分表触头抵在蜗轮齿面上，用手转动蜗杆，在百分表指针不动的条件下，用刻度盘相对固定指针的最大空程角判断侧隙大小。如用百分表直接与蜗轮齿面接触有困难，可在蜗轮轴上装一测量杆，如图 2—5—6b 所示。

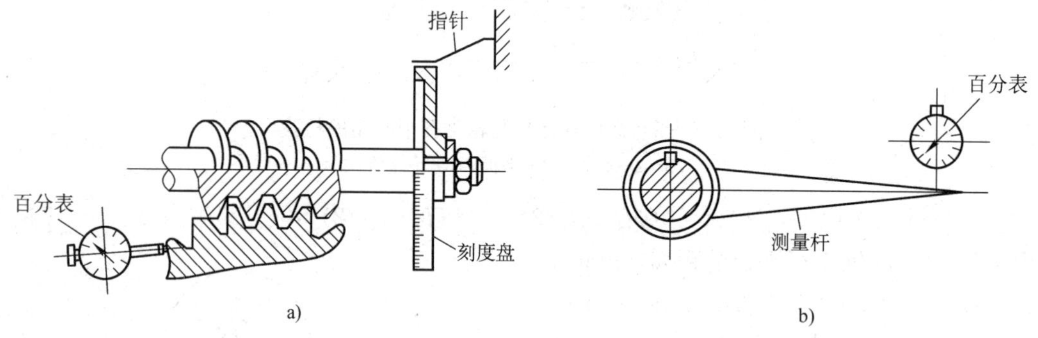

图 2—5—6　齿侧间隙的检验

a）直接测量法　b）测量杆测量法

侧隙与空程角有如下的近似关系（蜗杆升角影响忽略不计）：

$$\alpha = C_n \frac{360° \times 60}{1\,000 \pi z_1 m} = 6.9 \frac{C_n}{z_1 m}$$

式中　C_n——侧隙，mm；

z_1——蜗杆头数；

m——模数，mm；

α——空程角，（°）。

装配后的蜗杆传动机构，还要检查其转动灵活性，蜗轮在任何位置上，用手旋转蜗杆所需的扭矩均应相同，没有咬住现象。

任务实施

一、准备工作

1．设备与零件

蜗杆传动机构，箱体。

2. 量具

百分表、内径百分表架、0～25 mm 千分尺、150 mm 游标卡尺。

3. 工具

锤子、1 套内六角扳手、1 套梅花扳手、1 套组合式旋具、紫铜棒，以及油盘和若干干净棉纱、机油。

二、操作步骤

一般情况下，装配工作是从装配蜗轮开始。

1. 放油

清理外部油污、检查润滑油的油位并作记录，放出润滑油。

2. 清洗零件

拆下箱盖螺钉，打开箱盖清洗箱体、蜗轮蜗杆及所有零件。

3. 组合蜗轮

组合式蜗轮齿圈压装在轮毂上，方法与过盈配合装配相同，并用螺钉加以紧固，如图 2—5—7 所示。

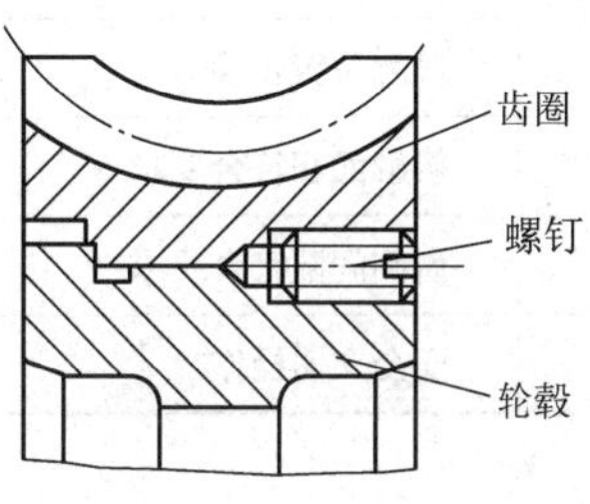

图 2—5—7　组合式蜗轮

4. 安装蜗轮

将蜗轮装在轴上，其安装及检验方法与圆柱齿轮相同。

5. 装配蜗轮蜗杆

把蜗轮轴组件装入箱体，然后再装入蜗杆。

6. 检验装配质量

安装蜗轮轴端盖螺钉，检查蜗轮、蜗杆及轴的装配质量，蜗杆轴的位置由箱体孔确定，要使蜗杆轴线位于蜗轮轮齿的中间平面内，可通过改变调整垫片厚度的方法，调整蜗轮的轴向位置。

三、文明操作

(1) 禁止使用有裂纹、带毛刺、手柄松动等不合要求的工具，并严格遵守常用工具安全操作规程。

(2) 装配工具摆放应有一定的规律性，严禁乱堆乱放。

(3) 检查拆卸或装配工作中间停止或休息时，零件必须放稳妥。

(4) 保持工作场地的清洁。装配工作结束后，对所用过的设备都应按照要求清理，及时清扫工作场地，并将清洗纱布等放至指定位置。

四、注意事项

(1) 更换蜗轮、蜗杆时，尽量选用原厂配件和成对更换。

(2) 装配输出轴时，要注意公差配合。

(3) 实际生产中，通过改变调整垫片厚度的方法，调整蜗轮的轴向位置。

(4) 要使用防粘剂或红丹油保护空心轴，防止磨损生锈或配合面积垢，维修时难拆卸。

任务评价

评分标准

序号	项目与技术要求	配分	评分标准	检测结果	得分
1	技术文件理解正确	15	不能正确理解扣 10 分		
2	装配前的准备充分	10	不充分扣 5 分		
3	箱体孔中心距检验正确	10	检验不正确全扣		
4	箱体孔轴心线间的垂直度检验正确	10	检验不正确全扣		
5	蜗轮转动灵活	15	卡住全扣		
6	接触位置正确	10	不正确全扣		
7	接触面积符合要求	10	不达要求全扣		
8	齿侧间隙符合要求	10	不达要求全扣		
9	安全文明操作	10	酌情扣分		

思考与练习

1. 蜗杆传动机构装配的技术要求有哪些?
2. 蜗杆传动机构的特点有哪些?

任务 6　液压传动机构的装配与调试

◆ **教学目标**

◎ 液压传动机构的工作原理和组成

◎ 液压传动机构的装配技术要求

◎ 液压传动机构的装配

◎ 液压传动机构的调试

◎ 液压传动机构的使用和维护

◎ 液压传动机构系统故障分析及排除

液压传动机构是以液压油为工作介质，利用各种组件组成所需的基本回路，再由若干回路有机地组成能完成一定控制功能的传动系统来进行能量的传递与转换，以实现各种机械传动和有效控制的传动形式。

任务提出

如图 2—6—1 所示是一台简化了的机床工作台液压传动机构系统的工作原理图。由电动机带动液压泵 3 从油箱 1 吸油，并将压力油送入管路，从而推动工作台往复运动。本任务要求安装如图所示的液压传动机构。

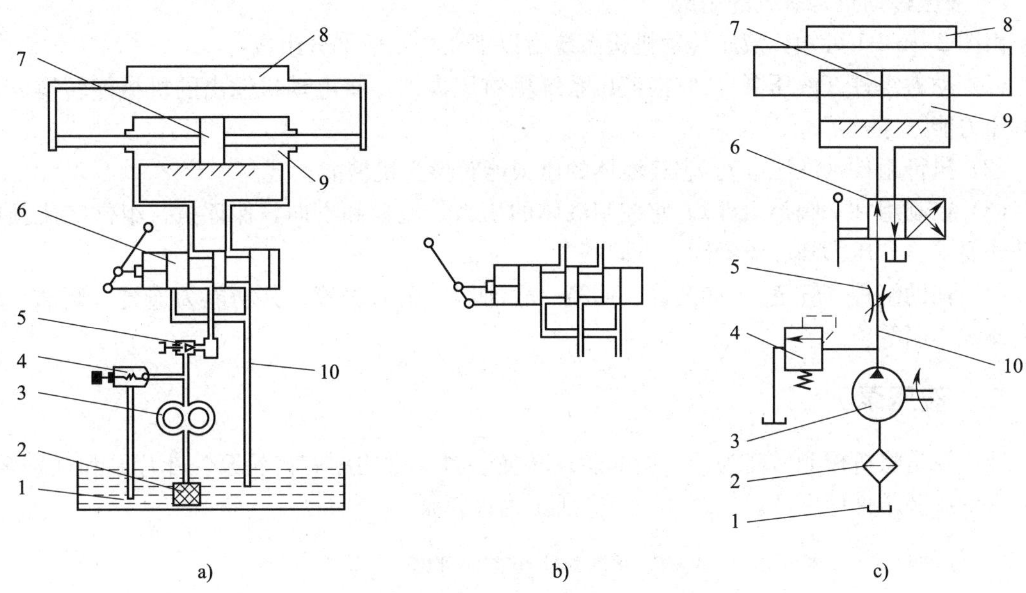

图 2—6—1 液压传动机构系统工作原理图

a）向右运动状态 b）向左运动状态 c）简化图

1—油箱 2—过滤器 3—液压泵 4—溢流阀 5—节流阀 6—换向阀

7—活塞 8—工作台 9—液压缸 10—油管

任务分析

液压传动机构装配就是把液压泵、液压缸、阀类组件和管道等按照技术要求装配在一起。

任务步骤为：固定液压组件→配管作业→连接液压组件→薄管扩口→负荷试验→二次拆装。

相关知识

一、液压传动机构的工作原理和组成

1. 液压传动机构系统的工作流程

当换向阀处于如图 2—6—1a 所示位置时，压力油首先经过节流阀 5，再经换向阀 6、油管，然后进入液压缸 9 左腔，推动活塞 7 并带动工作台 8 向右运动。液压缸右腔的油液被排出，经油管、换向阀 6 和油管流回油箱。

当换向阀处于如图 2—6—1b 所示位置时，由液压泵输出的液压油经节流阀 5、换向阀 6、油管，进入液压缸 9 的右腔，推动活塞并带动工作台向左运动，而液压缸左腔的油液经油管、换向阀 6、油管流回油箱。

工作台在做往复运动时，其速度由节流阀 5 调节，克服负载所需的工作压力由溢流阀 4 控制。

2．液压传动机构系统的组成

由图 2—6—1 可知，液压传动机构系统由以下 4 个主要部分组成：

（1）动力组件（液压泵）。它向液压系统供给压力油，将电动机输出的机械能转换为液体的压力能。

（2）执行组件（液压缸）。它将液体的压力能转换为机械能。

（3）控制组件（阀类组件）。它控制液体的压力、流量和方向，保证执行组件完成预期的动作要求。如压力阀、流量阀、方向阀等。

（4）辅助组件（管道）。如油管、油箱、滤油器、压力表等，其功能为连接、储油、过滤、测量作用等。

二、液压泵

液压泵是将机械能转变为液压能的能量转换装置。常用的有齿轮泵、叶片泵和柱塞泵，一般由专业液压件厂生产。如图 2—6—2 所示为齿轮泵。

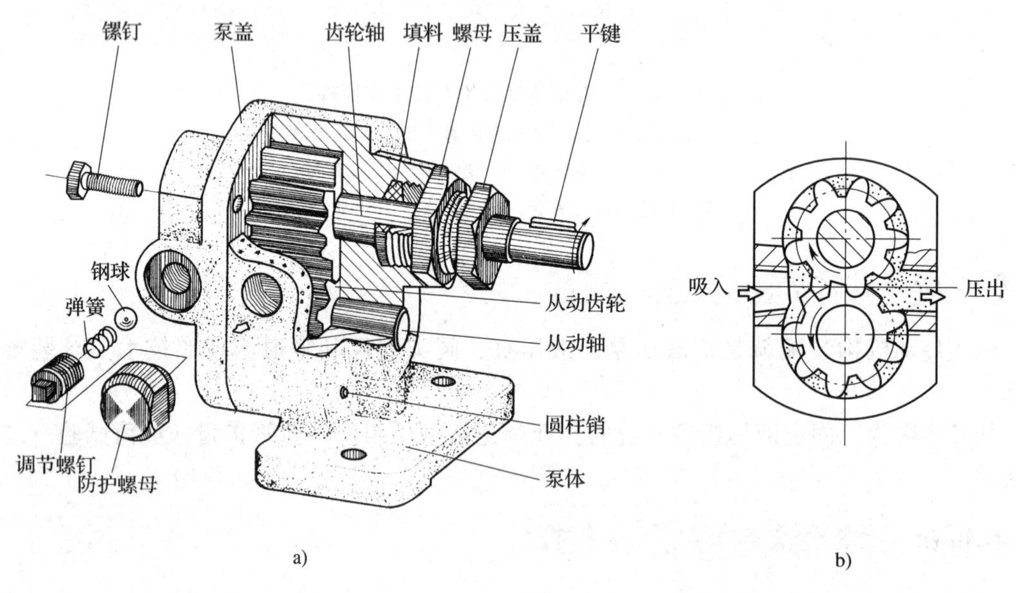

图 2—6—2　齿轮泵

a）结构图　b）原理图

1．液压泵装配技术要求

（1）液压泵一般不用 V 带传动机构，最好由电动机直接传动。

（2）液压泵传动轴与电动机驱动轴应有较高的同轴度，误差一般不大于 0.1 mm，倾斜角不得大于 1°。在安装联轴器时不可敲打泵轴，以免损坏液压泵转子。

(3) 液压泵的入口、出口和旋转方向，一般在铭牌中标明，应按规定连接管路和电路，不得反接。

(4) 液压泵的吸油高度应尽量小，以减少吸油阻力。一般泵的吸油高度应小于 500 mm。

2. 液压泵的性能试验

(1) 用手转动主动轴（齿轮泵）或转子轴（叶片泵），要求灵活无阻滞现象。

(2) 在额定压力下工作时，能达到规定的输油量。

(3) 压力从零逐渐升到额定值，各结合面不准有漏油和异常的杂声。

(4) 在额定压力工作时，其压力波动值不准超过规定值。

三、液压缸

液压缸是液压系统中的执行机构，是液压系统中把液压泵输出的液体压力能转变为机械能的能量转换装置，用以实现工作台或刀架的直线往复移动。

液压缸的形式主要有活塞式液压缸、柱塞式液压缸和摆动式液压缸三大类。如图 2—6—3 所示为实心双活塞杆液压缸。

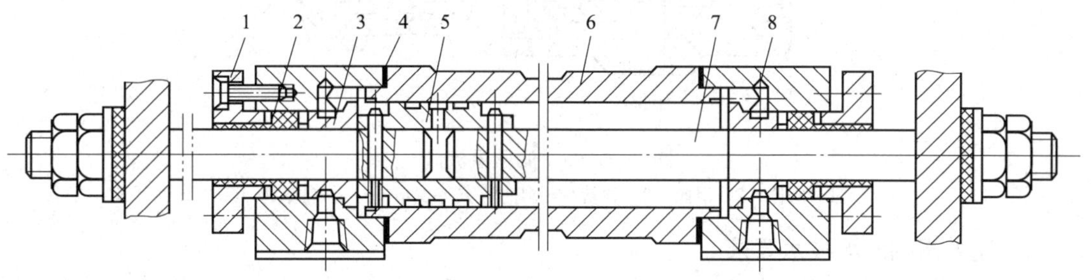

图 2—6—3　实心双活塞杆液压缸结构

1—压盖　2—密封圈　3—导向套　4—密封纸垫　5—活塞　6—缸体　7—活塞杆　8—端盖

1. 液压缸的装配技术要求

(1) 严格控制液压缸与活塞之间的配合间隙。

(2) 保证活塞与活塞杆的同轴度及活塞杆的直线度。装配时，可将活塞和活塞杆连成一体，放在 V 形架上，用百分表检验并校正，如图 2—6—4 所示。

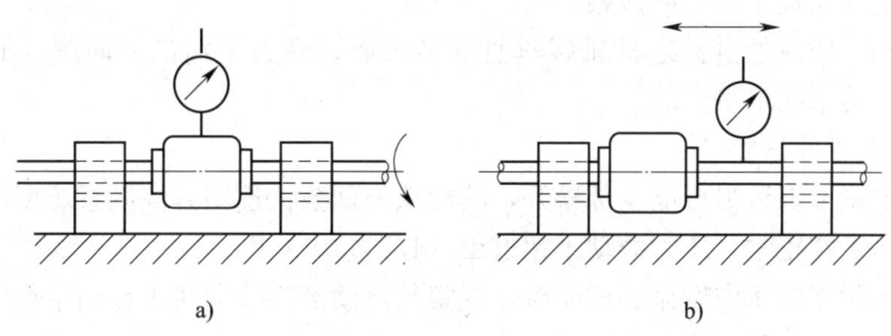

图 2—6—4　校正活塞杆的方法

a）活塞杆与活塞同轴度误差检查　b）活塞杆直线度误差检查

（3）活塞与液压缸配合表面应保持洁净。

（4）装配后，活塞在液压缸全长内移动时应灵活无阻滞。

2．液压缸的性能试验

（1）在规定压力下，观察活塞杆与油缸端盖、端盖与液压缸的结合处是否有渗漏。

（2）检查油封装置是否过紧而使活塞或液压缸移动时产生阻滞，或过松而造成漏油。

（3）测定活塞或液压缸移动速度是否均匀。

四、压力阀

压力阀是用来控制液压系统中压力的组件，常用的有溢流阀、减压阀等。如图 2—6—5 所示为低压溢流阀。

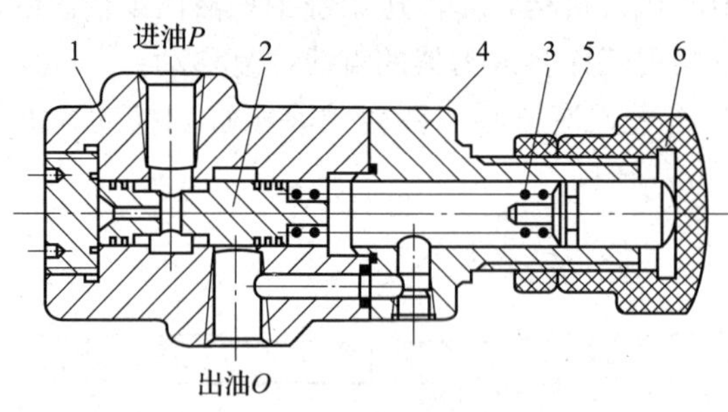

图 2—6—5　低压溢流阀

1—阀体　2—滑阀　3—弹簧　4—压盖　5—螺母　6—调整螺母

1．压力阀的装配技术要求

（1）压力阀在装配前，应仔细清洗，特别是阻尼孔道，应用压缩空气清除污物。

（2）阀芯与阀座的密封应良好，可用汽油试漏。

（3）弹簧两端面须磨平，使两端面与中心线垂直。

（4）阀体结合面应加耐油纸垫，以确保密封。

（5）阀芯与阀体的配合间隙应符合要求，在全行程上移动应灵活无阻滞。

（6）板式阀件安装前，要检查进出油口处的密封圈是否合乎要求，安装前密封圈应突出安装平面，保持安装后有一定的压缩量，以防泄漏。几个固定螺钉要均匀拧紧，最后使组件的安装平面与组件底板平面全面接触。

（7）压力阀一般应使其阀芯的轴线垂直安装，而弹簧力平衡的方向阀（如电磁阀等），则必须保持阀芯的轴线水平安装。

2．压力阀的性能试验

（1）将压力调节螺钉尽可能全部松开，然后从最低数值逐渐升高到系统所需压力，要求压力平稳改变，工作正常，压力波动不超过± (1.5×10^5) Pa。

（2）当压力阀在机床中做循环试验时，观察其运动部件换向时工作的平稳性，应无明显的冲击和噪声。

（3）在最大压力下工作时，不允许结合处漏油。

（4）溢流阀在卸荷状态时，其压力不超过 1.5～2 Pa。

五、管道连接

管道是用来输送液体或气体的辅助装置，它由管子、管接头、连接盘（法兰盘）和衬垫等零件组成。管道连接常用的管子有钢管、有色金属管、橡胶软管和尼龙管等。

1. 管道连接的技术要求

在机床液压传动机构系统的装配中，管道连接是非常重要的工作，必须满足以下技术要求：

（1）油管必须根据压力和使用场所进行选择，应有足够的强度而且内壁光滑，清洁，无砂眼、锈蚀、氧化皮等缺陷。

（2）配管作业时，对有腐蚀的管子要进行酸洗、中和、清洗、干燥、涂油、试压等工作，直到合格才能使用。

（3）弯管前管材下料长度，可用铅丝或铁丝等试弯确定。切割管材时，断面应与轴线方向保持垂直，锐边倒钝清除铁屑；弯管时，不能把管材弯扁。外径在 14 mm 以下的钢管可用手工或一般工具弯曲，较大的钢管应用手动或机动弯管机进行弯管，弯管半径一般应大于四倍管材外径。

（4）对管材端部的扩口可用专用扩口工具或 90°锥体冲铆，其扩口直径一般略小于扩口套直径，以保证扩口形体不偏歪，扩口面光洁圆滑。

（5）在安装管道时，应保证最小的压力损失，使整个管道最短，转弯次数最少，并保证管道受温度影响时，有伸缩变形的余地。

（6）安装吸油管时，油管不得泄漏，避免吸入空气。

（7）安装回油管时，应伸到油箱油面以下，以防飞溅引起气泡。溢流阀的回油管要远离泵的吸油管口，以保证回油能通过油箱充分冷却。

（8）在管道的最高处，应安装排气装置。

（9）较长的管道各段要有支承，管道要用管夹固定，以防振动。

（10）系统中任何一段管道或组件，应能单独拆装而不影响其他组件，以便于修理。

（11）所有管道都应进行二次拆装，以清除配管作业时对管道的污染。

2. 管接头的装配技术要求

（1）扩口薄壁管接头连接的装配如图 2—6—6 所示，装配时，将薄壁管口端扩大，拧紧连接螺母，通过扩口管套将薄壁管扩孔压紧在接头配合表面上，实现管路连接。

（2）球形管接头连接的装配如图 2—6—7 所示，装配时应保证球形表面的接触良好，拧紧连接螺母，两球形接头体表面紧密压合保证足够紧密性。

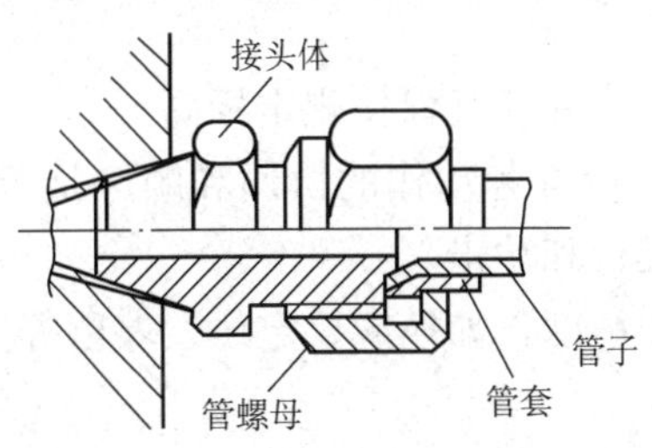

图 2—6—6 扩口薄壁管接头

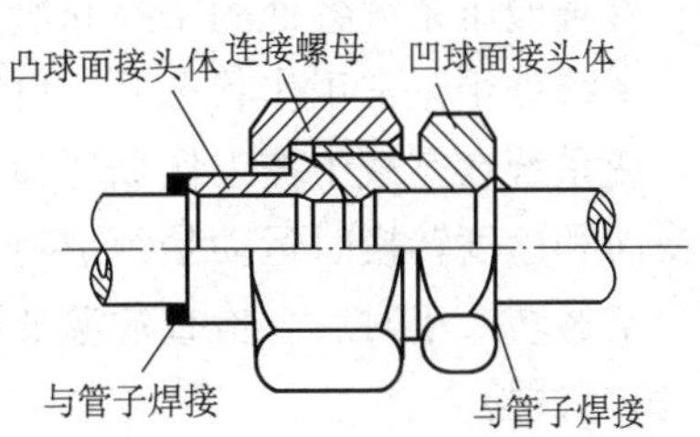

图 2—6—7 球形管接头

(3) 高压胶管接头装配如图 2—6—8 和图 2—6—9 所示，装配时，将胶管剥去一定长度的外胶层，然后装入外套内，再把接头芯拧入接头外套及胶管中，于是，胶管便被挤入接头外套和接头芯螺纹中，使胶管与接头芯及外套紧密连接起来。

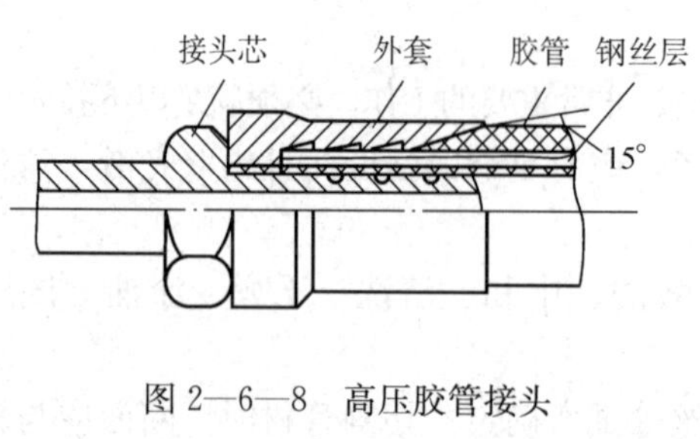

图 2—6—8　高压胶管接头

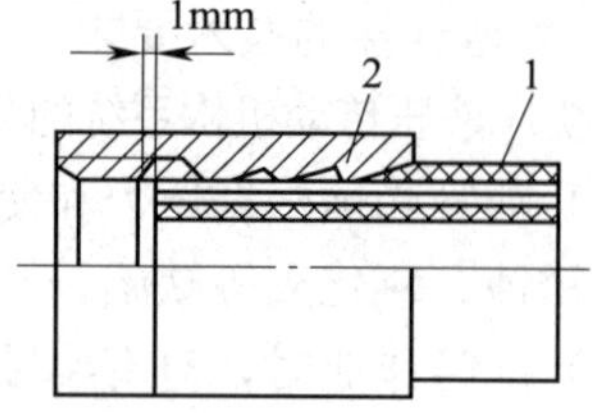

图 2—6—9　胶管装进外套
1—胶管　2—外套

六、液压传动机构的调试

液压传动机构系统装配、修理工作完成以后，要进行调试。调试前，应全面了解被调试机床的结构、性能、操作方法和使用要求及液压传动机构系统的工作原理、性能要求、各组件的性能和调试部位等，然后确定调试项目、顺序和调试方法。一般调试步骤如下：

1. 调试前检查

(1) 选用油液是否符合要求，油箱中油液是否达到规定标高。

(2) 各液压组件的安装是否正确、可靠，泄漏是否符合规定指标。

(3) 各液压部件的防护是否完好。

(4) 各控制手柄是否在关闭或卸荷位置。

2. 空运转试验

(1) 启动液压泵电动机，检查其运转方向是否正确，情况是否正常，有无异常噪声，液压泵是否漏气（油面上有无气泡），其卸荷压力是否在允许范围内。

(2) 在运动部件处于停位或低速运动时，调整压力控制阀，逐渐升压至规定值；调整辅助系统压力（如减压阀等）和润滑系统的压力、流量。压力调整好后，关掉压力表，以防损坏。

(3) 打开排气阀，使活塞全行程空载往复数次，使空气从排气阀排出，排净空气后关闭排气阀。

(4) 检查液压系统各处的密封和泄漏情况。

(5) 系统处于正常工作状态后，再次检查油面高度，并使其保持规定标高。

(6) 使系统在空载中按工作循环和预定程序工作，检查各动作的协调和顺序是否正确；启动、换向和速度转换时运动是否平稳，调整和消除爬行和冲击。

(7) 空运转 2 小时后，检查油温及液压系统的动作精度，如换向、定位、停留等。

3. 负荷试验

先在低于最大负荷情况下进行，一切正常后方可进行最大负荷试验。负荷试验的目的是检验在最大负荷情况下，液压系统能否实现预定的工作要求，噪声、振动和各处的内、外泄漏是否在允许的范围内，工作部件运动、换向和速度换接时有无爬行和冲击，功率损耗及温升是否在允许范围内等。发现故障要及时分析原因并立即排除。

任务实施

一、准备工作

1. 设备与零件

液压缸、手动两位四通换向阀、溢流阀、节流阀、安装板、管子、管接头。

2. 工具

扩管器、割管器、1套组合式旋具、紫铜棒，以及油盘和若干干净棉纱。

二、操作步骤

1. 固定液压组件

按工艺要求将液压缸、手动两位四通换向阀、溢流阀、节流阀固定到安装板上。

2. 配管作业

根据各组件相对位置测量所需连接管路长度，用割管器割管下料并按工艺要求弯好。

3. 连接液压组件

将需连接的组件管接头螺母拆卸穿入连接管中。

4. 薄管扩口

用扩管器将连接管两头扩成喇叭口。

5. 负荷试验

将连接好的系统接入液压泵出油口，回油管接入油箱，启动液压泵，用液压油排走系统内空气，观察系统中组件、连接处有无泄漏；调松溢流阀，启动液压泵，观察液压缸运动，若液压缸无动作，可手动操作两位四通换向阀、调整节流阀和逐渐调紧溢流阀，直至液压缸正常运动。

6. 二次拆装

安装调好后，再拆下管道，经过清洗、干燥、涂油及试压，再进行安装，以防止管道内存有残留污物。

三、文明操作

(1) 禁止使用有裂纹、带毛刺、手柄松动等不合要求的工具，并严格遵守常用工具安全操作规程。

(2) 装配工具摆放应有一定的规律性，严禁乱堆乱放。

(3) 检查拆卸或装配工作中间停止或休息时，零件必须放稳妥。

(4) 保持工作场地的清洁。装配工作结束后，对所用过的设备都应按照要求清理，及时清扫工作场地，并将清洗纱布等放至指定位置。

(5) 将液压系统液压油排回油箱，拆下连接，将组件及连接管擦拭干净。

四、注意事项

(1) 下料。连接管下料长度要准确。

(2) 打喇叭口。打喇叭口前应先将组件的管接头螺母穿入管中并注意方向正确，打喇叭口前要用锉刀将管口修整好，避免打出的喇叭口有皱纹、裂口等缺陷造成液压油泄露。

(3) 试车。接入液压泵后先空运转试车，无异常后方可负载试车。

任务评价

评分标准

序号	项目与技术要求	配分	评分标准	检测结果	得分
1	装配前清洗工件充分	10	一件未清洗扣 5 分		
2	弯管操作正常	20	操作错误一处扣 5 分		
3	管路和电路装配正确	10	装反一处扣 5 分		
4	管材端部的扩口良好	20	每一处超差扣 5 分		
5	液压泵的安装应保证同轴度	10	偏差过大扣 10 分		
6	管路安装无泄漏	20	泄漏一处扣 10 分		
7	安全文明操作	10	酌情扣分		

思考与练习

1. 简述液压泵的装配技术要求。
2. 液压缸装配要做哪些性能试验？
3. 液压传动机构系统产生振动和噪声的原因有哪些？如何排除？
4. 液压传动机构系统维护时应注意什么？

知识拓展

一、液压传动机构的使用和维护

液压传动机构使用和维护不当，会出现各种故障，需要正确地使用和维护液压传动机构系统，以延长其使用寿命，保证工作稳定、灵敏、可靠。

液压传动机构系统的维护需注意：

(1) 油箱中的液压油应经常保持正常的油面高度。配管和油缸的容量很大时，最初应加入足够数量的油，在起动之后，由于进入了管道和油缸，油面会下降，甚至使滤油器露出油面，所以必须再一次补油。在使用过程中还会发生泄漏，应该经常观察和及时补油。

(2) 液压用油必须经过严格的过滤。过滤是防止杂质损害系统的重要手段，系统中应根据需要配制粗、精滤油器。滤油器应当经常检查清洗，发现损坏及时更换。向油箱中注油时，应当通过 120 目以上的滤油器。

(3) 系统中的油液应经常检查，定期更换，一般累计 1 000 小时后，应当换油，如继续使用将失去润滑性能，并可能具有酸性。在间断使用时，根据具体情况隔半年至一年换油一次。

(4) 液压组件不要轻易拆卸，如必须拆卸时，应将零件清洗后放在干净地方，在重新装配时要防止金属屑、棉纱等杂质落入组件中。

二、液压传动机构故障分析及排除

液压传动机构系统常见的故障有：压力不足、欠速、噪声和振动、爬行、油温过高、冲击、泄漏，其产生故障的原因及排除方法见表 2—6—1。

表 2—6—1　　液压传动机构系统常见故障原因及排除方法

常见故障	产生原因	排除方法
系统工作压力失常，压力不足	液压泵进、出口装反或电动机反转	调换电动机接线，纠正液压泵进、出口方位
	电动机转速过低，功率不足，或液压泵磨损，泄露大	更换功率相匹配的电动机；修换磨损严重的液压泵
	压力阀阀芯卡死或阻尼孔堵塞，或阀芯与阀体之间严重内泄	查明原因，修复或更换阀
	泵的吸油管较细，吸油管密封性差，油液黏度太高、滤油器堵塞产生吸空现象等	适当加粗泵吸油管尺寸，加强吸油管路接头处的密封，使用黏度适当的油液，清洗滤油器等
欠速	油泵损坏或严重磨损，轴向、径向间隙太大，造成输油量和压力过小	检修或更换油泵
	油箱中油液少，滤油器堵塞，油液黏度太大而使吸油不畅	添加液压油，清理滤油器，使用黏度适当的油液
	系统组件中配合间隙大，内外泄漏太多	查明泄漏处进行修复
	压力控制阀、流量控制阀出现故障或被堵塞	找出原因，加以排除
	油缸的装配精度差，造成运动阻滞	提高油缸的装配精度
振动和噪声	液压泵吸空、液压泵磨损或损坏	检查吸油管浸油高度和油标高，修复或更换液压泵
	控制阀阻尼孔堵塞，调压弹簧变形或损坏，阀座损坏、密封不良或配合间隙过大	疏通阻尼孔，清理液压油，更换弹簧，修理或更换新阀

续表

常见故障	产生原因	排除方法
振动和噪声	机械系统引起诸如管道碰撞、泵与电动机间的联轴器安装不同轴、电动机和其他零件平衡不良、齿轮精度低等	加固管道，保证泵与电动机安装的同轴度，检查和平衡不平衡零件，更换精度高的齿轮等
	液压系统中油液的压力脉冲等	采用消振器
爬行	空气混入液压系统，在压力油中形成气泡	对各种产生进气的原因逐一采取措施排除，防止空气再进入系统
	油液中有杂质，将小孔堵塞，滑阀卡死	清洗油路、油箱，更换液压油，并注意保持清洁，定期更换油液
	导轨精度差，润滑不良，压板、镶条调得过紧	修刮导轨，加强润滑，调整压板或镶条间隙
	液压组件故障造成爬行，如节流阀小流量时不稳定，液压缸内表面拉毛等	更换节流阀，检修液压缸来排除故障
	采用静压润滑导轨时，润滑油控制装置失灵，润滑油供应不稳定或中断	通过调整或修理控制装置，排除爬行现象
系统升温	压力损耗大，压力能转换为热能，使油温升高；管路太长、弯曲过多、截面有变化；管子中污物多而增加压力损失；油液黏度太大等	更换管道，清理或更换液压油，选择合适黏度的油液
	连接、配合处泄漏，容积损耗大，使油温升高	查明泄漏处进行修复
	机械损失引起油温升高。如液压组件加工精度和装配质量差，安装精度差、润滑不良、密封过紧而使运动阻滞，摩擦损耗大；油箱太小，散热条件差，冷却装置发生故障等	提高液压组件的加工精度和安装精度，加强润滑，增大散热面积等
冲击	由于液流方向的迅速改变，使液流速度急速改变，出现瞬时高压造成冲击	可在液压缸的入口及出口设置小型安全阀；在液压缸的行程终点采用减速阀；在液压缸端部设置缓冲装置等
	液压缸缸体配合间隙过大，或密封破损，而工作压力调得过大	可重配活塞或更换活塞密封，并适当降低工作压力
泄漏	由于各液压组件的密封件损坏、油管破裂、配合件间隙增大、油压过高等原因，引起油液泄漏	找出原因，加以排除

任务 7　离合器传动机构的装配与调整

◆ **教学目标**

◎ 离合器传动机构的特点

◎ 牙嵌式离合器与摩擦离合器

◎ 离合器传动机构的装配技术要求

◎ 离合器传动机构的装配与调整

离合器传动机构是用来连接轴与轴或轴与回转零件，以传递运动和动力的机械装置。在机器的运转过程中，可将传动系统中的主动件和从动件随时分离和结合，所以对离合器传动机构的基本要求为：工作可靠，结合、分离迅速而平稳；操纵灵活，调节和修理方便；结构简单，重量轻，尺寸小，良好的散热能力和耐磨性。

任务提出

图 2—7—1 所示是 CA6140 型车床主轴箱内的双向多片式摩擦离合器，它的作用是实现主轴启动、停止、换向及主轴过载保护。离合器的装配、调整质量是主轴能否有效地快速换向和过载保护的关键。本任务要求完成 CA6140 型车床主轴箱内双向多片式摩擦离合器的安装和调整。

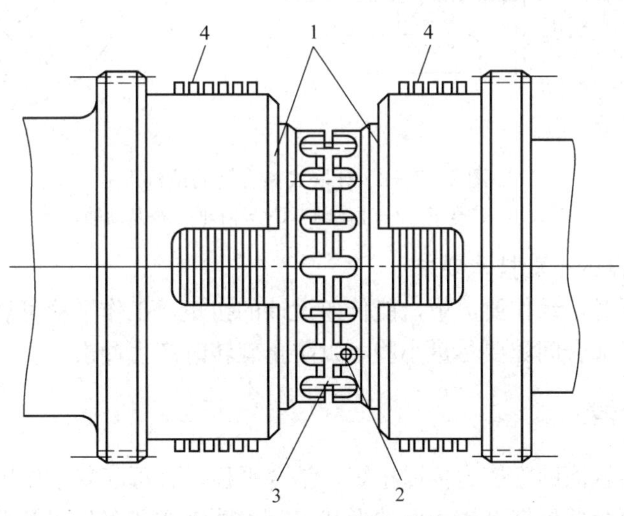

图 2—7—1　CA6140 型车床主轴箱内的双向多片式摩擦离合器

1—螺母　2—定位销　3—花键套　4—摩擦片

任务分析

如图 2—7—1 所示的双向多片式摩擦离合器分为两部分，左侧有 8 组摩擦片，可以实现主轴的正转；右侧有 4 组摩擦片，可以实现主轴的反转。内摩擦片套在主轴箱Ⅰ轴（主动）上；外摩擦片分别嵌入齿轮（从动）内。

任务步骤为：清洗零件→连接拉杆和压紧套→安装定位销→安装摩擦片→调整双向多片式摩擦离合器→安装套筒齿轮→装配轴承。

相关知识

离合器传动机构的种类很多，常用的有牙嵌式和摩擦式两种。

一、牙嵌式离合器

1. 牙嵌式离合器的结构

牙嵌式离合器靠啮合的牙面来传递扭矩，结构简单，但有冲击，如图 2—7—2 所示。它由两个端面制有凸齿的结合子组成，其中结合子 1 固定在主动轴 2 上，结合子 3 用导键或花键与从动轴 5 连接。通过操纵手柄控制的拨叉可带动结合子 3 轴向移动，使结合子 1 和 3 结合或分离。导向环 4 用螺钉固定在主动轴结合子上，在结合子 3 移动时导向和定心。

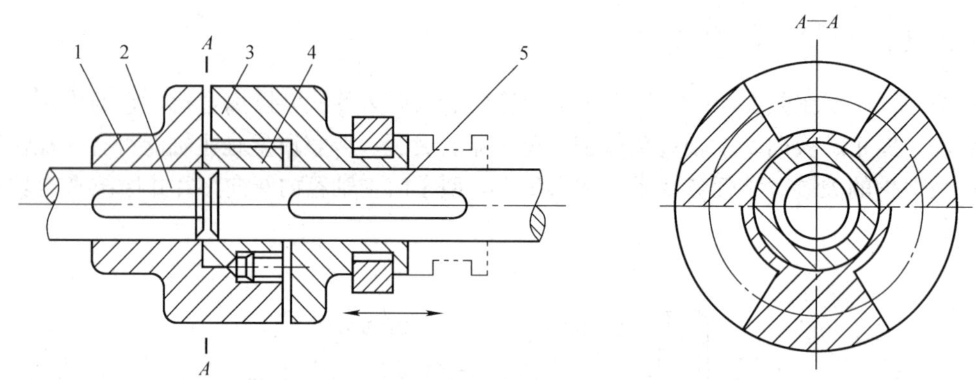

图 2—7—2　牙嵌式离合器的结构

1、3—结合子　2—主动轴　4—导向环　5—从动轴

2. 牙嵌式离合器的装配技术要求

(1) 结合和分开时，动作要灵敏，能传递设计的扭矩，工作平稳可靠。

(2) 结合子齿形啮合间隙要尽量小些，以防止旋转时产生冲击。

二、摩擦离合器

摩擦离合器靠接触面的摩擦力传递扭矩，结合平稳，且可起安全作用，但结构复杂，需要经常调整。摩擦离合器根据摩擦表面的形状可分为圆锥式和多片式等类型。

1. 圆锥式摩擦离合器

如图 2—7—3 所示为圆锥式摩擦离合器，它利用内外锥面的紧密结合，把主动齿轮的运动传给从动齿轮。装配时，要用涂色法检查圆锥面，其接触斑点应均匀分布在整个圆锥面上，如图 2—7—4 所示。若接触位置不正确，可通过刮削或磨削方法来修整。要保证结合时有足够的压力把两锥体压紧，断开时应完全脱开。

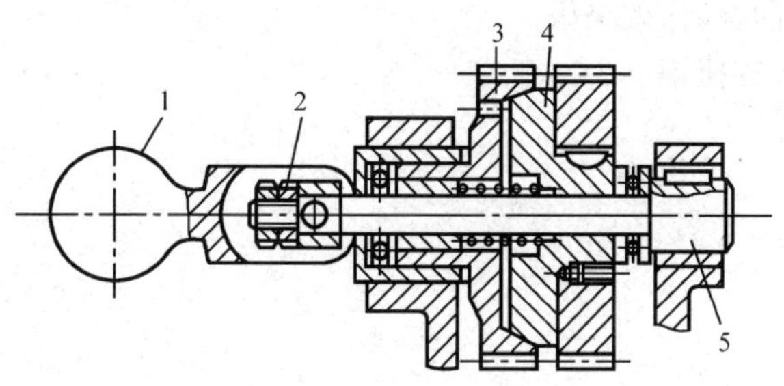

图 2—7—3　圆锥式摩擦离合器

1—手柄　2—螺母　3、4—锥面　5—可调节轴

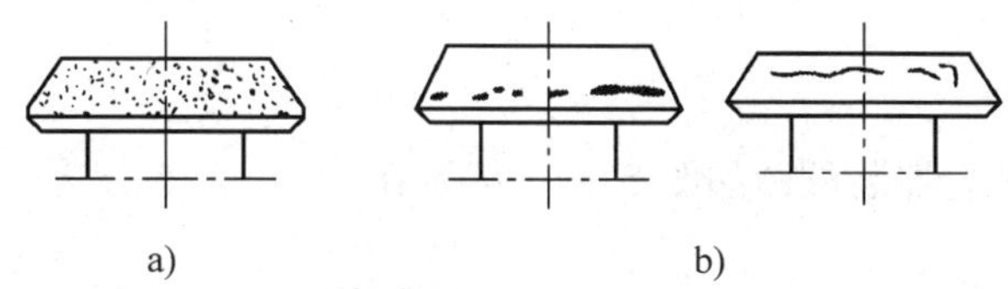

图 2—7—4　锥体涂色检查

a）正确　b）错误

2. 多片式摩擦离合器

如图 2—7—5 所示为多片式摩擦离合器，它由多片外摩擦片 2、内摩擦片 3 相间排叠，内摩擦片 3 经花键孔与主动轴 4 连接，随轴一起转动。外摩擦片 2 空套在主动轴上，其外圆有 4 个凸缘，卡在空套主动轴上套筒齿轮 1 的 4 个缺口槽中，压紧套 5 和调整螺圈 6 在主动轴 4 上移动，可以压紧或松开摩擦片。压紧内、外摩擦片时，主动轴通过内、外摩擦片间的摩擦力带动空套齿轮转动；松开摩擦片时，套筒齿轮停止转动。

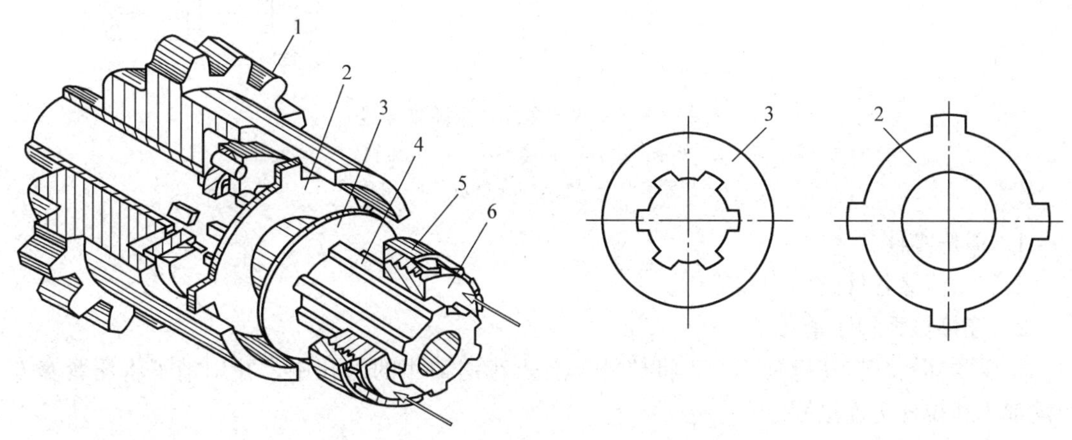

图 2—7—5　多片式摩擦离合器

1—套筒齿轮　2—外摩擦片　3—内摩擦片　4—主动轴　5—压紧套　6—调整螺圈

3．摩擦离合器的装配技术要求

（1）在结合与分开时动作要灵敏。

（2）能够传递足够的扭矩。

（3）工作平稳可靠。

任务实施

一、准备工作

1．设备与零件

双向多片式摩擦离合器上的拉杆、压紧套、定位销、摩擦片等所有零件。

2．工具

锤子、1 套梅花扳手、1 套组合式旋具、紫铜棒，以及油盘和若干干净棉纱、机油。

二、操作步骤

双向多片式摩擦离合器装配图如图 2—7—6 所示。

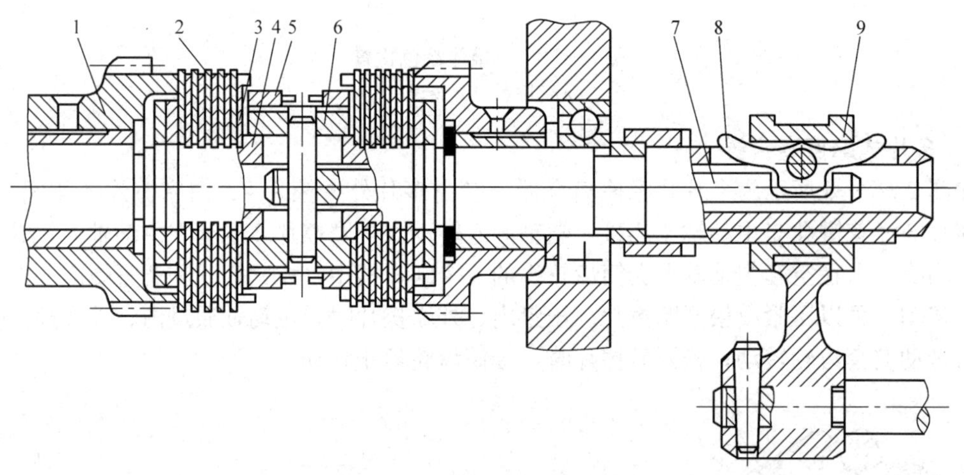

图 2—7—6　双向多片式摩擦离合器

1—套筒齿轮　2—外摩擦片　3—内摩擦片　4—花键轴　5—调整螺母

6—压紧套　7—拉杆　8—摆板　9—滑环

1．清洗零件

安装前清除各件的污物和毛刺。

2．连接拉杆和压紧套

将压紧套 6 套在花键轴 4 上，将拉杆 7 装入花键轴 4 的内孔中，并用销子将压紧套 6、花键轴 4 和拉杆 7 连接固定。

3．安装定位销

在压紧套 6 上装上定位销（见图 2—7—1），并旋入两只调整螺母 5，注意使两只调整螺母缺口相对。

4. 安装摩擦片

在花键轴 4 上，压紧套左右两侧分别装入 8 组和 4 组相间排叠的外摩擦片 2 和内摩擦片 3，注意使外摩擦片的凸缘对齐。

5. 调整双向多片式摩擦离合器

装配时，摩擦片间隙要适当，如果间隙过大，操纵时压紧力不够，内、外摩擦片会打滑，传递扭矩小，摩擦片也容易发热、磨损；如果间隙太小，操纵压紧费力，且失去保险作用，停车时，摩擦片不易脱开，严重时可导致摩擦片烧坏，所以必须调整适当。

调整方法是：如图 2—7—1 所示，先将定位销 2 压入螺母 1 的缺口下，然后转动调整螺母 1 调整间隙。调整后，要使定位销弹出，重新进入螺母的缺口中，以防止螺母在工作过程中松脱。

6. 安装套筒齿轮

分别将套筒齿轮 1 套入两组内、外摩擦片上，并固定在花键轴上。

7. 装配轴承

花键轴两侧装上轴承，把Ⅰ轴部件装入箱体。

三、文明操作

（1）禁止使用有裂纹、带毛刺、手柄松动等不合要求的工具，并严格遵守常用工具安全操作规程。

（2）装配工具摆放应有一定的规律性，严禁乱堆乱放。

（3）检查拆卸或装配工作中间停止或休息时，零件必须放稳妥。

（4）保持工作场地的清洁。装配工作结束后，对所用过的设备都应按照要求清理，及时清扫工作场地，并将清洗纱布等放至指定位置。

四、注意事项

（1）离合器安装时两轴承带油盖的一侧朝向离合器内腔，以防工作时轴承内的黄油甩入摩擦片表面，引起离合器打滑。

（2）离合器装好后，用手沿轴向推离合器壳，这时不得有明显的轴向移动，否则应拆卸检查。

任务评价

评分标准

序号	项目与技术要求	配分	评分标准	检测结果	得分
1	安装前清除带轮的污物和毛刺	5	不清除扣 5 分		
2	准备工作充分	5	工具不齐全扣 5 分		
3	安装压紧套和拉杆正确	10	安装方法不正确扣 10 分		
4	安装定位销和调整螺母正确	10	安装方法不正确扣 10 分		

续表

序号	项目与技术要求	配分	评分标准	检测结果	得分
5	安装两组摩擦片正确	20	安装方法不正确扣 10 分		
6	安装两个套筒齿轮正确	20	安装不正确全扣		
7	离合器间隙调整正确	20	不调整扣 10 分 调整方法不正确扣 10 分		
8	安全文明操作	10	酌情扣分		

思考与练习

1. 简述摩擦离合器的装配技术要求。
2. 简述双向多片式摩擦离合器的装配要点。

3 模块三 部件装配

任务1　主轴部件的装配与调试

◆ **教学目标**

◎ 滚动轴承的装配技术要求

◎ 滚动轴承游隙的调整

◎ 滚动轴承的预紧

◎ 主轴轴组的装配

◎ 主轴轴组的精度检验

◎ 主轴轴组的调整

◎ 滚动轴承及主轴部件的检查与修理

轴是机械装置中重要的零件，它与轴上零件，如齿轮、带轮及两端轴承支座等的组合称为轴组。轴组的装配是将装配好的轴组组件，正确地安装在机器中，并保证其正常工作要求。

任务提出

如图3—1—1所示是CA6140型车床主轴轴组，它是车床的关键部分，在工作中承受很大的扭矩，安装、调整主轴轴组质量的好坏将影响车床的工作精度。本任务要求将轴组装入箱体（或机架）中，进行轴承固定、游隙调整、轴承预紧、轴承密封和轴承润滑装置的装配等。

任务分析

CA6140型车床主轴轴组由前、后两种轴承支撑。前端支撑采用双列圆柱滚子轴承1，用于承受径向力；后端支撑由推力球轴承2和角接触球轴承3组成，分别用于承受轴向力（左、右）和径向力。安装该轴组，首先要进行主轴的组装，然后将其正确地安装在主轴箱中，进行轴承固定、游隙调整、轴承预紧等装配工序，并达到装配的技术要求，从而保证车床主轴的正常工作。

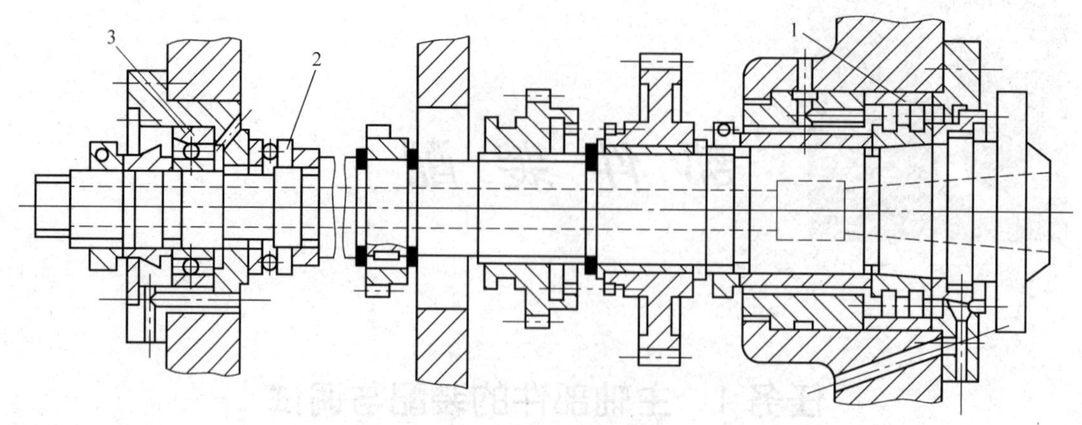

图 3—1—1　CA6140 型车床主轴轴组

1—双列圆柱滚子轴承　2—推力球轴承　3—角接触球轴承

任务步骤为：组装主轴并装入主轴箱→检验主轴轴组精度→调整主轴轴组。

相关知识

一、滚动轴承

1．滚动轴承的装配技术要求

（1）装配前，应用煤油等清洗轴承和清除其配合表面的毛刺、锈蚀等缺陷。

（2）装配时，应将标记代号的端面装在可见方向，以便更换时查对。

（3）轴承必须紧贴在轴肩或孔肩上，不允许有间隙或歪斜现象。

（4）同轴两个轴承中，必须有一个轴承在轴受热膨胀时有轴向移动的余地。

（5）装配轴承时，作用力应均匀地作用在待配合的轴承环上，不允许通过滚动体传递压力。

（6）装配过程中应保持清洁，防止异物进入轴承内。

（7）装配后的轴承应运转灵活、噪声小，温升不得超过允许值。

（8）与轴承相配合零件的加工精度应与轴承精度相对应，一般轴的加工精度取轴承同级精度或高一级精度；轴承座孔则取同级精度或低一级精度。

2．滚动轴承游隙的调整

滚动轴承的游隙是指将轴承的一个套圈固定，另一个套圈沿径向或轴向的最大活动量，分径向游隙和轴向游隙两种。

滚动轴承的游隙不能太大，也不能太小。游隙太大，会造成同时承受载荷的滚动体的数量减少，使单个滚动体的载荷增大，从而降低轴承的寿命和旋转精度，引起振动和噪声；游隙过小，轴承发热，硬度降低，磨损加快，同样会使轴承的使用寿命降低。因此，许多轴承在装配时都要严格控制和调整游隙。其方法是使轴承的内、外圈做适当的轴向相对位移来保证游隙。

（1）调整垫片法。通过调整轴承盖与壳体端面间的垫片厚度 δ，来调整轴承的轴向游隙（见图 3—1—2）。

（2）调整螺钉法。如图 3—1—3 所示，调整的顺序是：先松开锁紧螺母 2，再调整螺钉 3，待游隙调整好后再拧紧锁紧螺母 2。

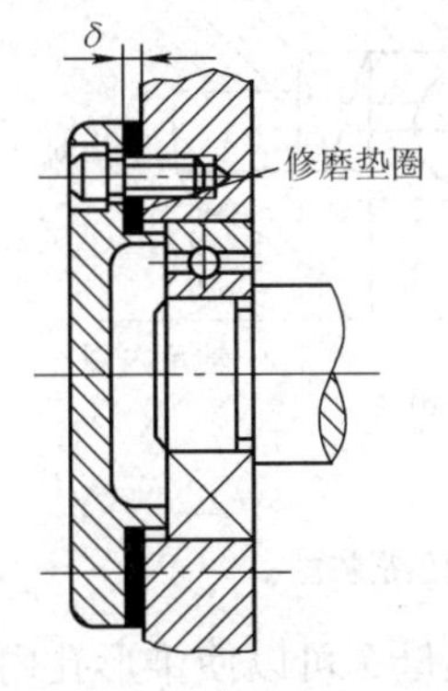

图 3—1—2　调整垫片法

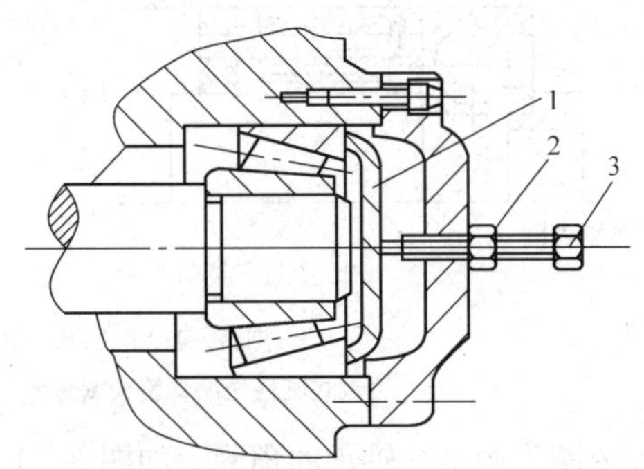

图 3—1—3　调整螺钉法
1—压盖　2—锁紧螺母　3—螺钉

3. 滚动轴承的预紧

滚动轴承预紧的原理如图 3—1—4 所示。对于承受载荷较大、旋转精度要求较高的轴承，大都是在无游隙甚至有少量过盈的状态下工作的，这些都需要轴承在装配时进行预紧。预紧就是轴承在装配时，给轴承的内圈或外圈施加一个轴向力，以消除轴承游隙，并使滚动体与内、外圈接触处产生初变形。预紧能提高轴承在工作状态下的刚度和旋转精度。

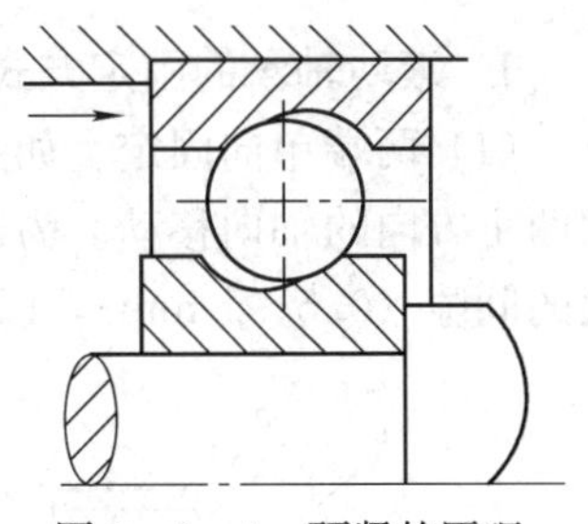
图 3—1—4　预紧的原理

滚动轴承的预紧方法有：

（1）成对使用角接触球轴承的预紧。成对使用角接触球轴承有三种装配方式，如图 3—1—5 所示，其中图 a 为背靠背式（外圈宽边相对）安装；图 b 为面对面式（外圈窄边相对）安装；图 c 为同向排列式（外圈宽窄相对）安装。若按图示方向施加预紧力，通过在成对安装轴承之间配置厚度不同的轴承内、外圈间隔套使轴承紧靠在一起，来达到预紧的目的。

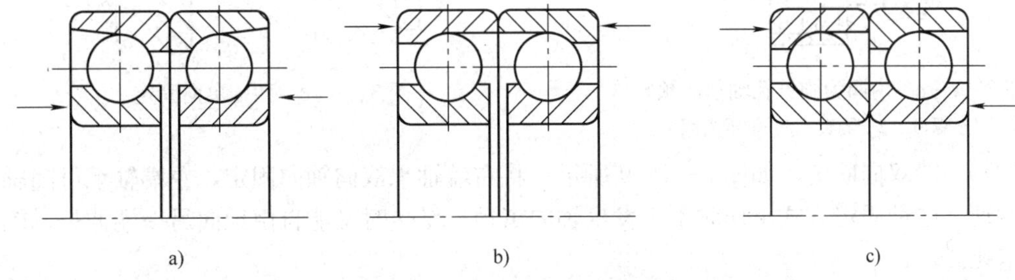

图 3—1—5　成对安装角接触球轴承的预紧
a）背靠背式　b）面对面式　c）同向排列式

（2）单个角接触球轴承的预紧。如图 3—1—6a 所示，轴承内圈固定不动，调整螺母改变圆柱弹簧的轴向弹力大小来达到轴承预紧。如图 3—1—6b 所示，轴承内圈固定不动，在轴承外圈的右端面安装圆形弹簧片对轴承进行预紧。

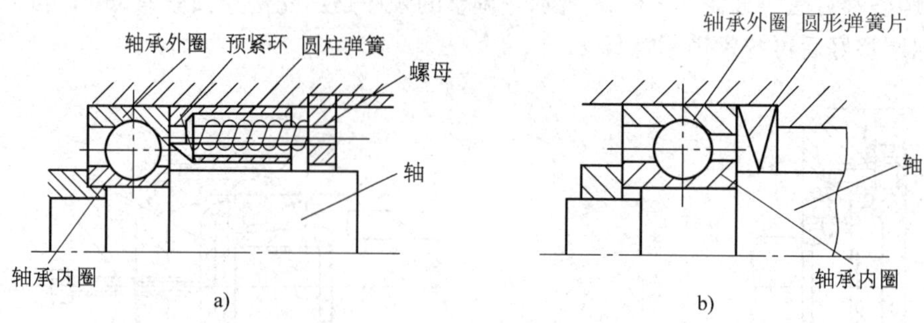

图 3—1—6 单个角接触轴承的预紧

a）可调式圆柱压缩弹簧预紧装置 b）固定圆形片式弹簧预紧装置

（3）内圈为圆锥孔轴承的预紧。如图 3—1—7 所示，拧紧螺母 1 可以使锥形孔内圈往轴颈大端移动，使内圈直径增大形成预负荷来实现预紧。

二、轴组的装配

1．滚动轴承的固定方式

（1）两端单向固定。如图 3—1—8 所示，在轴两端的支撑点用轴承盖单向固定，分别限制两个方向的轴向移动。为避免轴受热伸长而使轴承卡住，在右端轴承外圈与端盖间留有不大的间隙（0.5～1 mm），以便游动。

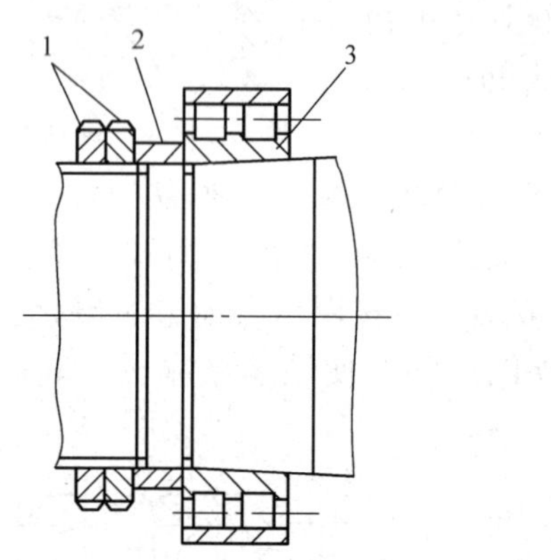

图 3—1—7 内圈为圆锥孔轴承的预紧

1—螺母 2—隔套 3—轴承内圈

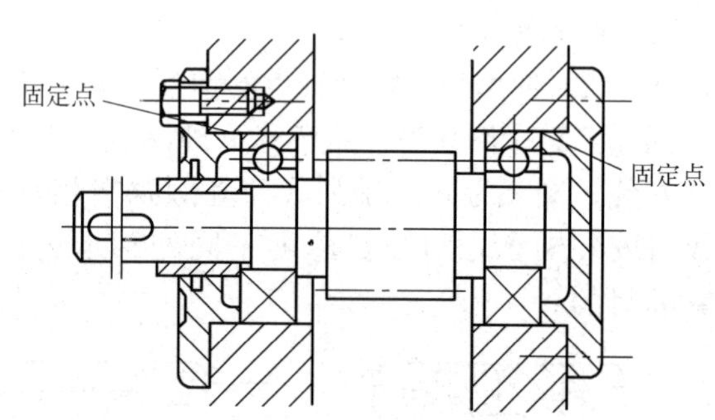

图 3—1—8 两端单向固定

（2）一端双向固定。如图 3—1—9 所示，将右端轴承双向轴向固定，左端轴承可随轴做轴向游动。这种固定方式工作时不会发生轴向窜动，受热时又能自由地向另一端伸长，轴不致被卡死。

若游动端采用内、外圈可分的圆柱滚子轴承，此时，轴承内、外圈均需双向轴向固定，当轴受热伸长时，轴带着内圈相对于外圈游动，如图 3—1—10 所示。

如果游动端采用内、外圈不可分离型深沟球轴承或调心球轴承，此时，只需轴承内圈双向固定，外圈可在轴承座孔内游动，轴承外圈与座孔之间应取间隙配合，如图 3—1—11 所示。

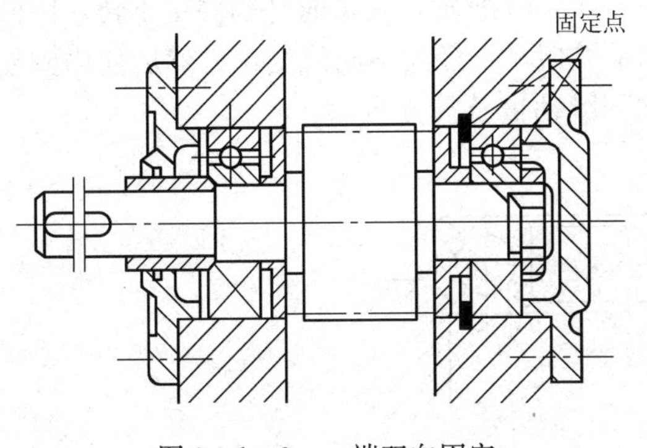

图 3—1—9　一端双向固定

图 3—1—10　内、外圈双向轴向固定

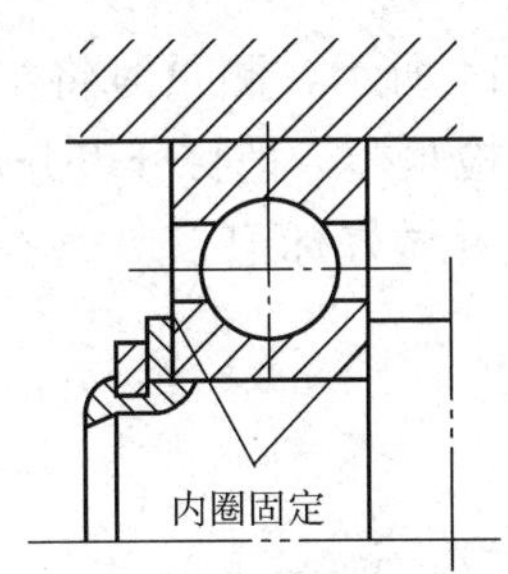

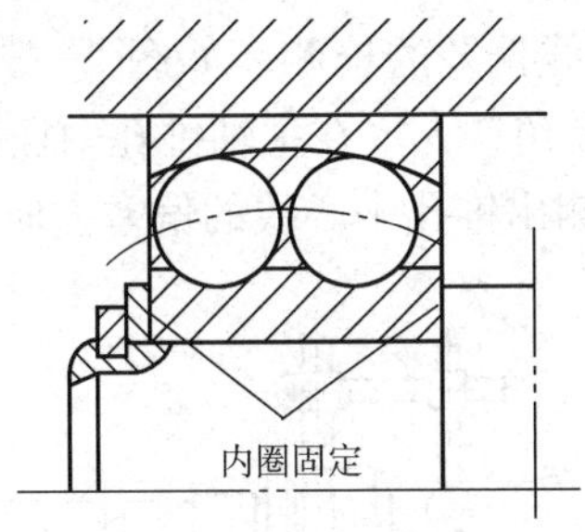

图 3—1—11　内圈双向固定

2. 滚动轴承的定向装配

对精度要求较高的主轴部件，为了提高主轴的回转精度，轴承内圈与主轴装配及轴承外圈与箱体孔装配时，常采用定向装配的方法。定向装配就是人为地控制各装配件径向圆跳动的方向，合理组合，采用误差相互抵消来提高装配精度的一种方法。装配前需对主轴轴端锥孔中心线偏差及轴承的内、外圈径向圆跳动误差进行测量，确定误差方向并做好标记。

(1) 装配件误差的检测方法

1) 轴承外圈径向圆跳动误差检测。如图 3—1—12 所示，测量时，转动外圈并沿百分表方向压迫外圈，百分表的最大读数则为外圈径向圆跳动误差。

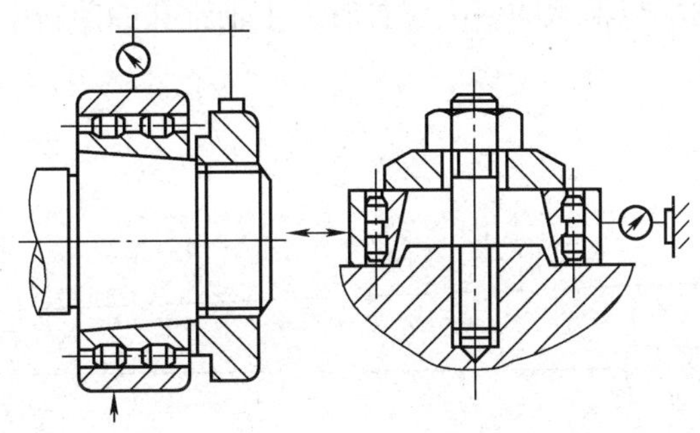

图 3—1—12　外圈径向圆跳动误差检测

2）轴承内圈径向圆跳动误差检测。如图 3—1—13 所示，测量时外圈固定不转，内圈端面上施以均匀的测量负荷 F，F 的数值根据轴承类型及直径的不同而变化，然后使内圈旋转一周以上，便可测得轴承内圈内孔表面的径向圆跳动量及其方向。

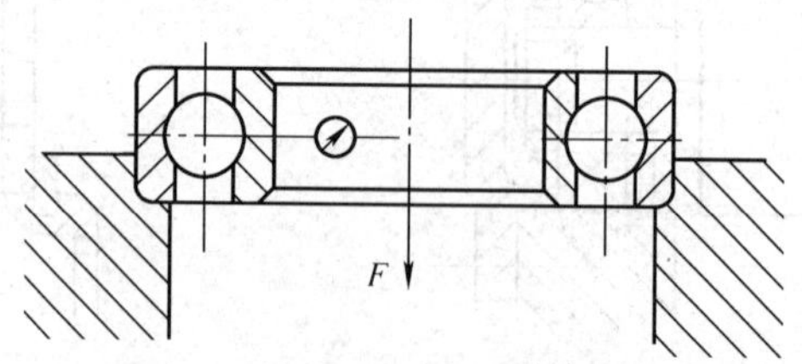

图 3—1—13　内圈径向圆跳动误差检测

3）主轴锥孔中心线偏差的检测。如图 3—1—14 所示，测量时将主轴轴颈置于 V 形架上，轴向用钢球支撑在角铁上，在主轴锥孔中插入检验棒，把百分表分别支在近主轴端及距主轴 L 处，转动主轴测出锥孔中心线的偏差方向，并做好标记。

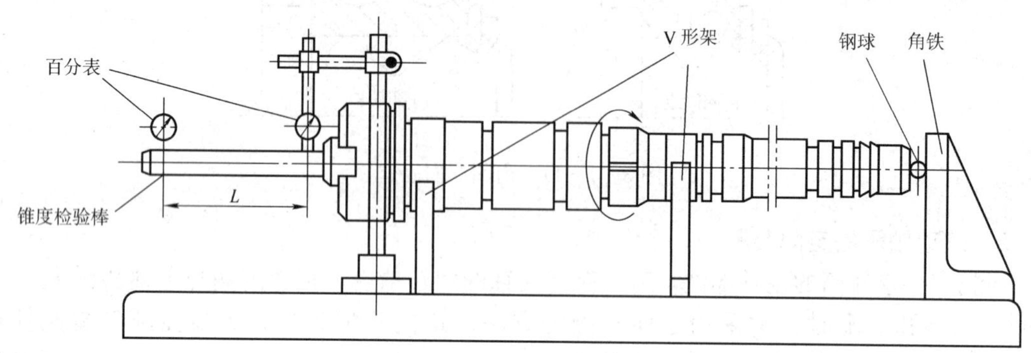

图 3—1—14　主轴锥孔中心线偏差的检测

（2）定向装配。装配时，轴承内圈径向圆跳动量较大的放在后支撑上。前、后支撑中各轴承内圈径向圆跳动的最高点位置（标记）应置于同一方向，且与主轴所标最高点的方向相反，使被测表面中心向实际旋转中心 O_2 靠拢，如图 3—1—15 所示。当前、后轴承的内圈分别有偏心误差 $\delta_{前}$ 和 $\delta_{后}$，且 $\delta_{后}>\delta_{前}$，主轴锥孔中心线 O_3 与支撑轴颈公共轴线 O_1 有偏离 δ，按定向装配的原则确定轴承与轴颈的装配位置时，主轴锥孔的回转中心线将出现最小的径向圆跳动误差 Δ。

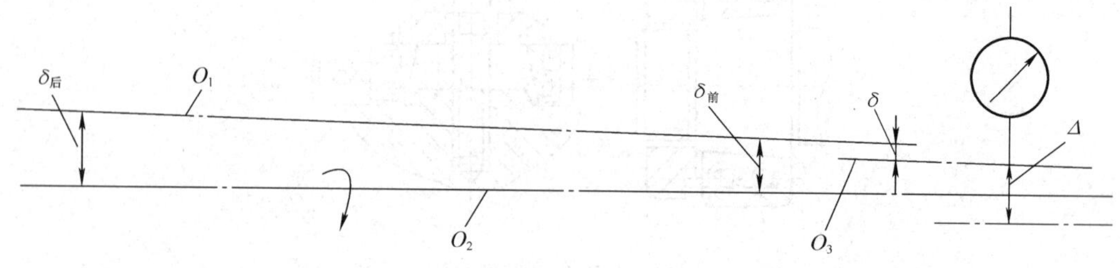

图 3—1—15　定向装配原则示意图

按定向装配法装配后的轴承，应保证其内圈与轴颈不再发生相对转动，否则将丧失轴承已获得的调整精度。

任务实施

一、准备工作

1．设备与零件

CA6140 型车床主轴箱，主轴、密封套、双列圆柱滚子轴承、齿轮、衬套等相关零件。

2．量具

1 套杠杆百分表及磁性表座、0～25 mm 千分尺、150 mm 游标卡尺。

3．工具

内六角扳手、通用扳手、8 英寸细齿平锉刀、紫铜棒、一字旋具、撬杠，以及油盘和若干砂纸、干净棉纱、干净煤油。

二、操作步骤

如图 3—1—16 所示为 CA6140 型车床主轴轴组，装配过程及顺序如下：

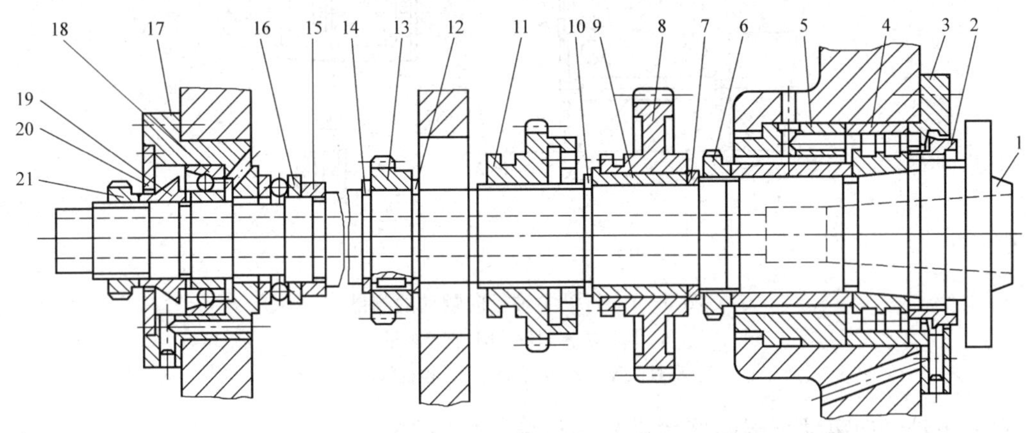

图 3—1—16　CA6140 型车床主轴轴组

1—主轴　2—密封套　3—前轴承端盖　4—双列圆柱滚子轴承　5—阻尼套筒
6、21—螺母　7、15—垫圈　8、11、13—齿轮　9—衬套　10、12、14—开口垫圈
16—推力球轴承　17—后轴承壳体　18—角接触球轴承　19—锥形密封套　20—盖板

1．组装主轴并装入主轴箱

（1）将阻尼套筒 5 的外套和双列圆柱滚子轴承 4 的外圈及前轴承端盖 3 装入主轴箱体前轴承孔中，并用螺钉将前轴承端盖固定在箱体上。

（2）把主轴分组件（由主轴 1、密封套 2、双列圆柱滚子轴承 4 的内圈及阻尼套筒 5 的内套组装而成）从主轴箱前轴承孔中穿入。在此过程中，从箱体上面依次将螺母 6、垫圈 7、齿轮 8、衬套 9、开口垫圈 10、齿轮 11、开口垫圈 12、键、齿轮 13、开口垫圈 14、垫圈 15 及推力球轴承 16 装在主轴 1 上，并将主轴安装至要求的位置。适当预紧螺母 6，防止轴承内圈因转动改变方向。

（3）从箱体后端，将后轴承壳体分组件（由后轴承壳体 17 和角接触球轴承 18 的内圈组装而成）装入箱体，并拧紧螺钉。

（4）将角接触球轴承 18 的内圈按定向装配法装在主轴上。敲击时用力不要过大，以免主轴移动。

（5）依次装入锥形密封套 19、盖板 20、螺母 21，并拧紧所有螺钉。

（6）对装配情况进行全面检查，以防止遗漏和错装。

2．检验主轴轴组精度

（1）主轴径向跳动（径向圆跳动）的检验。如图 3—1—17a 所示，在锥孔中紧密地插入一根锥柄检验棒，将百分表固定在机床上，使百分表测头顶在检验棒表面上，旋转主轴，分别在靠近主轴端部的 a 点和距 a 点 300 mm 远的 b 点检验。a、b 的误差分别计算，主轴转一转，百分表读数的最大差值，就是主轴的径向圆跳动误差。为了避免检验棒锥柄配合不良的影响，拔出检验棒，相对主轴旋转 90°，重新插入主轴锥孔内，依次重复检验 4 次，4 次测量结果的平均值为主轴的径向圆跳动误差。主轴径向圆跳动也可按图 3—1—17b 所示，直接测量主轴定位轴颈，主轴旋转一周，百分表的最大读数差值为主轴径向圆跳动误差。

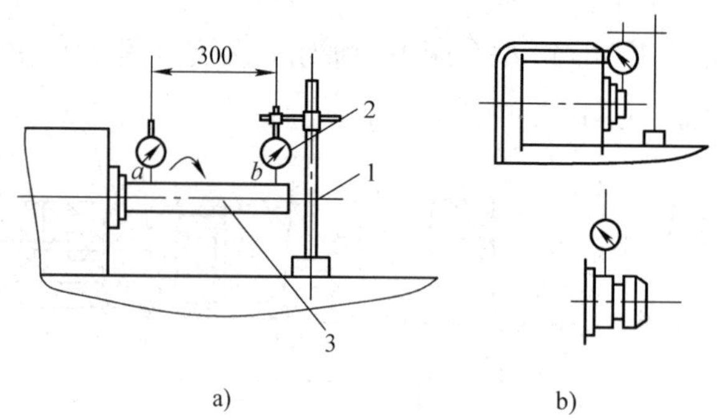

图 3—1—17　主轴径向跳动的测量

a）用检验棒测量　b）直接测量

1—磁性表座　2—百分表　3—锥柄检验棒

（2）主轴轴向窜动（端面圆跳动）的检验。如图 3—1—18 所示，在主轴锥孔中紧密地插入一根锥柄短检验棒，中心孔中装入钢球（钢球用黄油粘上），百分表固定在床身上，使百分表测头顶在钢球上。旋转主轴检查，百分表读数的最大差值，就是主轴轴向窜动误差。

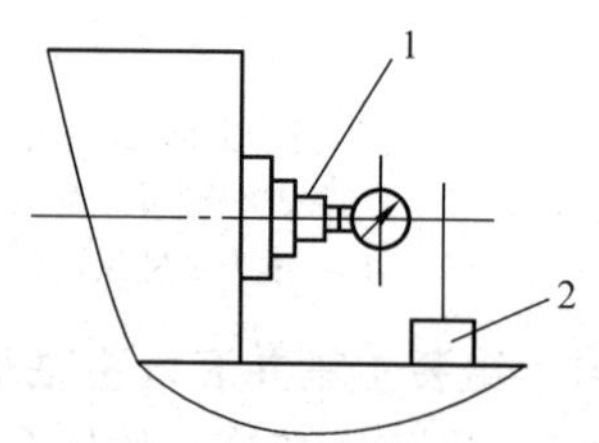

图 3—1—18　主轴轴向窜动的测量

1—锥柄检验棒　2—磁性表座

3．调整主轴轴组

（1）主轴轴组的预装调整。预装调整的目的是为了检查组成主轴轴组的各零件是否能达到规定的装配要求，同时便于移动和调整主轴。主轴轴承的调整顺序，一般是先调整固定支撑，再调整游动支撑。因 CA6140 型车床主轴后轴承对轴有双向轴向固定作用，未调整之前，主轴可以任意翘动，不能定心，影响前轴承调整的准确性。因此，主轴前、后轴承的调整顺序是：先调整后轴承，再调整前轴承。

1）后轴承的调整。如图 3—1—16 所示，可将螺母 6 松开，旋转螺母 21，逐渐收紧角接触球轴承 18 和推力球轴承 16。用百分表触及主轴前端面，用适当的力前后推动主轴，保证轴向间隙在 0.01 mm 之内。同时用手转动大齿轮 8，若感觉不太灵活，可以在后端敲击，直到手感觉主轴旋转灵活自如后，再将两螺母锁紧。

2）前轴承的调整。如图 3—1—16 所示，逐渐拧紧螺母 6，通过阻尼套筒 5 内套的移动，使双列圆柱滚子轴承 4 的内圈做轴向移动，迫使内圈胀大。如图 3—1—19 所示，用百分表触及主轴前端轴颈处，撬动杠杆使主轴受 200～300 N 的径向力（F），保证轴承径向间隙在 0.005 mm 之内，且大齿轮转动灵活，最后将螺母 6 锁紧。

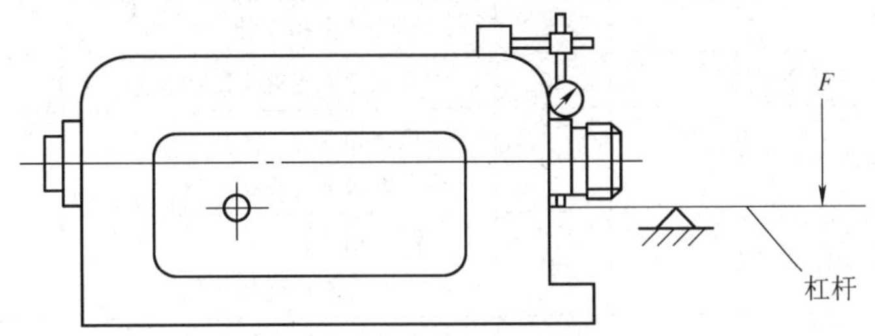

图 3—1—19　主轴径向间隙的检查

（2）主轴轴组的试车调整。机床正常运转时，随着主轴箱内温度的升高，主轴轴承间隙会发生变化。因此，主轴的间隙，一般应在机床温升稳定后再进行调整。试车调整方法如下：按要求给主轴箱加入润滑油，适当拧松螺母 6 和螺母 21（见图 3—1—16），用木锤（或铜棒）在主轴前、后端适当振击，使轴承回松。保持间隙在 0～0.02 mm 之内。主轴从低速到高速空运转时间不超过 2 小时，在最高速的运转时间不少于 30 min，一般温升不超过 60℃即可。停车后锁紧螺母 6 和螺母 21（见图 3—1—16），结束调整工作。

三、文明操作

（1）禁止使用有裂纹、带毛刺、手柄松动等不合要求的工具，并严格遵守常用工具安全操作规程。

（2）装配工具摆放应有一定的规律性，严禁乱堆乱放。

（3）检查拆卸或装配工作中间停止或休息时，零件必须放稳妥。

（4）清除铁屑必须采用工具，禁止用手拿及用嘴吹。

（5）保持工作场地的清洁。装配工作结束后，对所用过的设备都应按照要求清理，及时清扫工作场地，并将清洗纱布等放至指定位置。

四、注意事项

（1）装配轴承内圈时，应先检查其内锥面与主轴锥面的接触面积，一般应大于 50%。如果锥面接触不良，收紧轴承时，会使轴承内滚道发生变形，破坏轴承精度，降低轴承使用寿命。

（2）单个轴承装配时尽可能使主轴定位内孔与主轴轴径的偏心量和轴承内圈与滚道的偏心量接近，并使其方向相反，这样可使装配后的偏心量减小。

（3）两支撑的主轴轴承安装时，应使前、后两支撑轴承的偏心量方向相同，并适当选择偏心距的大小。前轴承的精度应比后轴承的精度高一个等级，以使装配后主轴部件的前端定位表面的偏心量最小。

(4) 过盈配合的轴承装配时需采用热装或冷装工艺方法进行安装，不要蛮力敲砸，以免在安装过程中损坏轴承，影响机床性能。

任务评价

评分标准

序号	项目与技术要求	配分	评分标准	检测结果	得分
1	安装前清除各零件污物和毛刺	5	不清除扣 5 分		
2	准备工具充分	5	工具不齐全扣 5 分		
3	主轴部件安装顺序正确	20	安装顺序不正确 1 次扣 3 分		
4	主轴径向圆跳动检查正确	10	不检查扣 5 分 检查方法不正确扣 5 分		
5	主轴轴向窜动检查正确	10	不检查扣 5 分 检查方法不正确扣 5 分		
6	主轴后轴承调整正确	10	不调整扣 5 分 调整方法不正确扣 5 分		
7	主轴前轴承调整正确	10	不调整扣 5 分 调整方法不正确扣 5 分		
8	主轴试车与调整正确	20	安装后不试车扣 10 分 试车后不调整扣 10 分		
9	文明安全操作	10	酌情扣分		

思考与练习

1. 简述滚动轴承的装配技术要求。
2. 简述滚动轴承定向装配的要点。

知识拓展

滚动轴承及主轴部件的检查与修理

1. 滚动轴承的修理

滚动轴承在长期使用中会出现磨损或损坏，发现故障后应及时调整或修理，否则轴承将会很快地损坏。滚动轴承损坏的形式有工作游隙增大，工作表面产生麻点、凹坑或裂纹等。

对于轻度磨损的轴承可通过清洗轴承、轴承壳体，更换润滑油和精确调整间隙的方法来恢复轴承的工作精度和工作效率。

对于磨损严重的轴承，一般采取更换处理。

2. 主轴部件的检查与修理

(1) 主轴的检查与修理。主轴精度直接影响装配后的回转精度，因此，要对各配合表面的尺寸精度、表面粗糙度和形位精度（如圆度、直线度、同轴度、径向圆跳动和端面圆跳动等）进行检查，对不合要求处应进行修理。轴颈处的磨损，通常采用镀铬法进行修复，也可通过喷涂法和镶套法进行修复。当磨损较严重时，可采用振动堆焊的方法，堆焊厚度一般可达 1～1.5 mm，堆焊后再用机械加工方法加工至要求的精度。

（2）主轴箱体孔的检查与修理

1）检查。将箱体放在镗床工作台上，用 2 个千斤顶支撑底面并进行找正，如图 3—1—20 所示，在镗刀杆上装一杠杆百分表，检测前、后主轴孔同轴度，一般不超过 0.015 mm；同时检查两端面 B 和 C 对主轴孔的垂直度，在安装连接盘的直径范围内不应超过 0.015 mm；再检查孔的直线度，一般不应超过 0.01 mm。

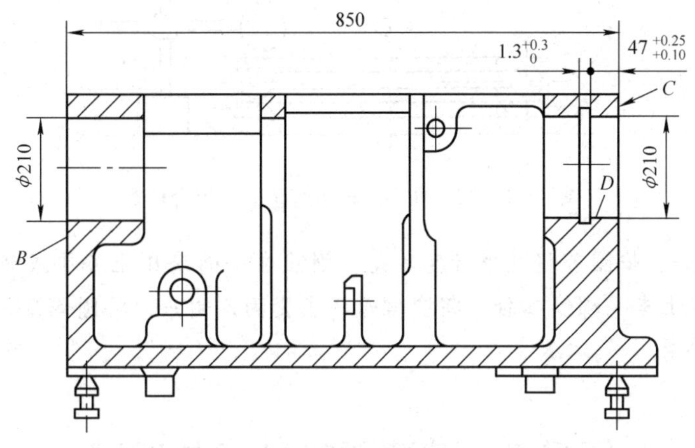

图 3—1—20　主轴箱体孔的检查

2）修理。如果主轴孔严重损坏，特别是前轴承孔配合过松或有较大的锥度及圆度误差，都将直接引起轴承外圈变形，降低轴承精度，常采用镶套法修理。

（3）后轴承壳体的检查与修理

1）如图 3—1—21 所示，首先检测后轴承壳体内孔 ϕ180 mm 的尺寸精度是否合格，其直线度和圆度一般允差为 0.01 mm。

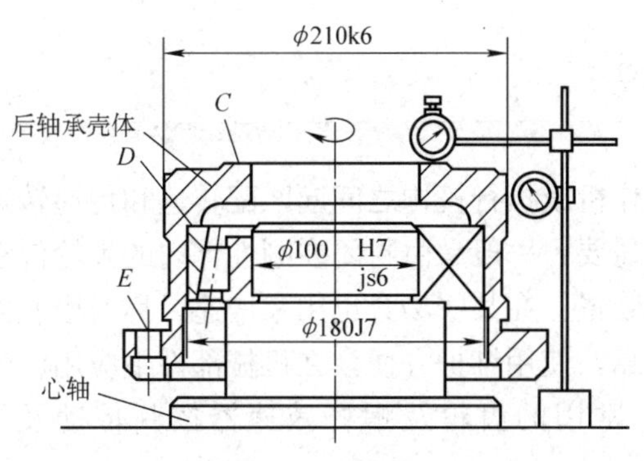

图 3—1—21　后轴承壳体的检查

2）将轴承外圈装进后轴承壳体，再将轴承内圈装在检查心轴上，将其置于平板上（见图 3—1—21），用千分表检查外径 ϕ 210 mm 的圆跳动，不应超过 0.01 mm，端面 C、E 的圆跳动不应超过 0.005 mm，若超过误差限则要刮研 C、E 面至要求尺寸。

（4）衬套、垫圈、圆螺母的检查与修理

1）检查。在标准平板上用涂色法检查衬套、垫圈、圆螺母两端面的接触面，一般不应低于 85%；再用杠杆千分尺检查两端面平行度（允差为 0.005 mm），而后将垫圈、开口垫圈与推力球轴承组合起来，放在标准平板上（见图 3—1—22），用百分表在 4 个方向上测量平行度（允差 0.005 mm）。

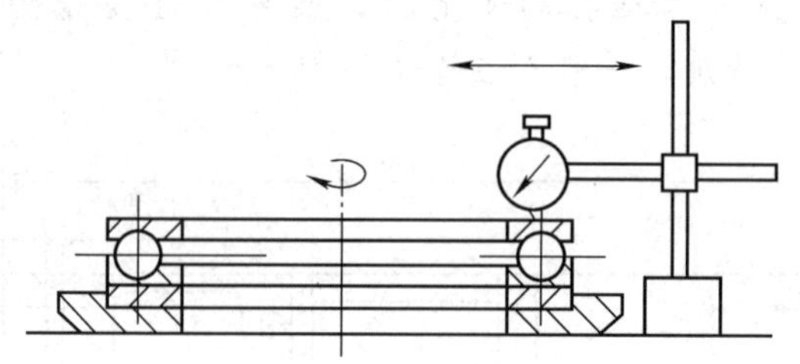

图 3—1—22 推力球轴承与垫圈的组合检查

2）修理。衬套、垫圈若超过平行度允差，则应在平面磨床上磨平或研磨达到要求。对于圆螺母可在车床上车一螺纹心轴，将圆螺母拧上紧固，用车刀将圆螺母与衬套接触的平面车平，使之符合要求。

任务 2 减速器的装配与调试

◆ **教学目标**

◎ 减速器的特点

◎ 减速器的装配技术要求

◎ 减速器零件清洗

◎ 零件的预装

◎ 减速器的装配与调整

减速器在原动机和工作机或执行机构之间起匹配转速和传递转矩的作用，用来降低转速和增大转矩，以满足工作需要，一般是由封闭在刚性体内的齿轮传动、蜗杆传动、齿轮一蜗杆传动所组成的独立运动装置。在某些场合也用来增速，称为增速器。减速器结构紧凑、效率较高，传递运动准确可靠，使用维护方便，在机械部件中应用广泛。

减速器的种类很多，常用的齿轮及蜗杆减速器按其传动及结构特点，大致可分为三类：

（1）齿轮减速器。主要有圆柱齿轮减速器、圆锥齿轮减速器和圆锥一圆柱齿轮减速器。

（2）蜗杆减速器。主要有圆柱蜗杆减速器、圆弧旋转面蜗杆减速器、圆锥蜗杆减速器和蜗杆一齿轮减速器，其中圆柱蜗杆减速器应用最广泛。

（3）行星减速器。主要有渐开线行星齿轮减速器、摆线针轮减速器和谐波减速器。

任务提出

如图 3—2—1 所示为蜗杆减速器装配图。减速器由箱体、齿轮、蜗杆、蜗轮、轴、轴承和盖板等组成。箱体上有固定的箱盖，箱体内贮有润滑油，蜗轮部分浸在润滑油中，靠蜗轮转动时将润滑油溅到轴承和锥齿轮处加以润滑。本任务要求按技术文件要求装配减速器。

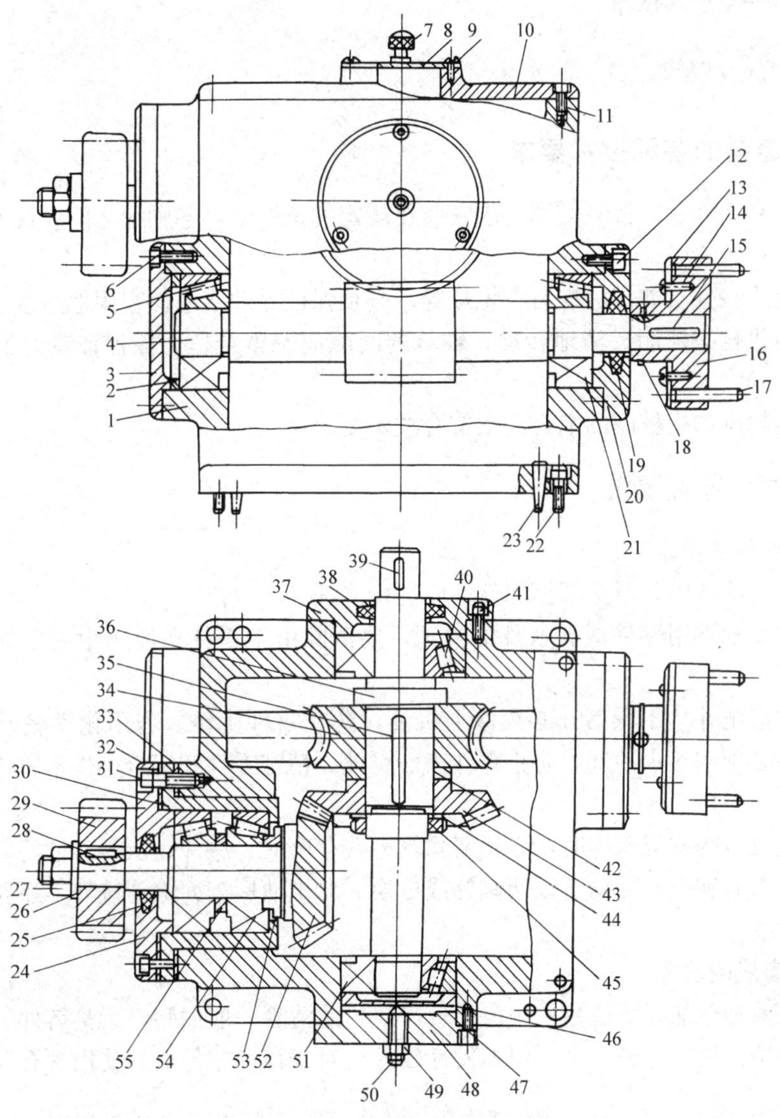

图 3—2—1　减速器装配图

1—箱体　2、32、33、42—调整垫圈　3、20、24、37、48—轴承盖　4—蜗杆轴　5、21、40、51、54—轴承　6、9、11、12、14、22、31、41、47、50—螺钉　7—手把　8—盖板　10—箱盖　13—环　15、28、35、39—键　16—联轴器　17、23—销　18—防松钢丝圈　19、25、38—毛毡　26—垫圈　27、45、49—螺母　29—齿轮　30—轴承套　34—蜗轮　36—蜗轮轴　43—圆锥齿轮　44—止动垫圈　46—压盖　52—圆锥齿轮轴　53—衬垫　55—隔圈

任务分析

减速器装配是典型的部件装配课题，目的是了解减速器各零件间的装配形式及装配顺序，熟悉机械部件装配的工艺过程，掌握减速器装配技术要求，并能熟练使用装配检验工具，通过练习进一步提高动手能力，掌握装配调整工艺方法。

任务步骤为：零件的清洗、整形和补充加工→零件的预装→减速器组件的装配→减速器的总装与调整→空运转试车。

相关知识

一、减速器的装配技术要求

（1）零件和组件必须按装配图要求安装在规定的位置上，各轴线之间应该有正确的相对位置。

（2）固定连接件（如键、螺钉、螺母等）必须保证零件或组件牢固地连接在一起。

（3）旋转机构必须能灵活地转动，轴承的间隙应调整合适，能保证良好润滑和无渗漏现象。

（4）锥齿轮副和蜗杆副的啮合必须符合技术要求。

二、减速器零件清洗

1. 清洗零件的要求

（1）在清洗溶液中，对全部拆卸件都应进行清洗。

（2）必须重视再用零件或新换件的清理，要清除由于零件在使用中或者加工中产生的毛刺。

（3）零件清洗并且干燥后，必须涂上机油，防止零件生锈。若用化学碱性溶液清洗零件，洗涤后还必须用热水冲洗，防止零件表面腐蚀。精密零件和铝合金件不宜采用碱性溶液清洗。

（4）清洗设备的各类箱体时，必须清除箱内残存磨屑、漆片、灰砂、油污等。要检查润滑油过滤器是否有破损、漏洞，以便修补或更换。对于油标表面除清洗外，还要进行研磨抛光提高其透明度。

2. 清洗溶液的选择

（1）煤油或轻柴油在清洗零件中应用较广泛，能清除一般油脂，无论铸件、钢件或有色金属件都可清洗。使用比较安全，但挥发性较差。对于精密零件最好使用含有添加剂的专用汽油进行清洗。

（2）目前，为了节省燃料，正在大力研究和推广清洗机械零件用的各种金属清洗剂。它具有良好的亲水、亲油性能，有极佳的乳化、扩散作用。市场价格便宜，有良好的使用前途，适用性也很好。

3. 清洗方法

（1）人工进行清洗。

（2）用清洗箱进行喷洗。

任务实施

一、准备工作

1. 设备与零件

减速器（可根据实际生产情况予以选取）。

2. 工具

内六角扳手、通用扳手、钩形扳手、旋具、呆扳手、铜棒、锤子、盛物容器等。

3. 量具

游标卡尺、百分表、表座、千分尺、检验棒等。

4. 分析图样

同组人员对清洗、整形和补充加工、预装、组装、调整等分工负责，领用并清点工具，了解工具的使用方法及要求，装配结束后按工具清单清点交指导教师验收。复习有关理论知识，详细阅读装配图或说明书，熟悉结构。

二、操作步骤

1. 零件的清洗、整形和补充加工

（1）零件的清洗，主要是清除零件表面的防锈油、灰尘、切屑等。

（2）零件的整形，主要是修整箱盖、轴承盖等铸件的不加工表面，使其外形与箱体结合部位的外形相一致。同时修整零件上的锐边、毛刺和搬运中因碰撞而产生的印痕。

（3）零件的补充加工，主要是对箱体与箱盖、箱体与各轴承盖的连接螺孔进行配钻和攻螺纹等，如图 3—2—2 所示。

2. 零件的预装（又称试配）

为了保证装配工作顺利进行，某些相配零件应先试配，待配合达到要求后再拆下。在试配过程中，有时还要进行修锉、刮削、研磨等工作。减速器零件配键预装示意如图 3—2—3、图 3—2—4、图 3—2—5 所示。

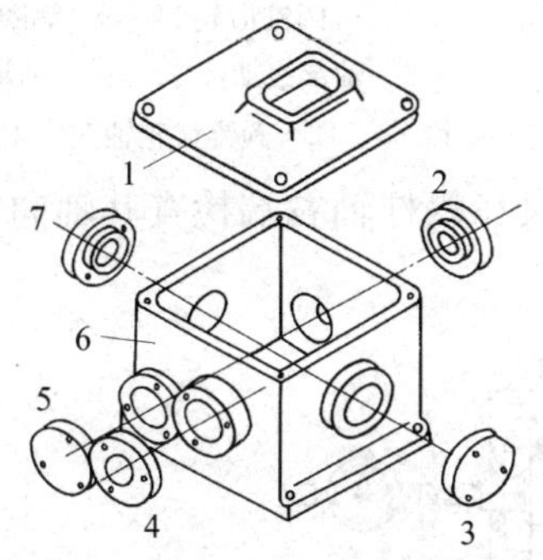

图 3—2—2　箱体与有关零件的配钻

1—箱盖 10　2—轴承盖 20　3—轴承盖 48　4—轴承盖 24　5—轴承盖 3　6—箱体 1　7—轴承盖 37

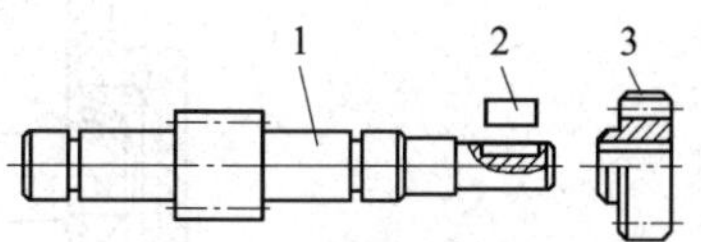

图 3—2—3　蜗杆轴装配平键，并与联轴器试配

1—蜗杆轴 4　2—平键 15　3—联轴器 16

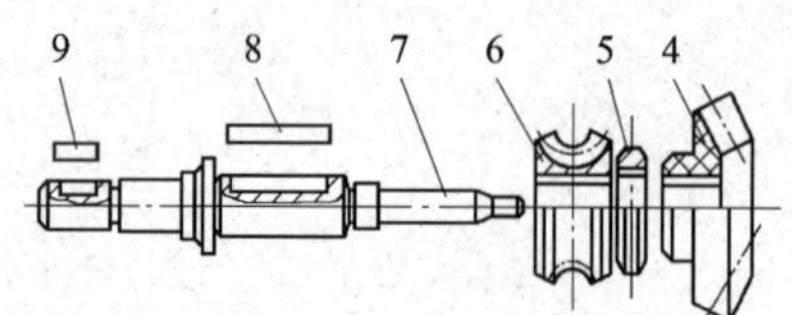

图 3—2—4　蜗轮轴装配平键，并与蜗轮、调整垫圈、圆锥齿轮试配

4—圆锥齿轮 43　5—调整垫圈 42　6—蜗轮 34
7—蜗轮轴 36　8—平键 35　9—平键 39

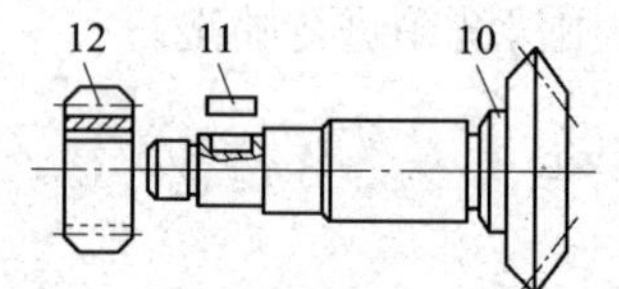

图 3—2—5　圆锥齿轮轴装配平键，并与齿轮试配

10—圆锥齿轮轴 52　11—平键 28
12—齿轮 29

3. 减速器组件的装配

由减速器装配图可以看出，该减速器可以划分为圆锥齿轮轴、蜗轮轴、蜗杆轴、联轴器、三个轴承盖及箱盖共八个组件。其中只有锥齿轮组件装入箱体部分的所有零件尺寸都小于箱体孔，可以先行独立装配后再整体装入箱体。其余组件必须在部件总装时与箱体一起装配，总装前应进行预装工作。

锥齿轮组件的装配顺序如图 3—2—6 所示，其中装配基准是锥齿轮轴。组件装好后，锥齿轮轴的旋转应灵活自如，且无明显的轴向窜动。

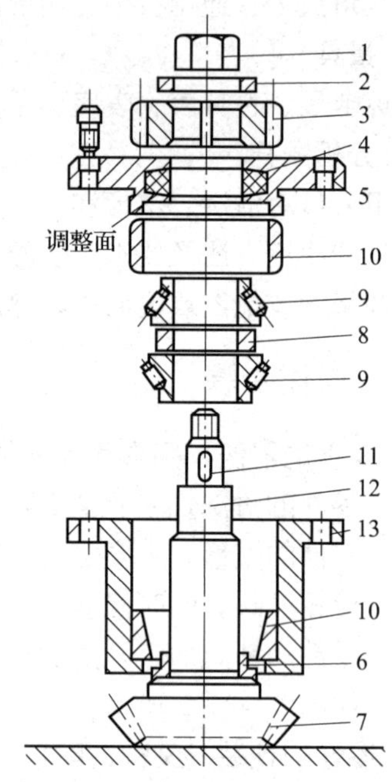

图 3—2—6　圆锥齿轮轴组件装配顺序

1—螺母 27　2—垫圈 26　3—齿轮 29
4—毛毡 25　5—轴承盖 24　6—衬垫 53
7—圆锥齿轮 52　8—隔圈 55
9—轴承滚动体 54　10—轴承外环
11—键 28　12—圆锥齿轮轴 52　13—轴承套 30

4. 减速器的总装与调整

在完成减速器各组件装配后，即可从基准零件（箱体）开始，进行部件总装配工作。根据先里后外、先下后上的装配顺序原则，该减速器应先装蜗杆轴，后装蜗轮轴。

（1）装配蜗杆轴

1）将蜗杆连同两端轴承先装入箱体，再装上右端轴承盖，并用螺钉拧紧。

2）轻轻敲击蜗杆轴左端，使右端轴承消除间隙并紧贴轴承盖，再装入调整垫圈和左端轴承盖。

3）测量间隙 Δ，根据间隙 Δ 的大小，调节调整垫圈厚度，以保证蜗杆无轴向窜动。

4）将左端轴承盖装好，用螺钉拧紧，并用百分表在蜗杆轴右端检查其轴向窜动量，如图 3—2—7 所示。

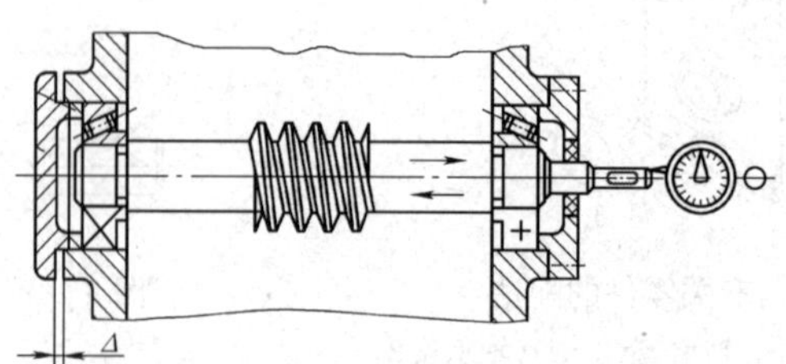

图 3—2—7　调整蜗杆的轴向间隙

(2) 预装蜗轮轴

1) 将轴承内圈装入轴的大端，穿过箱体孔时，装上已试配好的蜗轮、轴承外圈以及工艺轴套。蜗轮圆弧中心与已装配好的蜗杆中心在同一平面内，如图 3—2—8 所示。

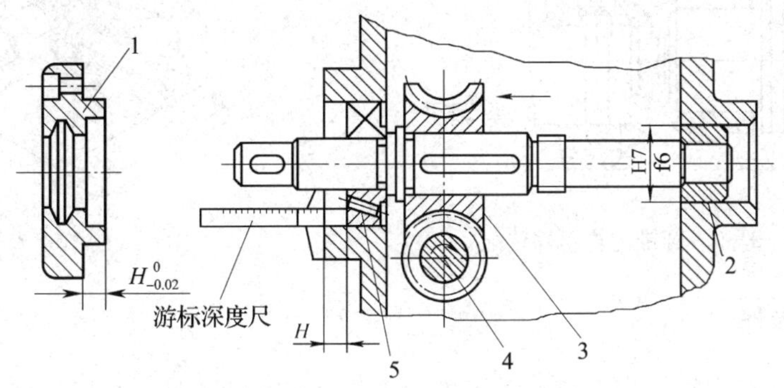

图 3—2—8　蜗轮的装配

1—轴承盖 48　2—工艺轴套　3—蜗轮 34　4—蜗杆 4　5—轴承 51

2) 移动轴，调整蜗轮与蜗杆，达到正确的啮合位置，用游标深度尺测量出尺寸 H。

3) 测量轴承盖台阶尺寸与调整垫圈配合厚度，达到 $H^{0}_{-0.02}$ mm 尺寸。

(3) 预装锥齿轮组件

1) 将蜗轮轴上各有关零件装入，再装锥齿轮组件。

2) 调整两锥齿轮轴向位置，使两锥齿轮背锥面平齐，分别测出应放置调整垫圈处 H_1 和 H_2 的尺寸，并拆卸各零件，按 H_1 和 H_2 的尺寸分别修磨两垫圈，如图 3—2—9 所示。

(4) 装配蜗轮与锥齿轮轴组

1) 从大轴承孔方向将蜗轮轴装入，同时依次将键、蜗轮、垫圈、圆锥齿轮、止动垫圈和圆螺母装在轴上，从箱体轴承孔的两端分别装入滚动轴承、调整垫圈及轴承盖，调整好轴承间隙，把螺钉拧紧。装配后，用手转动蜗杆轴带动蜗轮旋转时，应灵活无阻滞现象。

2) 将锥齿轮组件与垫圈一起装入箱体，用螺钉紧固。复检锥齿轮啮合侧隙量，并做进一步调整直至运转灵活。

(5) 安装联轴器，用动力轴连接空运转，检验齿轮接触斑痕，并调整。

(6) 清理减速器内腔，注入润滑油。安装箱盖组件，放上试验台，安装 V 带与电动机 V 带相连接，如图 3—2—10 所示。

5. 空运转试车

(1) 试运转时间不少于 30 min，观察运转情况。

(2) 轴承的温度及温升值不超过规定要求。

(3) 齿轮和轴承无明显噪声。

(4) 符合装配后的各项技术要求。

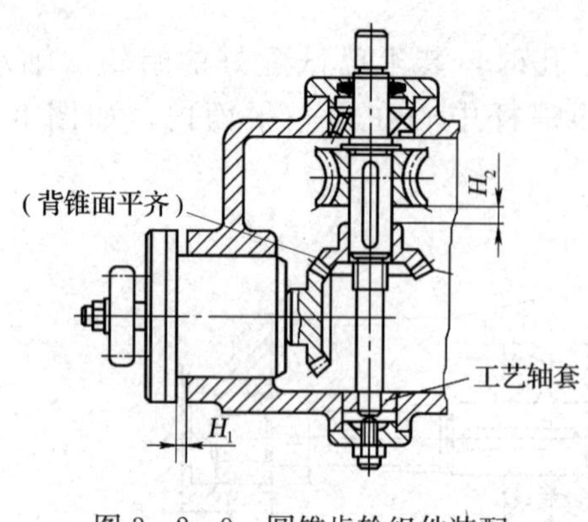

图 3—2—9　圆锥齿轮组件装配

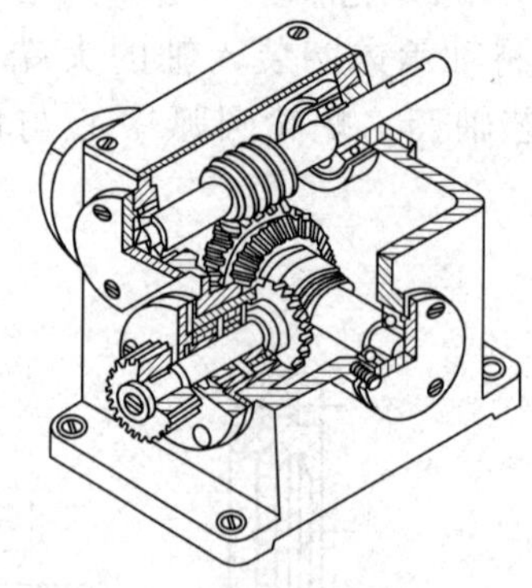

图 3—2—10　总装配

三、文明操作

(1) 禁止使用有裂纹、带毛刺、手柄松动等不合要求的工具，并严格遵守常用工具安全操作规程。

(2) 装配工具摆放应有一定的规律性，严禁乱堆乱放。

(3) 检查拆卸或装配工作中间停止或休息时，零件必须放稳妥。

(4) 清除铁屑必须采用工具，禁止用手拿及用嘴吹。

(5) 保持工作场地的清洁。装配工作结束后，对所用过的设备都应按照要求清理，及时清扫工作场地，并将清洗纱布等放至指定位置。

四、注意事项

(1) 安装前检查减速器零部件是否完好无损，相连接的各部位尺寸是否匹配。

(2) 过盈配合的轴承装配时需采用热装或冷装工艺方法进行安装，不要蛮力敲砸，以免在安装过程中损坏轴承，影响机床性能。

任务评价

评分标准

序号	项目与技术要求	配分	评分标准	检测结果	得分
1	工具、夹具及设备使用正确	10	不合要求酌情扣分		
2	零部件清洗符合清洁要求	10	总体评定		
3	预装组件正确	10	未预装酌情扣分		
4	调整蜗杆轴前后轴承，百分表检测轴向窜动量不超过 0.02 mm	20	超差不得分		
5	装配顺序正确	10	总体评定		
6	各零件的装配位置及方向正确	10	不符合要求不得分		

续表

序号	项目与技术要求	配分	评分标准	检测结果	得分
7	各项调整工作符合技术要求，减速箱润滑系统良好	10	总体评定		
8	空运转试车平稳	10	运转不灵活、振动不得分		
9	安全文明操作	10	酌情扣分		

思考与练习

1. 减速器的装配技术要求有哪些？
2. 为什么要进行零件的试配？

车床总装配

任务　CA6140 型车床总装配

◆ **教学目标**

◎ 掌握车床总装配的顺序及工艺要求

◎ CA6140 型车床运动分析

◎ CA6140 型车床的组成及主要部件

◎ 床身刮削与床脚安装的技术要求、工艺及检测

◎ 床鞍配刮与装配的技术要求、工艺及检测

◎ 溜板箱、进给箱、主轴箱安装的技术要求、工艺及检测

◎ 尾座安装的技术要求、工艺及检测

◎ 丝杠等部件、刀架部件及其他部件安装

任务提出

如图 4—1—1 所示，CA6140 型车床是一种机械结构比较复杂而电气系统简单的机电设备，是用来进行车削加工的机床。在加工时，通过主轴和刀架运动的相互配合来完成对工件的车削加工。本任务要求在车床主轴箱、进给箱、溜板箱（床鞍）各部件组装合格的基础上，完成 CA6140 型车床的总装配，并进行试车和检验，达到规定的技术要求。

任务分析

总装配流程为：床身刮削与床脚安装→床鞍配刮与装配→溜板箱、进给箱、主轴箱安装→尾座安装→丝杠等部件安装→刀架部件安装→其他部件安装→试车和检验。

相关知识

一、CA6140 型车床运动分析

为了加工各种回转表面，卧式车床必须具备下列 3 种运动。

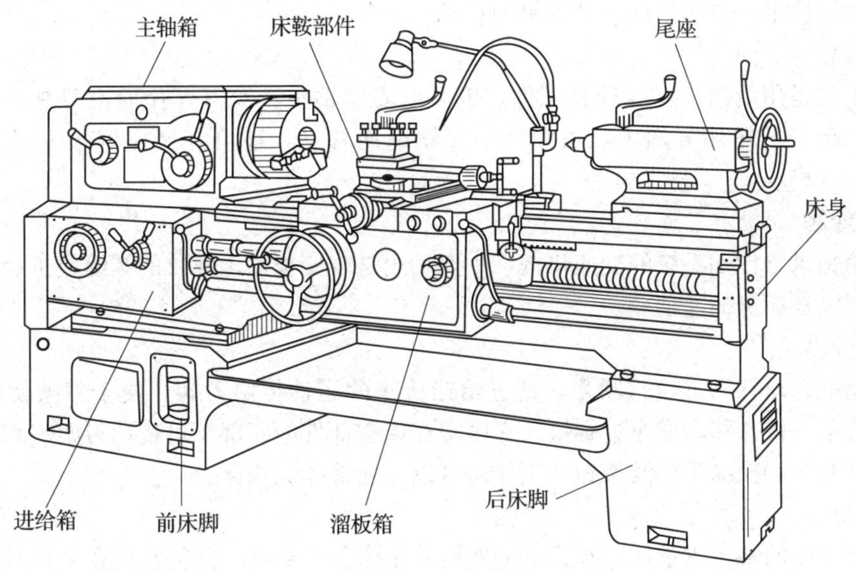

图 4—1—1　CA6140 型车床

1. 主运动

工件的旋转运动。它的作用是使车刀与工件做相对运动，以完成切削工作。

2. 进给运动

车刀的纵向进给和横向进给运动。车刀的纵向进给运动是指刀具沿平行于工件中心线的纵向移动，如：车外圆、车螺纹等。车刀的横向进给运动是指刀具沿垂直于工件中心线的横向移动，多用于车端面及切断等。

3. 辅助运动

除了主运动和进给运动外，为了达到一定的切削深度，还应有一个辅助运动，即切入运动。它能使工件达到所需要的尺寸和形状，通常切入运动的方向与进给运动的方向相垂直。例如车外圆时，切入运动是由刀具间歇地做横向运动来实现。普通车床的切入运动，通常由工人沿横向或纵向用手摇动手柄，从而移动刀架来实现。在 CA6140 型车床上还有刀架纵向和横向快速移动装置。

二、CA6140 型车床的组成

CA6140 型车床的组成如图 4—1—1 所示，主要是由床身、主轴箱、床鞍部件、尾座、进给箱和溜板箱等部件组成。

1. 主轴箱

主轴箱固定在床身的左面，主要用来支承主轴并传动主轴，是主运动的变速机构。装在主轴箱内的主轴通过卡盘等夹具装夹工件，使其按规定转速旋转，以实现主运动。

2. 床鞍部件

用于装夹车刀，并做纵向、横向或斜向运动。它由床鞍、中滑板和小滑板等几层组成，装在床身的导轨上，并可沿此导轨做纵向运动。

3．尾座

尾座主要是用后顶尖支承较长工件，也可以安装钻头、铰刀等孔加工刀具，进行孔加工。它装在床身的尾座导轨上，可沿尾座导轨纵向移动，还可在尾座底板上做少量横向移动。

4．进给箱

进给箱是进给传动系统的变速机构，主要功用是改变被加工螺纹的螺距或机动进给的进给量。它固定在床身的左前侧。

5．溜板箱

它靠光杠、丝杠和进给箱联系，把进给箱传来的运动传给刀架，便于刀架实现纵向进给、横向进给、快速移动或车削螺纹。它固定在床鞍部件的底部，可带动刀架一起作纵向移动。其上装有各种操纵手柄及按钮，工作时可以方便地操纵机床。

6．床身

床身是车床的基本支承件，在床身上安装着车床各个部件，并使它们在工作时保持准确的相互位置。

7．床脚

前床脚和后床脚与床身连接，构成整个机床的基础。

三、CA6140 型车床的主要部件

1．主轴箱

主轴箱是用于安装主轴，实现主轴旋转及变速的部件。如图 4—1—2 所示为 CA6140 型车床主轴箱展开图，它是将传动轴沿轴心线剖开，按照传动的先后顺序将其展开而形成的。主要表示各传动件（轴、齿轮、蜗杆等）的传动关系、各传动轴及主轴结构、装配关系和尺寸、轴与箱体的连接、轴承支座结构等。

（1）双向多片式摩擦离合器

1）如图 4—1—3 所示是车床主轴箱内的双向多片式摩擦离合器。带花键孔的内摩擦片 3 与轴 4 上的花键相连接；外摩擦片 2 的内孔是光滑圆柱孔，空套在轴 4 的花键外圆上，外摩擦片外圆上有 4 个凸齿，卡在空套齿轮 1 套筒部分的缺口内。内、外摩擦片在未被压紧时，它们互不联系。当操纵装置将滑环 9 向右移动时，杆 7 上的摆杆 8 绕支点摆动，其下端就拨动杆 7 向左移动。杆 7 左端有一固定销，使螺圈 6 及加压套 5 向左压紧左边的一组摩擦片（3 和 2），通过摩擦片间摩擦力，将转矩由轴 4 传给空套齿轮 1，使主轴正转。同理，当用操纵装置将滑环 9 向左移动时，压紧右边的一组摩擦片，将转矩由轴 4 传给右边的齿轮，这样可使主轴反转。当滑环在中间位置时，左右两组摩擦片都处于松开状态，轴 4 的运动不能传给齿轮，主轴即停止转动。

2）离合器内、外摩擦片松开状态时的间隙要适当。如图 4—1—4 所示，其调整方法是：先把弹簧销 11 从加压套 5 的缺口中按下，然后转动加压套，使其相对螺圈 6 作小量的轴向位移，即可改变摩擦片的间隙。调整后应使弹簧销从加压套的任一个缺口中弹出，以防加压套在旋转中松脱。

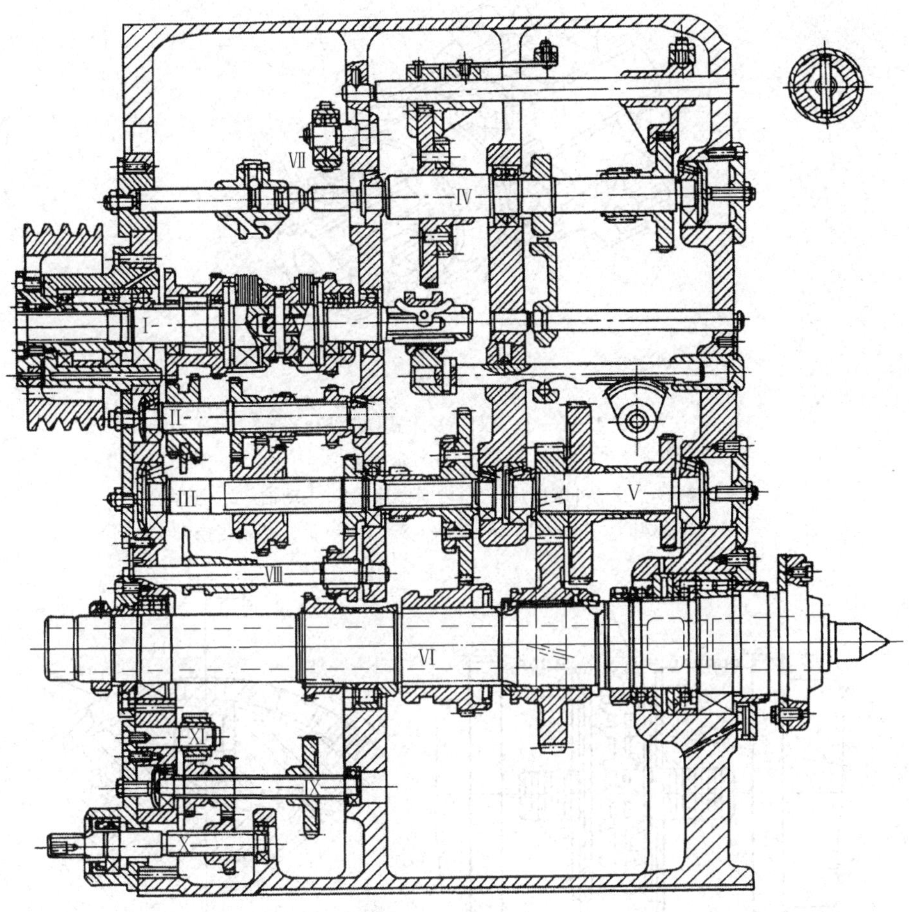

图 4—1—2　CA6140 型车床主轴箱

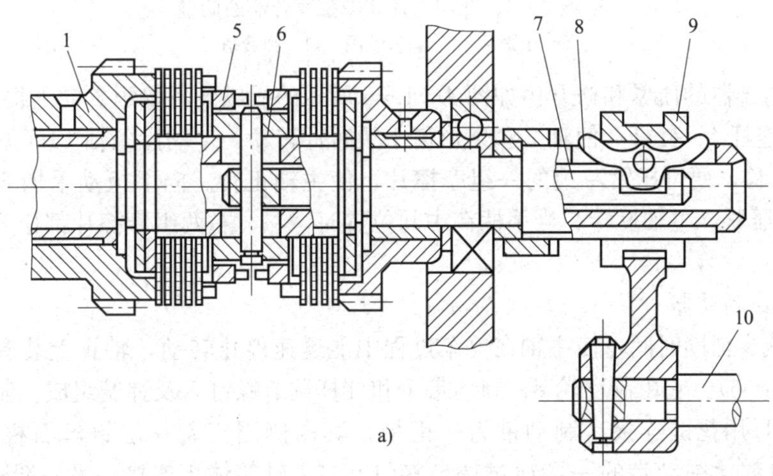

a)

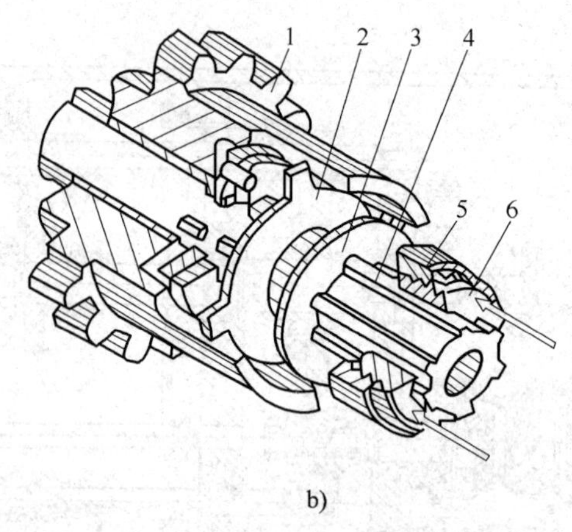

图 4—1—3　双向多片式摩擦离合器

a）结构图　b）示意图

1—套筒齿轮　2—外摩擦片　3—内摩擦片　4—主动轴　5—压紧套

6—调整螺圈　7—拉杆　8—摆块　9—滑环　10—传动齿条轴

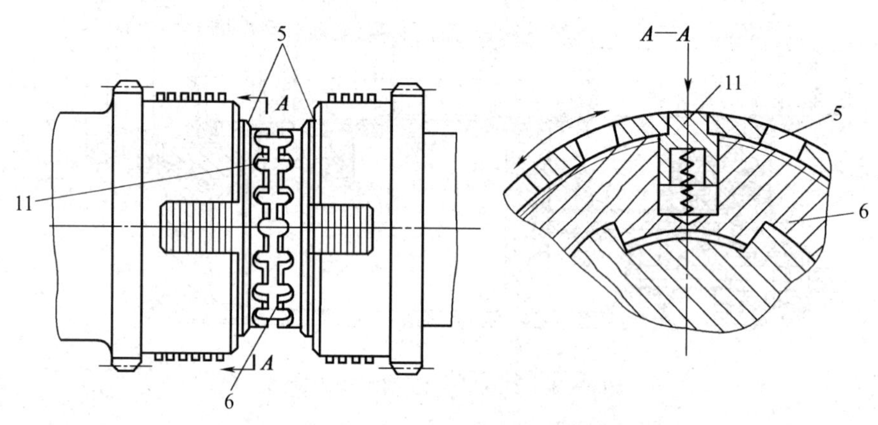

图 4—1—4　双向多片式摩擦离合器的调整

5—压紧套　6—调整螺圈　11—弹簧销

3）摩擦离合器的压紧和松开由如图 4—1—5 所示的操纵装置操纵。向上提起手柄 6 时，通过杠杆 5、连杆 4、杠杆 3 使轴 2 和扇形齿 1 顺时针转动，传动齿条轴 13（见图 4—1—3a 中的轴 10）右移，便可压紧左边的一组摩擦片，使主轴正转。向下扳动手柄 6 时，右边的一组摩擦片被压紧，主轴反转。当手柄在中间位置时，左、右两组摩擦片都松开，主轴停止转动。

（2）闸带式制动器

1）为了减少辅助时间，使主轴在停车过程中能迅速停止转动，轴Ⅳ上装有闸带式制动器（见图 4—1—6）。它由制动轮 8、制动带 7 和杠杆调节螺钉 5 及弹簧组成。制动轮是一钢制圆盘，与轴Ⅳ用花键连接。制动带为一钢带，其内侧固定着一层铜丝石棉，以增加摩擦面的摩擦因数。制动带的一端通过调节螺钉 5 与主轴箱体 1 连接，另一端固定在杠杆 4 的上端。

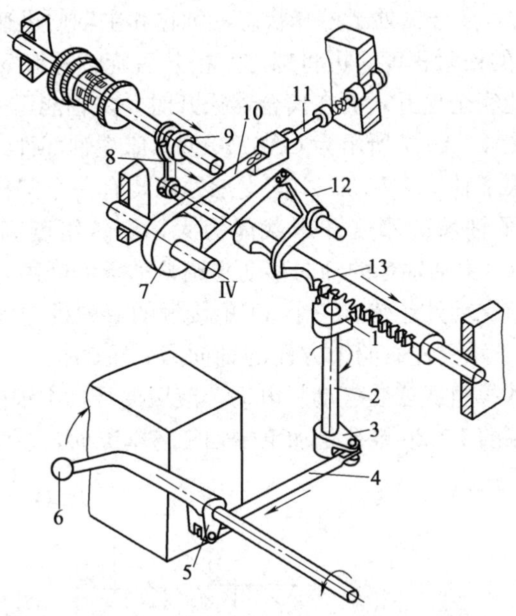

图 4—1—5 摩擦离合器、制动器的操纵装置

1—扇形齿轮 2—轴 3—杠杆 4—连杆 5—操纵杆 6—操纵手柄 7—制动轮 8—摆块 9—滑环 10—制动带 11—杠杆调节螺钉 12—制动杠杆 13—齿条轴

2）制动器由如图 4—1—5 所示的操纵装置操纵。当杠杆 4（见图 4—1—6）的下端与齿条轴 2（见图 4—1—5 中的齿条轴 13）上的圆弧凹部口 a 或 c 接触时，主轴处于正转或反转状态，制动带被放松；移动齿条轴，当其上的凸起部分 b 对正杠杆 4 时，使杠杆 4 绕轴 3 摆

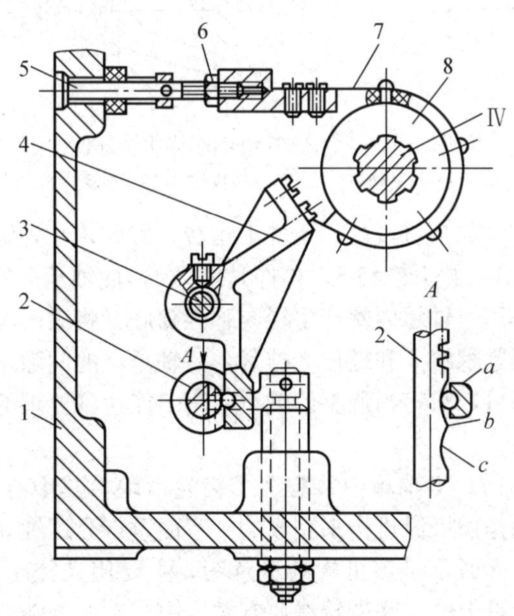

图 4—1—6 闸带式制动器

1—主轴箱体 2—齿条轴 3—轴 4—杠杆 5—调整螺钉 6—锁紧螺母 7—制动带 8—制动轮

动而拉紧制动带 7，此时，离合器处于松开状态，轴Ⅳ和主轴便迅速停止转动。

3）如要调整制动带的松紧程度，可将螺母 6 松开后旋转螺钉 5，在调整合适的情况下，当主轴旋转时，制动带能完全松开，而在离合器松开时，主轴能迅速停转。

（3）主轴部件。如图 4—1—7 所示为 CA6140 型车床主轴部件结构图。主轴前后支承处各装有一个双列短圆柱滚子轴承 7 和 3，中间支承处还装有一个圆柱滚子轴承，用于承受切削抗力。双列短圆柱滚子轴承的刚度和承载能力大，旋转精度高，且内圈较薄。内孔是 1∶12 的锥孔，可通过相对主轴轴颈的轴向移动来调整轴承的间隙，因而可保证主轴有较高的回转精度和刚度。在前支承处还装有一个 60°角接触的双列推力深沟球轴承（有些厂家采用两个推力球轴承），用于承受左右两个方向的轴向力。主轴是一个空心的台阶轴，其内孔用于通过 ϕ47 mm 以下的棒料或安装气动、电动、液压夹具，主轴前端的莫氏 6 号锥孔用于安装前顶尖和心轴，后端的 1∶20 锥孔是加工主轴工艺基准面，主轴前端采用短圆锥连接盘式结构，用于安装卡盘或拨盘。

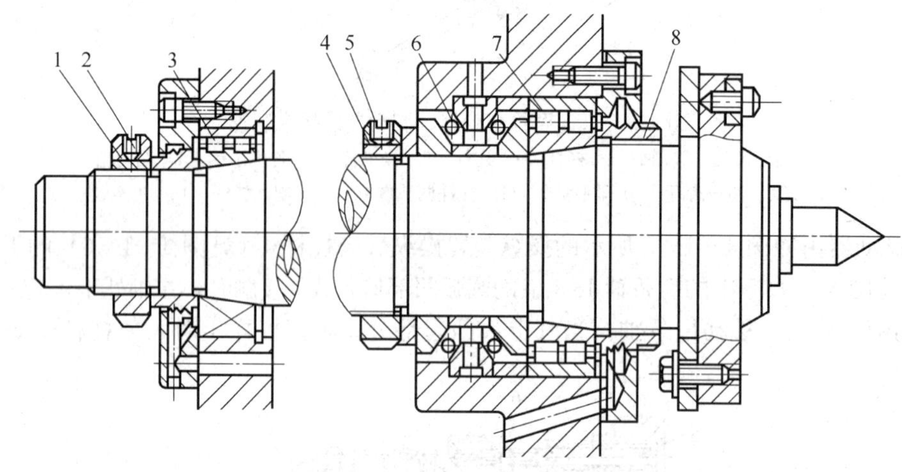

图 4—1—7　CA6140 型车床主轴部件

1、4、8—调整螺母　2、5—锁紧螺钉　3、7—双列短圆柱滚子轴承　6—双列推力深沟球轴承

主轴轴承应在无间隙（或少量过盈）条件下运转，因此，主轴轴承的间隙应定期进行调整。调整时，先拧松螺母 8，松开螺钉 5，再拧紧螺母 4，使轴承 7 的内圈相对主轴锥形轴颈向右移动，由于锥面的作用，轴承内圈产生径向弹性膨胀，将滚子与内、外圈之间的间隙减小，调整合适后，应将锁紧螺钉 5 和螺母 8 拧紧。后轴承 3 的间隙可用螺母 1 调整。一般情况下，只需调整前轴承即可，只有当调整前轴承后仍不能达到要求的回转精度时，才需调整后轴承，中间轴承不调整。

（4）主轴变速操纵机构。主轴箱中共有 7 个齿轮滑块，其中有 5 个用于改变主轴的转速，这些齿轮滑块的移动是由操纵机构来完成的。下面重点介绍轴Ⅱ和轴Ⅲ上两个齿轮滑块的操纵机构。如图 4—1—8 所示是该机构的示意图，主要用来控制轴Ⅱ的双联齿轮滑块有左、右两个啮合位置，轴Ⅲ上的三联齿轮滑块有左、中、右 3 个啮合位置。通过这两个齿轮滑块的不同位置的组合使轴Ⅲ得到 6 种不同的转速。

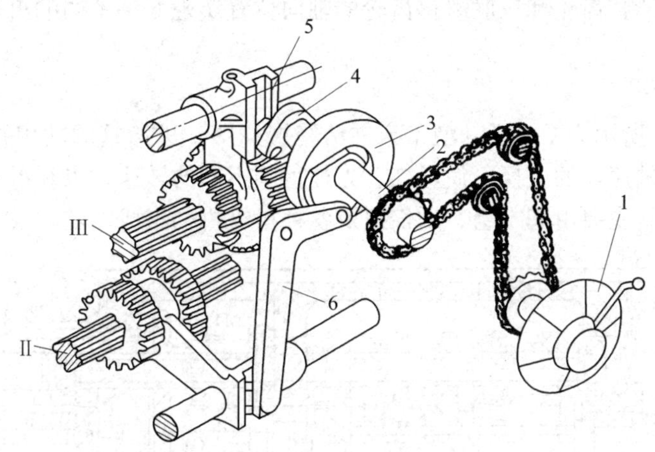

图 4—1—8　Ⅱ、Ⅲ轴上滑移齿轮操纵机构
1—主轴变速手柄　2—凸轮轴　3—盘状凸轮　4—曲柄　5—拨叉　6—杠杆

手柄 1 通过传动比为 1∶1 的链条带动凸轮轴 2 和手柄同步转动，凸轮轴 2 上装有盘状凸轮 3 和曲柄 4。盘状凸轮 3 端面上有一条封闭的曲线槽，它由两段不同半径的圆弧和两条过渡直线组成。凸轮有如图 4—1—9 所示 1～6 的 6 个变速位置，通过杠杆 6 操纵轴Ⅱ上的双联齿轮滑块 A。当杠杆的滚子处于凸轮曲线的大半径时，双联齿轮滑块 A 在左端位置；当杠杆滚子处在小半径时，A 则移动到右端位置。曲柄 4 上圆柱销的滚子装在拨叉 5 的长槽中。当曲线槽随凸轮轴 2 转动时，可拨动拨叉 5 有左、中、右 3 个不同位置，带动三联齿轮滑块 B 有 3 个不同的啮合位置。

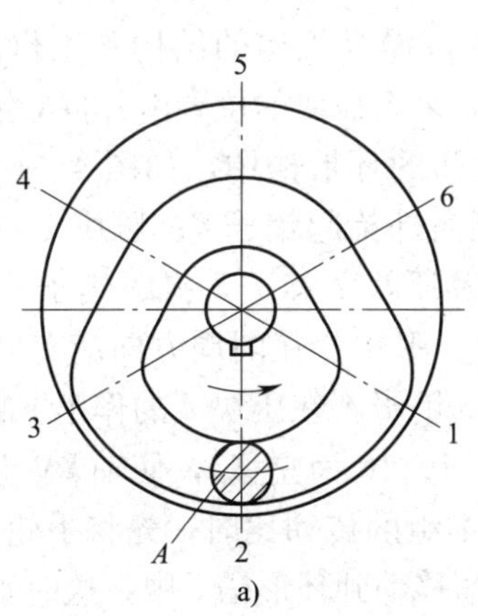

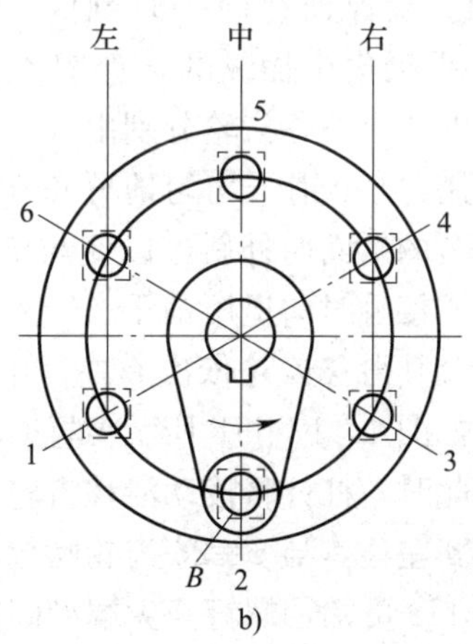

图 4—1—9　变速操纵原理图
a）端面凸轮　b）曲柄

由于盘状凸轮 3 和曲柄 4 同轴，两者同步转动。由图 4—1—9 可知杠杆 6 的滚子在凸轮曲线的第 2 位置时，双联滑移齿轮处于左端位置，三联滑移齿轮处在中间位置。若将凸轮轴 2 逆时针方向转过 60°，杠杆 6 的滚子由 2 到 3，仍在大半径圆弧内，双联滑移齿轮在左端不动；曲柄 4 转过 60°，则使三联滑移齿轮移到右端位置。由此顺序地转动凸轮轴至各个变速

位置，就可使双联滑移齿轮和三联滑移齿轮的轴向位置实现 6 种不同的组合，轴Ⅲ获得 6 种不同转速。

2. 进给箱

如图 4—1—10 所示为 CA6140 型车床进给箱展开图。进给箱的功用是将主轴箱经挂轮传来的运动进行各种速比的变换，使丝杠、光杠得到不同的转速，以获得不同的进给量和加工不同螺距的螺纹。主要由基本组、增倍组及各种操纵机构组成。

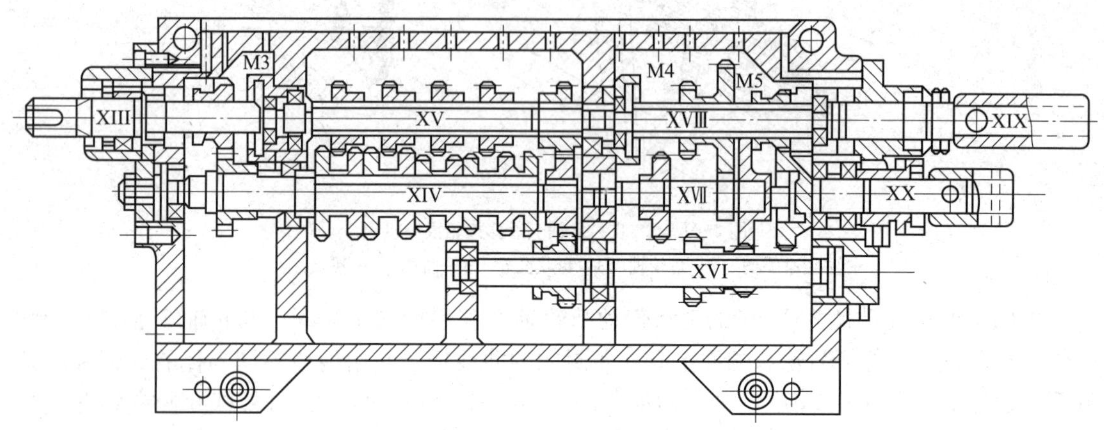

图 4—1—10　CA6140 型车床进给箱

下面重点介绍基本组的操纵机构。进给箱中的基本组由轴 XV 上的 4 个滑移齿轮和轴 XIV 上的 8 个固定齿轮组成。每个滑移齿轮依次与轴 XIV 相邻的两个固定齿轮中的一个啮合，而且要保证在同一时刻内，基本组中只能有一对齿轮啮合。而这 4 个滑移齿轮是由一个手柄集中操纵的，如图 4—1—11 所示为该操纵机构的结构和工作原理图。

基本组的 4 个滑移齿轮分别由 4 个拨块 2 来拨动，每个拨块的位置由各自的销子 4 通过杠杆 3 来控制，4 个销子均匀地分布在操纵手轮 6 背面的环形槽中，如图 4—1—11 所示。安装时压块 7 的斜面向外斜，以便与销子 4 接触时能向外抬起销子 4；压块 7′的斜面向里斜，与销子 4 接触时向里压销子 4。这样利用环形槽及压块 7 和 7′，操纵销子 4 及杠杆 3，使每个拨块及其滑移齿轮依次有左、中、右三种位置。手轮 6 在圆周方向应有 8 个均布位置。它处在如图 4—1—11b 所示位置时，只有左上角的销子 4′在压块 7′的作用下靠在孔 b 的内侧壁上。此时，杠杆将拨动滑移齿轮右移（见图 4—1—10 为左移），使轴 XV 上第 3 个滑移齿轮 $z=28$ 左移，与 $z=26$ 齿轮啮合。如需改变基本组的传动比时，先将手轮 6 向外拉，由图 4—1—11a 可知，螺钉 9 尖端沿固定轴 5 的轴向槽移动到环形槽 c 中，这时手轮 6 可以自由转动选位变速。由于销子 4 还有一小段保留在槽 e 及孔 b 中，转动手轮 6 时，销子 4 回到并沿槽 e 及孔 b 中滑过，所有滑移齿轮都在中间位置。当手轮转到所需位置后，例如从图 4—1—11b 所示位置逆时针转动 45°（这时孔 a 正对销子 4′），将手轮重新推入，孔 a 中压块 7 的斜面将销子 4 向外抬起，通过杠杆将轴 XV 第 3 个滑移齿轮推向右端，使 $z=28$ 与 $z=28$ 齿轮啮合，从而改变基本组传动比。手轮 6 沿圆周转一周时，则会使基本组 8 个速比依次实现。

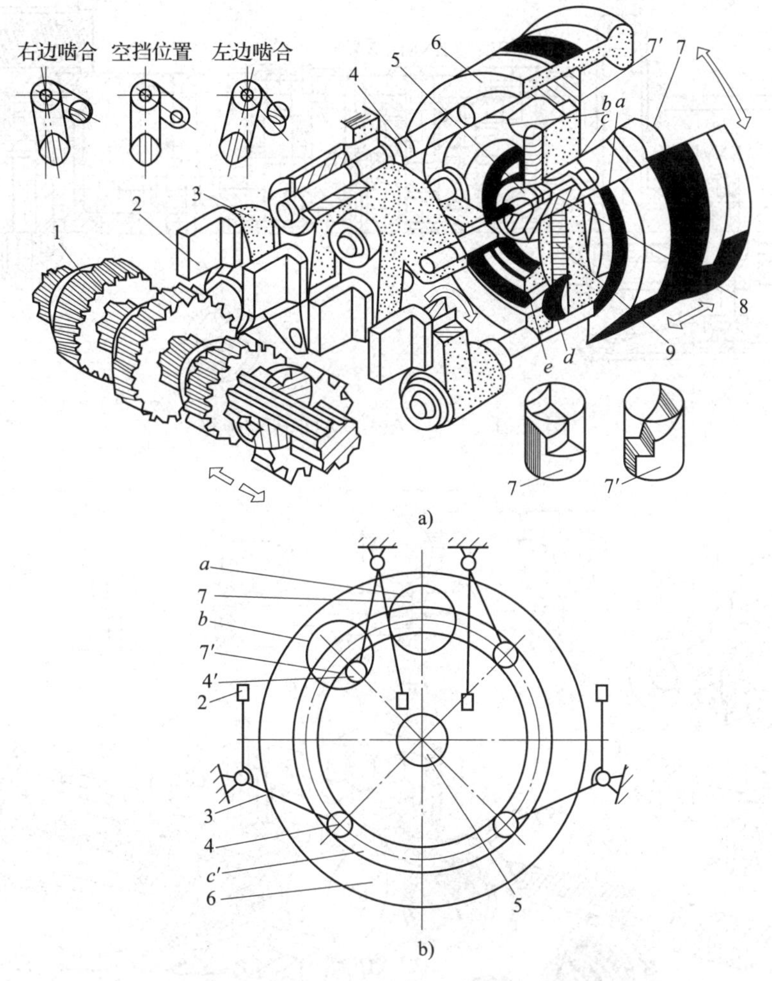

图 4—1—11　基本组操纵机构的结构和工作原理

a）基本组操纵机构　b）基本组操纵机构工作原理

1—滑移齿轮　2—拨块　3—杠杆　4—销子　5—固定轴　6—操纵手轮　7、7′—压块　8—钢球　9—螺钉

3. 溜板箱

如图 4—1—12 所示为 CA6140 型车床溜板箱展开图。溜板箱的作用是将进给箱运动传给刀架，并做纵向、横向机动进给及切削螺纹运动的选择，同时有过载保护作用。

（1）开合螺母机构。开合螺母机构如图 4—1—13a 所示（因螺母做成可开合的上下两部分而得名），用来接通和断开切削螺纹运动。顺时针转动手柄 5，通过轴 6 带动曲线槽盘 20 转动，利用其上曲线槽，通过圆柱销带动上半螺母 18 和下半螺母 25，在溜板箱体 21 后面的燕尾导轨相互靠拢，开合螺母与丝杠啮合。若逆时针方向转动手柄 5，则两半螺母相互分离，开合螺母与丝杠脱开。

（2）纵向、横向机动进给及快速移动操纵机构。CA6140 型车床纵向、横向机动进给及快速移动由手柄 1 集中操纵。当需要纵向移动刀架时，将手柄 1 向相应的方向（向左或向右）扳动。因轴 23 利用其轴肩及下环 22 轴向固定在箱体上，故手柄 1 只能摆动，推动连

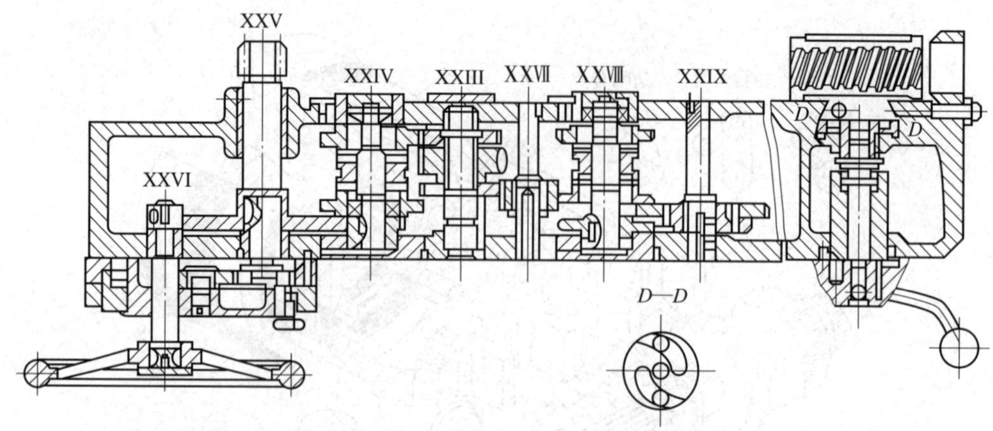

图 4—1—12　CA6140 型车床溜板箱

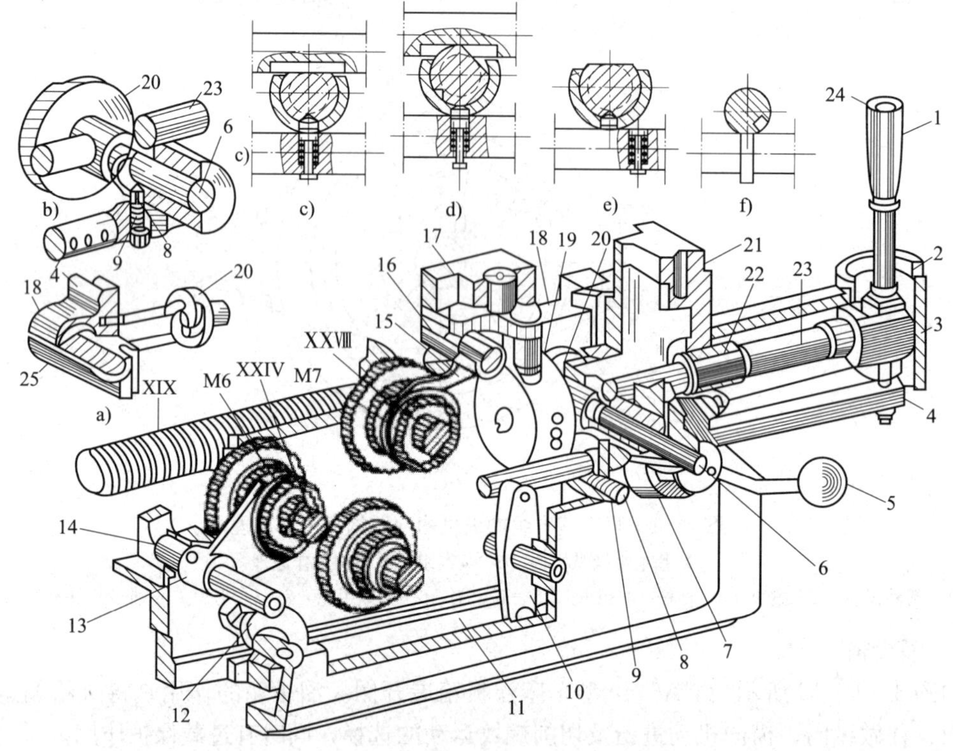

图 4—1—13　传动操纵机构的立体图

a）开合螺母机构　b）互锁机构放大图　c）停车位置状态

d）合上开合螺母状态　e）接通纵向机动进给状态　f）接通横向机动进给状态

1、5—手柄　2—端盖　3、7—紧固套　4、6、14、16、23—轴　8—圆柱销　9—弹簧

10、17—杠杆　11—连杆　12、19—凸轮　13、15—拨叉　18—上半螺母

20—曲线槽盘　21—溜板箱体　22—下环　24—快速移动按钮　25—下半螺母

杆 11 使凸轮 12 转动。凸轮曲线槽迫使轴 14 上的拨叉 13 移动，带动轴 XXIV 上的牙嵌式离合器 M6 向相应方向移动而啮合，刀架实现纵向机动进给。此时，按下手柄 1 上端的快速移动按钮 24，刀架实现快速纵向机动进给，直到松开快速按钮为止。若向前或向后扳动手柄

1，经轴 23 使凸轮 19 上的曲线槽迫使杠杆 17 摆动，杠杆 17 另一端的销子拨动轴 16 以及固定在其上的拨叉 15 向前或向后轴向移动，使轴ⅩⅩⅧ上的 M7 向相应的方向移动而啮合，刀架实现横向机动进给。此时，按下快速移动按钮，刀架实现快速横向机动进给。手柄 1 处于中间位置时，离合器 M6 和 M7 都脱开，此时，已断开机动进给及快速移动。

（3）互锁机构。互锁机构的作用是当接通机动进给或快速移动时，开合螺母不能合上；合上开合螺母时，则不允许接通机动进给或快速移动。

如图 4—1—13b 所示为开合螺母操纵手柄 5 和刀架进给与快速移动操纵手柄 1 之间的互锁机构放大图，如图 4—1—13c、d、e、f 所示为互锁机构原理图。

1）如图 4—1—13c 所示为停车位置状态。即开合螺母脱开，机动进给也未接通，此时可任意扳动手柄 1 或手柄 5。

2）如图 4—1—13d 所示为合上开合螺母状态。由于手柄轴 6 转过一定角度，它的凸肩进入轴 23 的槽中，将轴 23 卡住而不能转动。同时，凸肩又将圆柱销 8 压入轴 4 的孔中，使轴 4 不能轴向移动。由此可知，如合上开合螺母，手柄 1 被锁住，因而机动进给和快速移动就不能接通。

3）如图 4—1—13e 所示为接通纵向机动进给状态。此时，因轴 4 移动，圆柱销 8 被轴 4 顶住，卡在手柄轴 6 凸肩的凹坑中，轴 6 被锁住，开合螺母手柄 5 不能扳动，开合螺母不能合上。

4）如图 4—1—13f 所示为接通横向机动进给状态。因轴 23 转动，其上长槽也随之转动，于是手柄轴 6 凸肩被轴 23 顶住，轴 6 不能转动，所以开合螺母不能闭合。

（4）安全与超越离合器。如图 4—1—14 所示为安全与超越离合器结构图。

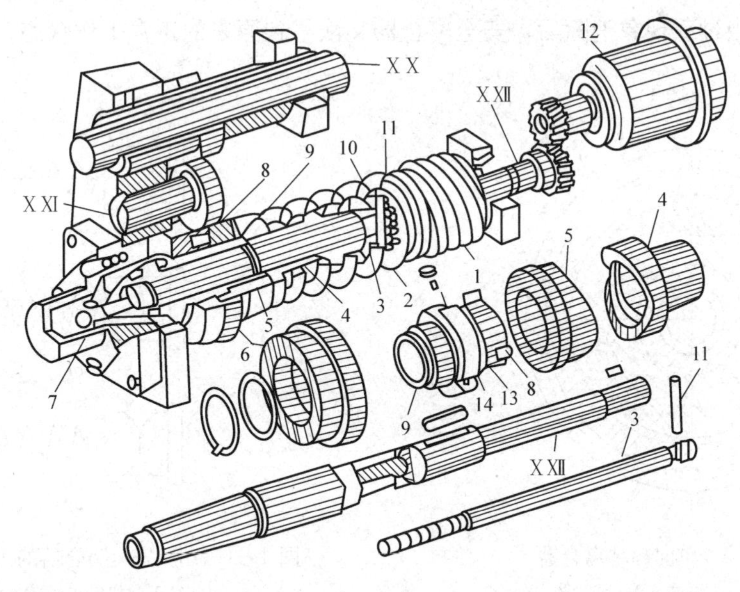

图 4—1—14　安全与超越离合器结构图

1—蜗杆　2、14—弹簧　3—螺杆　4—右结合子　5—左结合子　6—齿轮　7—螺母　8—滚柱　9—星状体　10—止推套　11—圆柱销　12—快速电动机　13—顶销

1）单向超越离合器。在如图 4—1—14 所示的 CA6140 型车床的进给传动链中，当接通机动进给时，光杠 ⅩⅩ 的运动经齿轮副传动蜗杆轴 ⅩⅩⅡ 做慢速转动。当接通快速移动时，快速电动机经一对齿轮副传动蜗杆轴 ⅩⅩⅡ 做快速运动。这两种不同转速的运动同时传到一根轴上，而使轴不受损坏的机构称为超越离合器。

如图 4—1—15 所示，单向超越离合器由齿轮 6、星状体 9、滚柱 8、弹簧 14 和顶销 13 等组成，滚柱 8 在弹簧和顶销的作用下，楔紧在齿轮 6 和星状体 9 的楔缝里。机动进给时，齿轮 6 逆时针转动，使滚柱在齿轮 6 及星状体 9 在楔缝中越挤越紧，从而带动星状体旋转，使蜗杆轴慢速转动。假若同时接通快速移动，星状体 9 直接随蜗杆轴一起做逆时针快速转动。此时由于星状体 9 比齿轮 6 转得快，迫使滚柱 8 压缩弹簧 14 到楔缝宽端，则齿轮 6 的慢速转动不能传给星状体，即切断了机动进给。当快速电动机停止时，蜗杆轴又恢复慢速转动，刀架重新获得机动进给。

2）安全离合器。也称为过载保护机构，其作用是在机动进给过程中，当进给力过大或进给运动受到阻碍时，可以自动切断进给运动，保护传动零件在过载时不发生损坏。

①如图 4—1—14 所示，安全离合器由两个端面结合子 4 和 5 组成，左结合子 5 和单向超越离合器的星状体 9 连在一起，且空套在蜗杆轴 ⅩⅩⅡ 上；右结合子 4 和蜗杆轴用花键连接，可在该轴上滑移，靠弹簧 2 的弹簧力作用，与左结合子 5 紧紧地啮合。

②如图 4—1—16 所示为安全离合器的工作原理图。正常进给情况下，运动由单向超越离合器及左结合子 5 带动右结合子 4，使蜗杆轴转动（见图 4—1—16a）。当出现过载或阻碍时，蜗杆轴扭矩增大并超过了许用值，两结合端面处产生的轴向力超过弹簧 2 的压力，则推开右结合子 4（见图 4—1—16b）。此时，左结合子 5 继续转动，而右结合子 4 却不能被带动，于是两结合子之间产生打滑现象（见图 4—1—16c）。这样，切断进给运动，可保护机构不受损坏。当过载现象消除后，安全离合器又恢复到原来的正常工作状态。

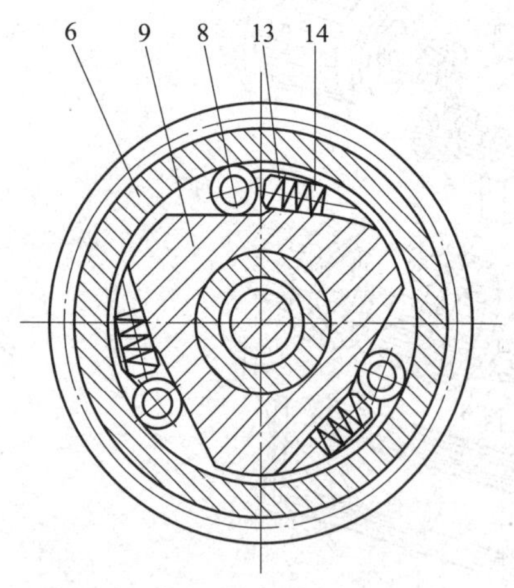

图 4—1—15　单向超越离合器

6—齿轮　8—滚柱　9—星状体

13—顶销　14—弹簧

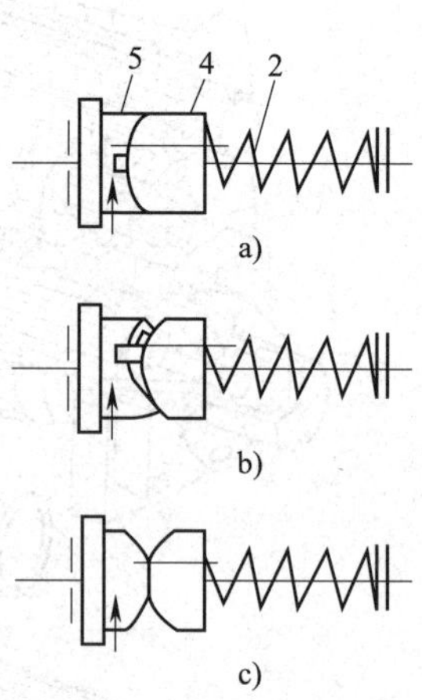

图 4—1—16　安全离合器的工作原理图

a）正常机动进给状态

b）机动进给过载或刀架受阻状态

c）自动进给断开状态

2—弹簧　4—右结合子　5—左结合子

③车床许用的最大进给力由弹簧 2 的弹簧力大小来决定。拧动螺母 7，通过拉杆 3 和圆柱销 11 即可调整止推套 10 的轴向位置，从而调整弹簧的弹力。

任务实施

一、准备工作

1. 设备与零件

CA6140 型车床各部件。

2. 量具

1 套杠杆百分表及磁性表座、90°角尺、0～25 mm 千分尺、150 mm 游标卡尺等相关量具。

3. 工具

大锤、小锤、錾子、内六角扳手、通用扳手、8 英寸细齿平锉刀、紫铜棒、一字旋具、撬杠，以及油盘和若干砂纸、干净棉纱、干净煤油等。

二、床身刮削与床脚安装

在车床总装配过程中，床脚是车床的基础，床身导轨是各部件在工作时保持准确的相互位置的基准部件。床身与床脚用螺钉连接后，通过对床身导轨的精加工，才能达到装配要求，如图 4—1—17 所示。

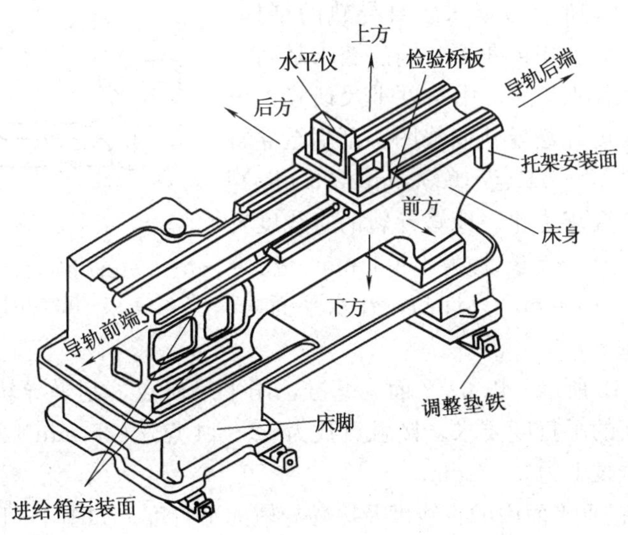

图 4—1—17　床身与床脚的装配及测量

床身与床脚用螺栓连接，贴合面精度要求不高［2～3 点/（25 mm×25 mm）］。床身导轨不仅是床鞍移动的导向面和保证刀具直线移动的关键，也是主轴箱、进给箱、溜板箱、尾座等其他部件安装的基准，因此，床身与床脚结合后导轨需精加工。精加工方法有刮研法、精刨代刮法、以磨代刮法三种，单件小批生产或机修常用刮研法（刮削导轨每 25 mm×

25 mm范围内接触点不少于10点，表面粗糙度值 $Ra1.6\ \mu m$ 以下)。为保证较高的导轨精度，刮削时应及时使用平尺、水平仪和百分表测量。

装配操作流程如下：

1．装配前的准备工作

(1) 看装配图，确定装配顺序。装配的基本原则是：先基准后其他，先下后上，先内后外，先难后易，先精密后一般，先重后轻。装配顺序为：床身与床脚的拼装→床身的调平→床鞍导轨的刮削与测量→尾座导轨的刮削与测量→压板导轨的刮削与测量。

(2) 按装配规程清理好结合面，并保证无异物进入安装面。

(3) 准备工、量具。水平仪、检验桥板、平尺、刮削工具等。

2．床身与床脚的拼装

(1) 刮削床身与床脚的结合面至2～3点/(25 mm×25 mm)。

(2) 结合面倒角、去毛刺。

(3) 清理结合面。

(4) 在连接螺栓上加等高垫圈，均匀拧紧各螺栓。

3．床身的调平

(1) 把垫铁置于床脚地脚螺栓附近。

(2) 用水平仪调整床身处于水平位置，并使各垫铁受力均匀。

4．床身的刮削与测量

(1) 床鞍导轨的刮削与测量

1) 如图4—1—18所示为车床床身导轨的结构，应选择刮削量最大、导轨中最重要、精度要求最高的床鞍导轨6、7作为刮削基准，用角度平尺研点，用水平仪测量导轨直线度并绘导轨曲线图。刮削至导轨直线度、接触点数［12～14点/(25 mm×25 mm)］和表面粗糙度均符合要求为止。床鞍导轨的直线度要求为：在铅垂平面内，全长上为0.03 mm，任意500 mm长度上为0.015 mm，只许凸；在水平面内，全长上为0.025 mm。

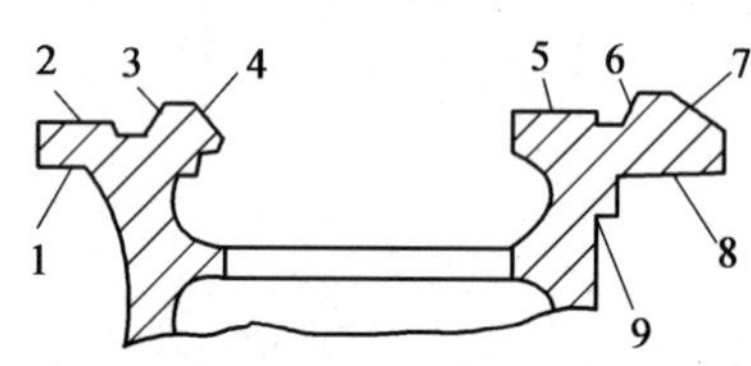

图4—1—18　车床床身导轨剖面图

1、8—压板用导轨　2、6、7—床鞍用导轨　3、4、5—尾座用导轨　9—齿条安装面

2) 如图4—1—18所示，以6、7面为基准，用平尺研点，刮平导轨2。要保证其直线度及其与基准导轨面的平行度要求。接触点数为12～14点/(25 mm×25 mm)。床鞍导轨的平行度要求为：全长上为0.04 mm。

3) 测量导轨在铅垂平面内的直线度及床鞍导轨的平行度。如图4—1—17所示，使检验桥板沿导轨移动，一般测5点，得5个水平仪读数。横向水平仪读数差为导轨平行度误差；纵向水平仪用于测量直线度。可根据读数画出导轨曲线图并计算误差值。

4) 测量床鞍导轨在水平面内的直线度，如图4—1—19所示。移动检验桥板，百分表在导轨全长范围内最大读数与最小读数之差，即为导轨在水平面内的直线度误差。

(2) 尾座导轨的刮削与测量。以床鞍导轨为基准刮削尾座导轨3、4、5面，使其达到自身形状精度要求和对床鞍导轨的平行度要求。检查方法如图4—1—20所示，将检验桥板横

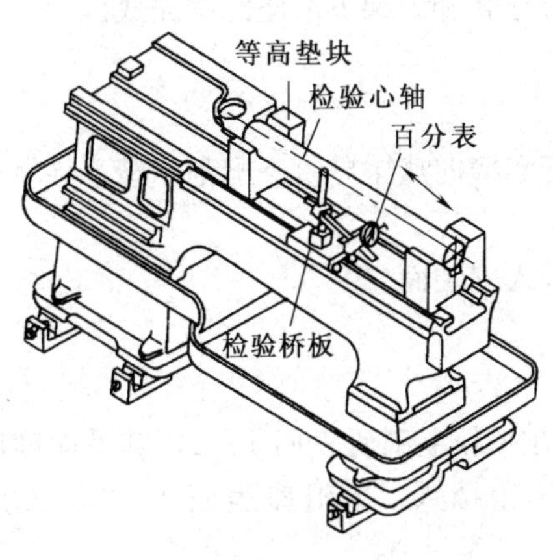

图 4—1—19 测量床鞍导轨在水平面内的直线度

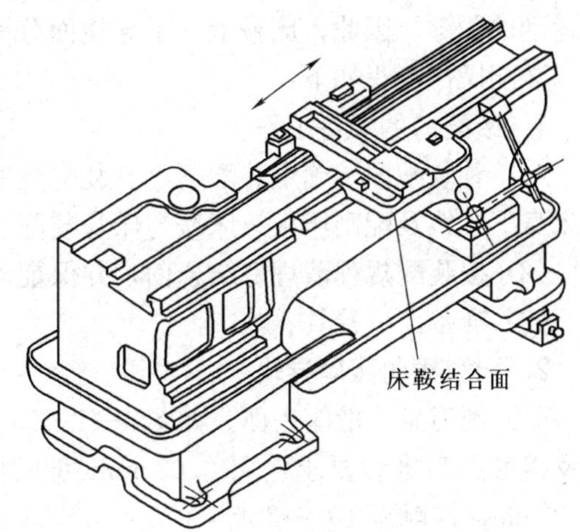

图 4—1—20 测量尾座导轨对床鞍导轨的平行度

跨在床鞍导轨上，百分表座吸在桥板上，触头触及尾座导轨 3、4 或 5，沿导轨在全长上移动检验桥板，百分表读数差即为平行度误差。床鞍导轨与尾座导轨的平行度要求为：铅垂平面和水平面内均为全长上 0.04 mm，任意 500 mm 长度上为 0.03 mm。接触点数为 12～14 点/（25 mm×25 mm）。

（3）压板导轨的刮削与测量。刮削压板导轨 1 和 8，要求达到与床鞍导轨的平行度及自身形状精度。测量方法如图 4—1—21 所示，装配要求为：床鞍导轨对床身齿条安装面的平行度全长上为 0.03 mm，任意 500 mm 长度上为 0.02 mm，接触点数为 4～6 点/（25 mm×25 mm）。

三、床鞍配刮与装配

如图 4—1—22 所示是车床床鞍（溜板）部件图。床鞍导轨与床身导轨配合形成运动副，实现刀具和工件纵向直线运动；上导轨面与刀架下滑座配合，实现刀具和工件横向直线运动。

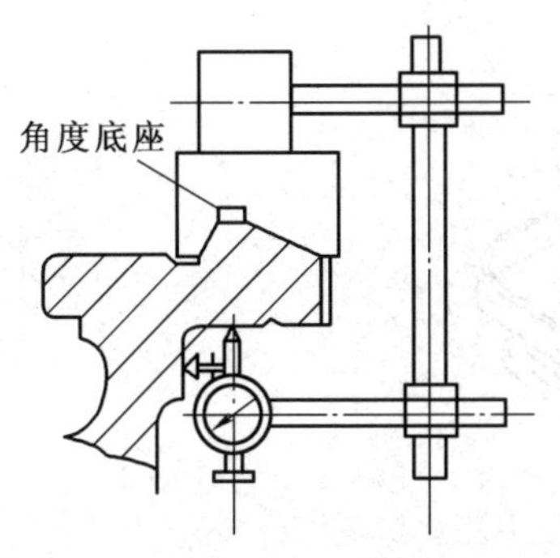

图 4—1—21 测量压板导轨对床鞍导轨的平行度

图 4—1—22 车床床鞍部件

该部件包括溜板及刀架下滑座两个主要部分，溜板上导轨面与刀架下滑座组成横向切削运动，溜板下导轨面与床身导轨组成纵向切削运动。导轨配合状况良好与否，是保证刀架直线运动的关键。因此，床鞍上、下导轨面分别与床身导轨和刀架下滑座配刮完成。

装配操作流程如下：

1. 装配前的准备工作

(1) 看装配图，确定装配顺序。装配顺序为：配刮横向燕尾导轨→配刮床鞍下导轨面→刮床身下导轨及配刮压板→床鞍与床身装配。

(2) 按装配规程清理好结合面，并保证无异物进入安装面。

(3) 准备工、量具。

2. 配刮横向燕尾导轨

(1) 刮刀架下滑座表面。如图 4—1—23 所示，在平板上刮研表面 1、2，其平面度以平板及接触点为准。要求：用 0.03 mm 塞尺检查时不得插入，下滑座表面 1、2 平面度为 0.02 mm，接触点 10～12 点/(25 mm×25 mm)。

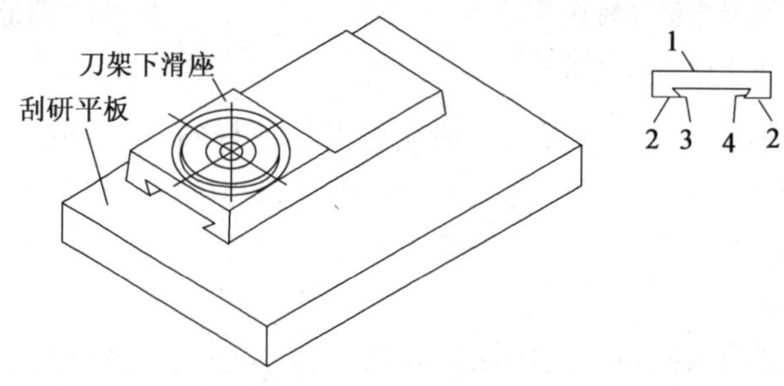

图 4—1—23 刮研刀架下滑座表面

(2) 刮刀架下滑座表面 3（见图 4—1—23）及溜板表面 5、6（见图 4—1—24）

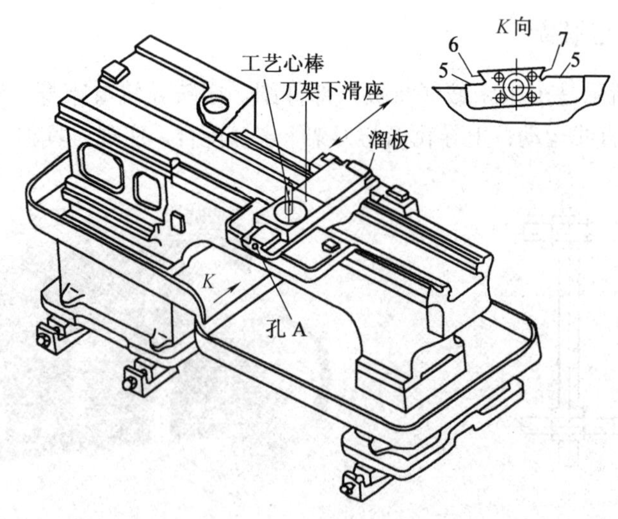

图 4—1—24 刮研床鞍上导轨面

1) 因为溜板是薄壁零件，放置不当容易变形，应将溜板放在床身上，用刀架下滑座作为研具刮研表面 5（见图 4—1—24）。

2）先将刀架下滑座表面 3 按溜板配刮角度平尺至接触点均匀。然后以它为研具，反过来修刮溜板斜面 6。

3）研具的拖研长度不宜超出溜板过长。工艺心棒用手握住，以防止工伤事故的发生。

4）表面 5、6 对孔 A 必须保持平行，测量方法如图 4—1—25 所示。在孔 A 中插入检验心轴，百分表吸附在角度平尺底座上，分别在上母线 a 和侧母线 b 上测量平行度误差。表面 5、6 对孔的平行度要求为：在 300 mm 长度上 0.05 mm。

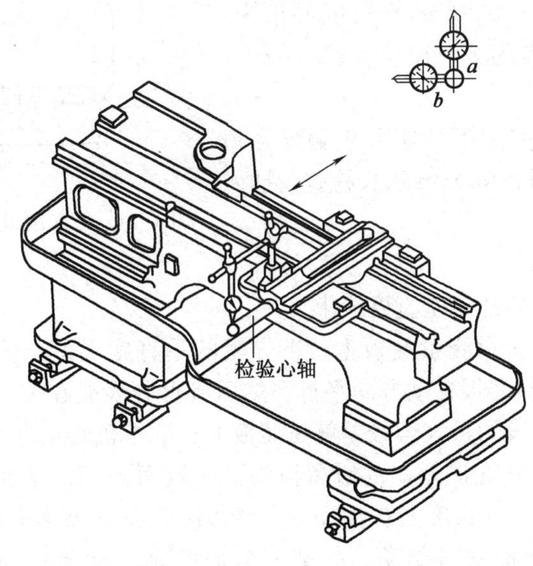

图 4—1—25　测量床鞍上导轨面对横丝杠孔的平行度

5）表面 6 的直线度误差，可按如图 4—1—26 所示方法进行测量。测量时，先在溜板的两端校正平行平尺使读数相等，沿燕尾导轨全长上百分表的最大读数误差就是直线度误差。表面 6 的直线度要求为：全长上 0.02 mm，接触点 8～10 点/（25 mm×25 mm）。

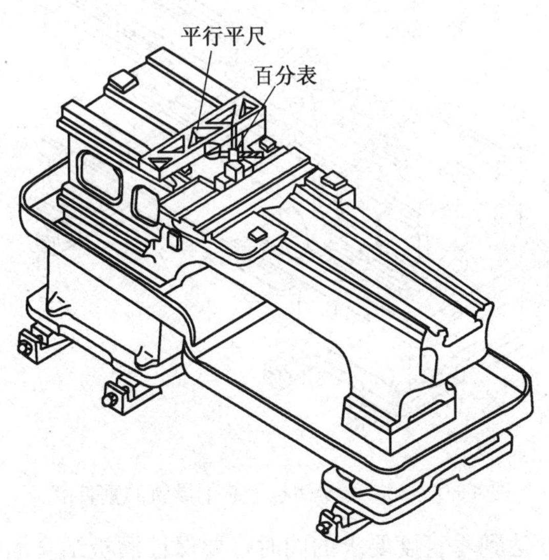

图 4—1—26　测量溜板上导轨的直线度

6）当溜板的表面5、6刮研至要求后，精刮刀架下滑座的斜面3（见图4—1—23）。

（3）刮溜板导轨面7（见图4—1—24）并配置楔铁

1）在标准平板上刮楔铁工作面达到要求，然后用楔铁装入刀架下滑座内来配刮表面7，刀架下滑座在溜板的燕尾导轨全长上移动时无轻重或松紧不均匀的现象。

2）在刮研过程中也可用如图4—1—27所示方法测量表面7对表面5、6的平行度误差。测量圆柱放在导轨两端，两次测得的读数差就是平行度误差。表面7对表面5、6的平行度要求为：全长上0.02 mm；接触点为8～10点/（25 mm×25 mm）。

3）检查燕尾导轨与刀架下滑座的接触配合精度：在任意长度位置上用0.03 mm塞尺检查，插入深度应≤20 mm。

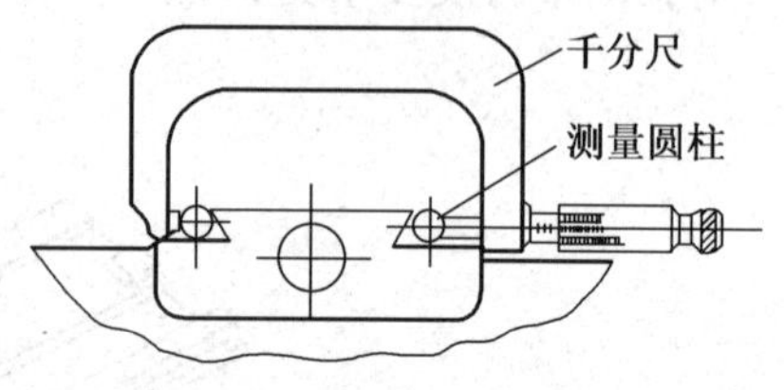

图4—1—27　测量溜板燕尾导轨的平行度

3. 配刮床鞍下导轨面

（1）刮溜板上、下导轨达到垂直度要求

1）按如图4—1—28所示测量溜板上、下导轨的垂直度误差。测量时，先纵向移动溜板，校正90°角尺的一边与溜板移动方向平行。然后将百分表放在刀架下滑座上，沿燕尾导轨横向全长上移动，百分表的最大读数差就是溜板上、下导轨面垂直度误差。要求百分表的读数向后方递增，若超出允许误差，刮研溜板的下导轨面8、9。表面8、9对导轨面6、7的垂直度要求为：在300 mm长度上0.02 mm；溜板结合面对床身导轨的平行度要求为：全长上0.06 mm；溜板结合面对进给箱、托架安装面的垂直度要求为：在100 mm长度上0.03 mm，接触点10～12点/（25 mm×25 mm）。

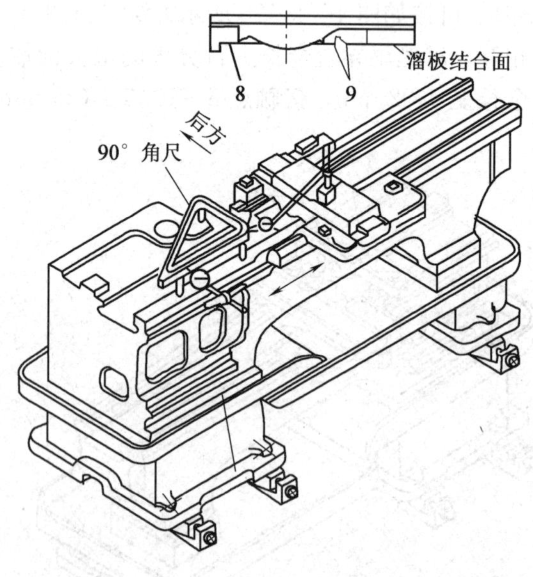

图4—1—28　测量溜板上、下导轨的垂直度

2）在刮研表面8、9达到垂直度要求的同时，要保证溜板结合面的两项要求：

①在纵向上与床身导轨平行，测量时，将百分表吸附在齿条安装面上。

②在横向上与进给箱、托架安装面垂直，其测量方法如图 4—1—29 所示。在进给箱安装面上夹持一角尺，在角尺处于水平的表面上移动百分表，测量溜板结合面的精度。如无 90°角尺时用方尺或框式水平仪也可测量。

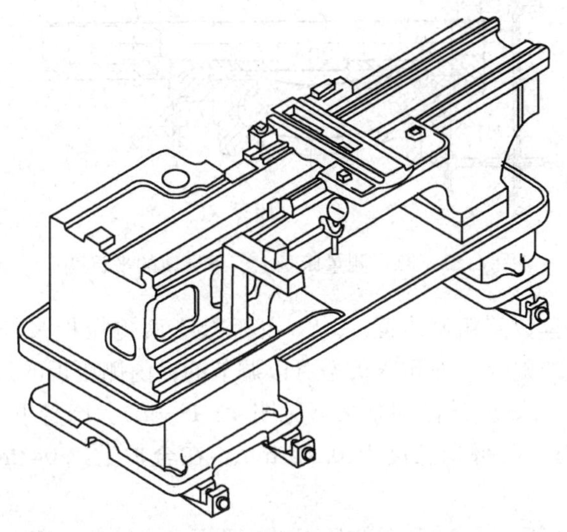

图 4—1—29 测量溜板结合面对进给箱安装面的垂直度

测量这两项误差的目的是保证溜板箱中的丝杠、光杠孔轴线与床身导轨平行，传动平稳。表面 8、9 要求中间接触点稍微淡一些，用 0.03 mm 塞尺检查，插入深度≤20 mm。

（2）综合测量刀架下滑座表面。按如图 4—1—30 所示方法综合测量刀架下滑座表面对床身导轨面的平行度。测量位置应接近主轴箱处，超差时可用小刮研平板刮研表面 1。刀架下滑座表面 1 对床身导轨的平行度要求为：在全长上 0.03 mm，平面度 0.02 mm，接触点 10～12 点/（25 mm×25 mm）。

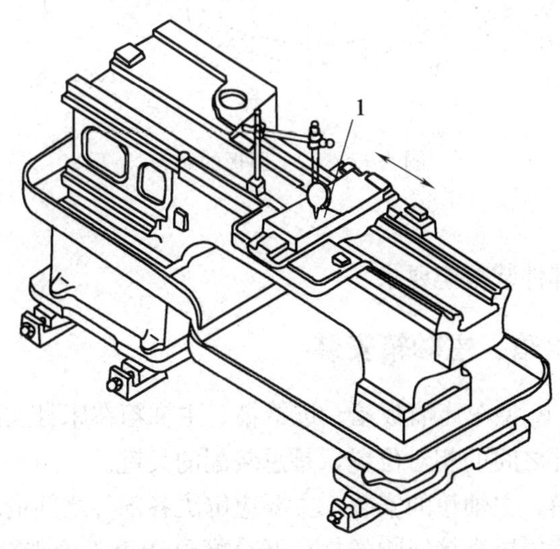

图 4—1—30 测量刀架下滑座表面 1 对床身导轨的综合平行度

4. 刮床身下导轨及配刮压板

(1) 按如图 4—1—31 所示方法测量床身上、下导轨面的平行度。

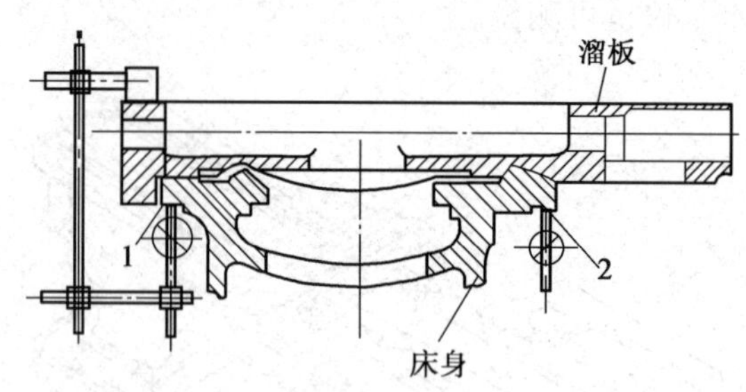

图 4—1—31　测量床身上、下导轨的平行度

(2) 根据百分表的读数差粗刮表面 1、2，然后装上两侧压板来修正接触点。刮研时先将两侧压板调整到适当的配合，外侧压板是可以调节的，内侧压板的尺寸 a 可用磨（刨）削来达到，留有 0.03～0.04 mm 的刮削余量（见图 4—1—32）。床身下导轨面 1、2 对床身上导轨面的平行度要求为：在每米长度上 0.02 mm，在全长上 0.04 mm，接触点 6～8 点/(25 mm×25 mm)。

(3) 床身下导轨刮研后，再精刮两侧压板的表面至 6～8 点/（25 mm×25 mm）的接触点要求，全部螺钉调整紧固后，用 250～300 N 的推力应使溜板在导轨全长上移动无阻滞现象，并用 0.03 mm 塞尺检查密合程度，端部插入深度应≤20 mm。

(4) 溜板内侧有一夹紧压板（见图 4—1—32），用来使溜板在承受横向载荷时定位夹紧，装配时应试验其夹紧与松开的可靠性。

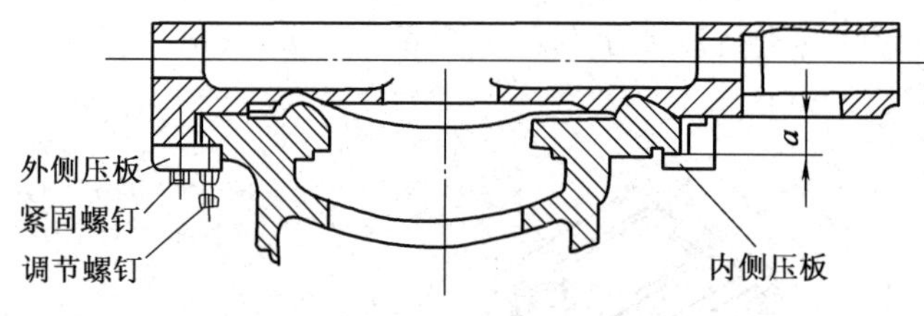

图 4—1—32　压板的调整

5. 床鞍与床身装配

将床鞍与床身等零部件装配至要求。

四、溜板箱、进给箱、主轴箱安装

图 4—1—1 是 CA6140 型车床溜板箱、进给箱、主轴箱在床身上的安装图。三箱的定位确定了机床总装配各部件之间的相对位置，是总装配的关键。

车床溜板箱、进给箱、主轴箱的安装，主要应解决各部件之间的联系尺寸及相互之间的传动要求。溜板箱的安装位置直接影响丝杠、开合螺母能否正确啮合，进给能否顺利运行，同时还是确定进给箱和丝杠后托架安装位置的基准；安装进给箱、后托架主要应保证丝杠孔的同轴度，并保证丝杠与床身导轨的平行度；主轴箱的安装应保证主轴轴线与床身导轨在铅垂及水平方向的平行度。

装配操作流程如下：

1. 装配前的准备工作

（1）看装配图，确定装配顺序。装配顺序为：复检导轨几何精度→安装溜板箱和齿条→安装进给箱和后托架→安装主轴箱。

（2）按装配规程清理好结合面，并保持无异物进入安装面。

（3）准备工、量具。

2. 复检导轨几何精度

按照装配技术要求检测溜板移动在垂直平面内的直线度（只许凸起）和倾斜；检测溜板移动在水平面内的直线度。如有微量变形时，可调整至最佳状态。

3. 安装溜板箱和齿条

（1）校正开合螺母中心线与床身导轨的平行度。如图 4—1—33 所示，在溜板箱的开合螺母体内卡紧一检验心轴，在床身检验桥板上紧固一丝杠中心检测工具。分别在左、右两端校正心轴上母线和侧母线与床身导轨的平行度，其误差值应在 0.15 mm 以下。

（2）溜板箱左右位置确定。安装时左右移动溜板箱，使横向进给传动齿轮副有合适的齿侧间隙。齿侧间隙可用一张厚度为 0.08 mm 左右的纸张试测，若印痕呈现将断不断状态时最适宜。也可通过横向进给手轮空转量不超过 1/30 转来检查，如图 4—1—34 所示。

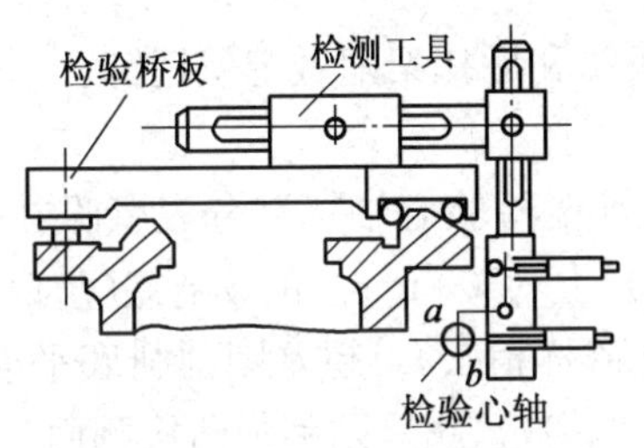

图 4—1—33　安装溜板箱

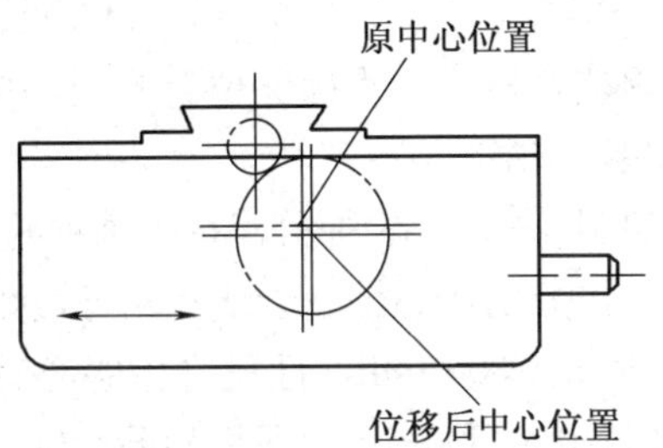

图 4—1—34　溜板箱横向进给齿轮副的齿侧间隙调整

（3）溜板箱定位。溜板箱预装调整校正后，应等到进给箱和丝杠后托架的位置校正后，再配钻、铰定位孔，用锥销定位。

（4）溜板箱预装调整校正好后，安装齿条。安装的关键是保证纵走刀小齿轮与齿条的啮合间隙。啮合间隙也可用一张厚度为 0.08 mm 左右的纸张试测，并以此确定齿条安装位置和厚度尺寸。对由于工艺限制需拼接的车床齿条，需用标准齿条进行跨接校正，如图 4—1—35 所示。校正时两齿条结合端面应留有 0.5 mm 左右的间隙。

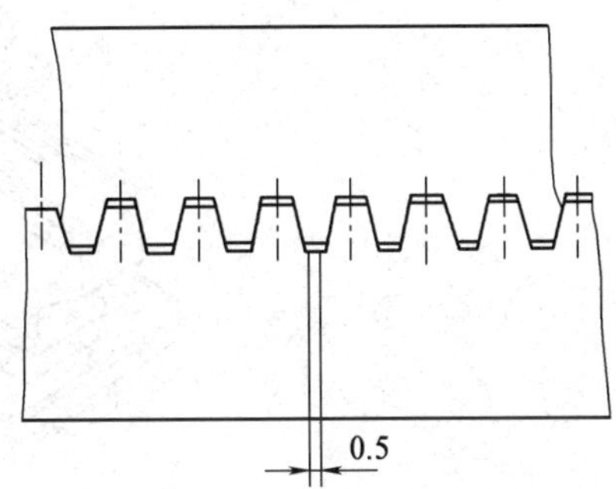

图 4—1—35　齿条跨接校正

（5）检查纵走刀小齿轮与齿条在床鞍全长上的啮合间隙。间隙一致后确定每个齿条位置并配做定位销钉。

4. 安装进给箱和后托架

(1) 调整进给箱和后托架丝杠安装孔中心线与床身导轨的平行度。其对床身导轨的平行度误差要求为：上母线 0.02 mm/100 mm（只许前端上偏），侧母线 0.01 mm/100 mm（只许偏向床身）。若超差，则通过刮削进给箱和后托架与床身结合面来调整。

(2) 调整进给箱、溜板箱和后托架三者丝杠安装孔的同轴度。如图 4—1—36 所示，在进给箱、溜板箱和后托架三者丝杠安装孔内各装入配合间隙不大于 0.005 mm 的心轴（外伸量要相等），以溜板箱上的开合螺母孔中心线为基准，通过抬高或降低进给箱和后托架丝杠安装孔中心线，调整三孔同轴度，使上母线测量误差≤0.01 mm/100 mm。横向移出或推进溜板箱，调整三孔同轴度，使侧母线测量误差≤0.01 mm/100 mm。

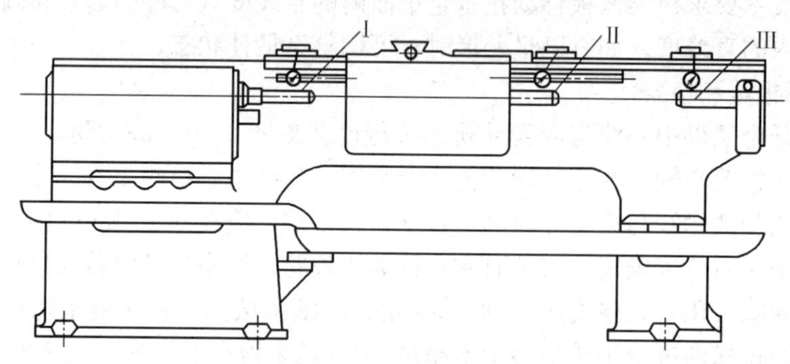

图 4—1—36　丝杠三点同轴度测量

(3) 调整合格后，为确保位置不变，要为进给箱、溜板箱和后托架配做定位销钉。

5. 安装主轴箱

(1) 如图 4—1—37 所示，在主轴锥孔中插入 5 号莫氏锥度检验心轴，百分表座吸在刀架下滑座上，分别在心轴上母线和侧母线测量，百分表在全长上（300 mm）的读数差应符合：上母线 0.03 mm/300 mm，且只许检验心轴外端向上抬起（俗称抬头），超差则刮削底平面；侧母线 0.015 mm/300 mm，只许检验心轴偏向操作者（俗称里勾），超差则刮削凸块侧面。

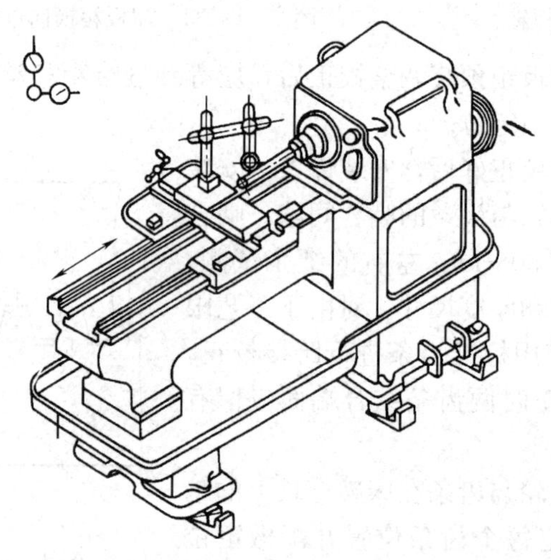
图 4—1—37　测量主轴锥孔轴线与床身导轨的平行度

(2) 为消除检验心轴自身误差对测量的影响，旋转主轴180°两次测量，测量结果的代数和之半即为其误差值。

(3) 调整合格后，为确保位置不变，均匀拧紧螺栓。

五、尾座安装

如图4—1—38所示是CA6140型车床尾座装配图。该部件在机床尾座导轨上安装后，其尾座孔中（莫氏4号锥度）可安装孔加工工具及顶尖，完成钻、扩、铰孔，攻、套螺纹及实现顶持工件、车锥度等任务。

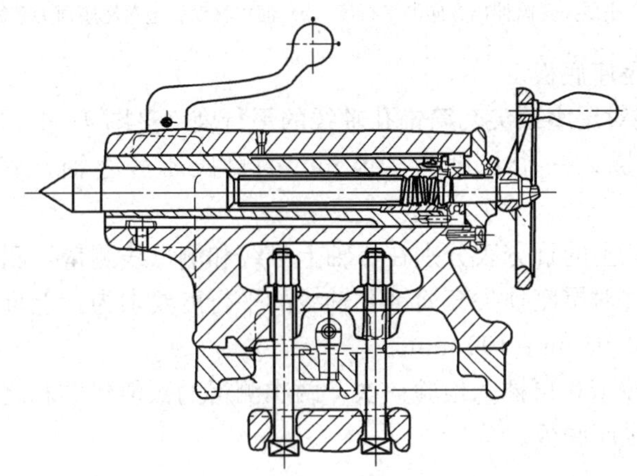

图4—1—38　CA6140型车床尾座装配图

车床尾座部件结构简单，以床身上尾座导轨为基准实现纵向移动，来完成工件的顶持和加工。由于尾座在导轨上来回推拉造成磨损，要求尾座有一定的精度储备，因此，安装的关键是如何保证在床身导轨上尾座顶尖套锥孔轴线与主轴箱主轴轴线等高（一般要求尾座高0～0.06 mm），装配时需按照主轴箱主轴轴线的实际高度尺寸修刮尾座。

装配操作流程如下：

1. 装配前的准备工作

(1) 看装配图，确定装配顺序。装配顺序为：尾座配刮→精度检验→安装尾座。

(2) 按装配规程清理好结合面，并保证无异物进入安装面。

(3) 准备工、量具。

2. 尾座配刮

(1) 修刮尾座体与底板贴合面至要求后［接触点：4～6点/（25 mm×25 mm）］，按图4—1—38所示完成尾座装配。

(2) 按如图4—1—39所示测量尾座两项精度。

1) 溜板移动轨迹对尾座顶尖套筒伸出方向的平行度（见图4—1—39a）

①摇动手轮，使顶尖套筒伸出尾座体100 mm，并与尾座体锁紧。

②移动溜板，使其上的百分表分别在套筒上母线和侧母线测量，测得的读数差即为平行度误差。溜板移动轨迹对尾座顶尖套筒伸出方向的平行度要求为：上母线0.01 mm/100 mm（只许抬头），侧母线0.03 mm/100 mm（只许里勾）。

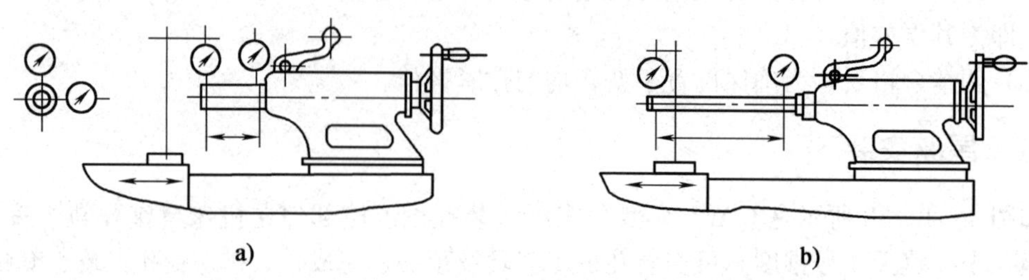

图 4—1—39　顶尖套筒轴线对床身导轨平行度的测量

a）溜板移动轨迹对尾座顶尖套筒伸出方向的平行度　b）溜板移动轨迹对尾座顶尖套筒锥孔轴线的平行度

③若超差则配刮尾座底板。

2）溜板移动轨迹对尾座顶尖套筒锥孔轴线的平行度（见图 4—1—39b）

①在尾座套筒内插入一个长度为 300 mm 的莫氏 4 号心轴，套筒退回尾座体并锁紧。

②移动溜板，使其上的百分表分别在心轴上母线和侧母线测量，测得的读数差即为平行度误差。溜板移动轨迹对尾座顶尖套筒锥孔轴线的平行度要求为：上母线 0.03 mm/100 mm（只许抬头），侧母线 0.03 mm/100 mm。

③退出检验棒，转 180°再插入检验一次，两次测得的数值代数和之半，即为该项误差。

④若超差则配刮尾座底板。

3. 精度检验

按如图 4—1—40 所示，测量主轴锥孔轴线和尾座顶尖套锥孔轴线对床身导轨的等高度。

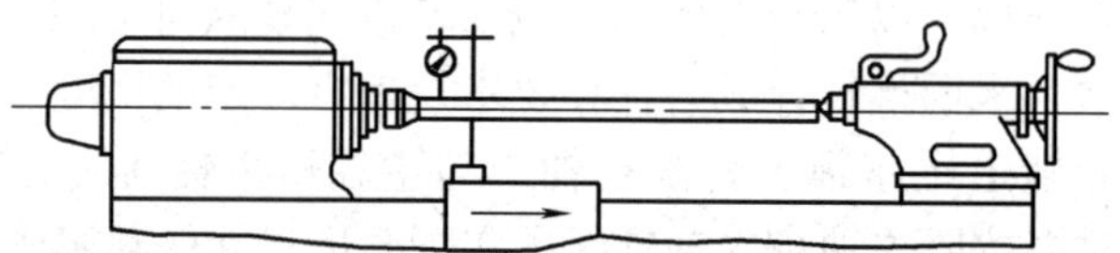

图 4—1—40　测量主轴锥孔轴线和尾座顶尖套锥孔轴线对床身导轨的等高度

（1）在主轴箱主轴锥孔内插入顶尖，并校正其与主轴轴线的同轴度。

（2）在尾座顶尖套锥孔内插入顶尖，并校正其与尾座顶尖套锥孔轴线的同轴度。

（3）在两顶尖间顶一个标准圆柱检验棒。

（4）先移动溜板，以其上的百分表在侧母线测得读数为依据，校正检验棒与床身导轨在水平面内平行。

（5）再移动溜板，使其上的百分表在检验棒两端上母线测量，测得的读数差即为主轴锥孔轴线和尾座顶尖套锥孔轴线对床身导轨的等高度。

（6）取出各顶尖，转过 180°重新检验一次，两次测得的数值代数和之半，即为该项误差。

（7）若尾座高超差，则配刮尾座底板；若主轴箱高超差，则配刮主轴箱安装面（见图 4—1—41）。

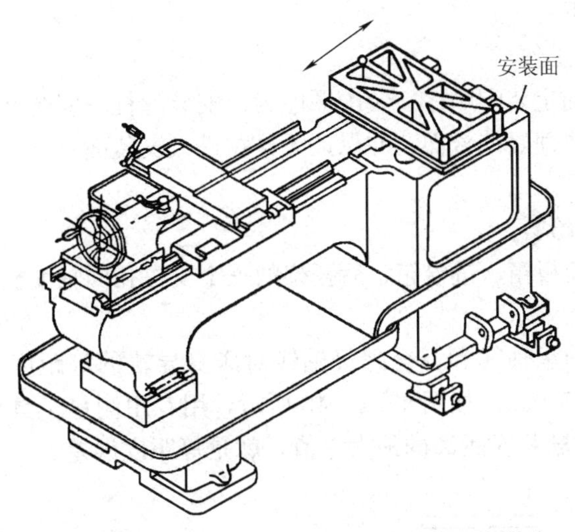

图 4—1—41　刮削主轴箱安装面

4．安装尾座

根据装配要求，完成车床尾座在床身上的安装。若配刮主轴箱安装面，则应按要求进行重新安装。

六、丝杠等部件安装

如图 4—1—42 所示是 CA6140 型车床丝杠、光杠、开关杠在车床上的位置，丝杠、光杠在车床上分别完成准确车螺纹和进给运动的传递任务；开关杠完成正转、停车、反转任务；通过丝杠和光杠传来的运动由刀架带动刀具完成对工件的切削。

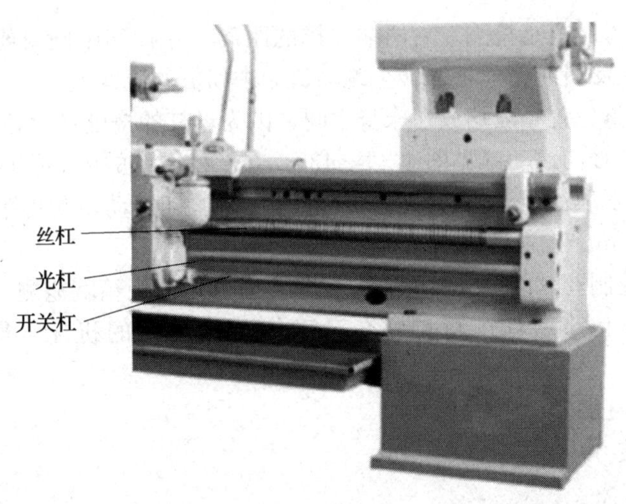

图 4—1—42　CA6140 型车床丝杠、光杠和开光杠

丝杠、光杠和开关杠都属于细长轴类零件，两端均靠轴承支撑。溜板箱、进给箱、后托架的三个支撑孔同轴度校正后就可以安装丝杠、光杠和开关杠。

装配操作流程如下：

1. 装配前的准备工作

（1）看装配图，确定装配顺序。装配顺序为：安装丝杠→安装光杠→安装开关杠。

（2）按装配规程清理好结合面，并保证无异物进入安装面。

（3）准备工、量具。

2. 丝杠的装配和检验

丝杠的安装是在溜板箱、进给箱、后托架的三个支撑孔同轴度校正后进行的。装入后应检查如下精度：

（1）测量丝杠两轴承轴线和开合螺母轴线对床身导轨的等距度。技术要求为：上母线 0.15 mm，侧母线 0.15 mm。如图 4—1—43 所示，用专用测量工具在丝杠两端和中间 3 处测量。3 个位置中对导轨相对距离的最大差值，就是等距度误差。

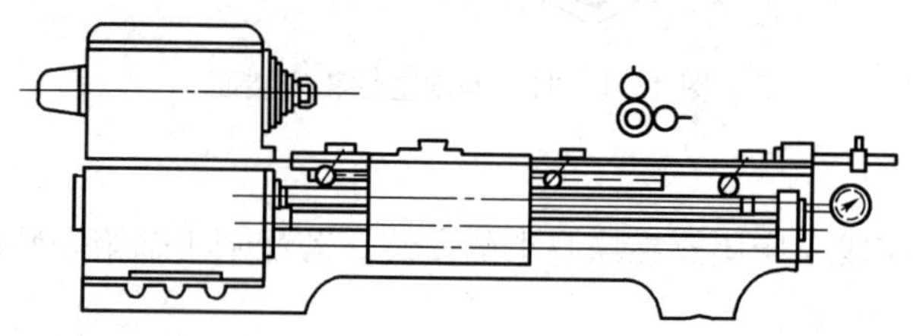

图 4—1—43　丝杠与导轨等距度及轴向窜动的测量

应注意以下问题：

1）在开合螺母合上的时候测量（开合螺母打开时，丝杠因本身质量、弯曲等因素，存在较大测量误差）。

2）打开开合螺母时只是检测左右两端支撑的距离。在检测中同时要注意丝杠外径的径向圆跳动量，在每次测量时将丝杠回转至跳动值为中间值的位置上。

3）溜板箱的测量位置一般均放在床身中间，因为丝杠的挠度在此处最大。

（2）测量丝杠的轴向窜动（见图 4—1—43）。在丝杠后端的中心孔内装入一个钢球（可用黄油粘住），百分表顶在钢球上，合上开合螺母，使丝杠转动，测得窜动值。丝杠的轴向窜动应低于 0.015 mm。

测量时，先要控制丝杠的轴上游隙，只要左、右移动溜板箱就能测得。如游隙过大，可转动进给箱连接轴上的螺母进行调整。对工作转速较低的机床，最大游隙不得超过 0.02 mm。

3. 光杠、开关杠的安装

参照丝杠的安装方法。

七、刀架部件安装

刀架位置如图 4—1—1 所示，如图 4—1—44 所示是刀架的结构图。刀架是安装刀具直接承受切削力的部件，必须完成刀具准确换位和短圆锥加工。

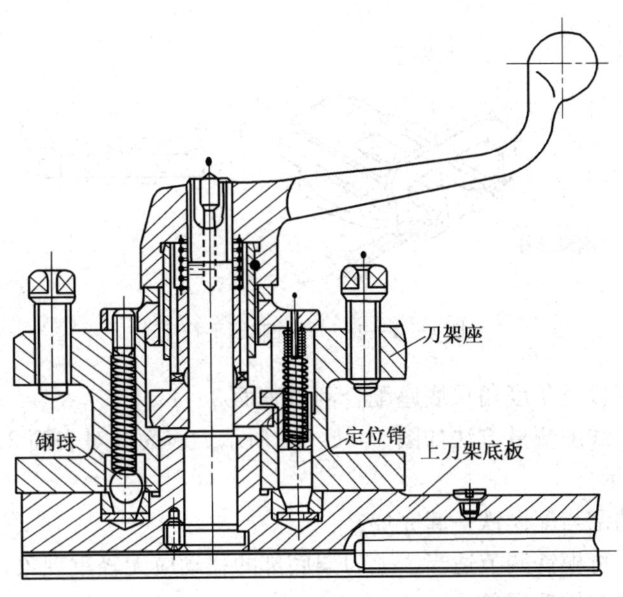

图 4—1—44　CA6140 型车床刀架结构图

刀架导轨运动的直线精度和在垂直平面内刀架移动与主轴轴线应保持平行，这是装配的关键。

装配操作流程如下：

1. 装配前的准备工作

（1）看装配图，确定装配顺序。装配顺序为：刮上刀架底板表面→刮刀架转盘表面及上刀架底板表面→刮刀架座表面→刮刀架转盘表面→装配刀架。

（2）按装配规程清理好结合面，并保证无异物进入安装面。

（3）准备工、量具。

2. 在平板上刮研上刀架底板表面 2（见图 4—1—45）

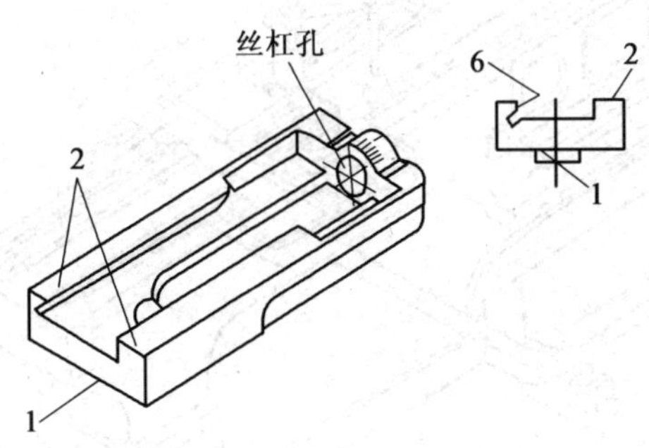

图 4—1—45　上刀架底板

技术要求为：平面度 0.02 mm，接触点 10～12 点/（25 mm×25 mm）。

3. 刮刀架转盘表面 3、4、5（见图 4—1—46）及上刀架底板表面 6（见图 4—1—45）

刀架转盘表面及上刀架底板表面技术要求为：平面度 0.02 mm，直线度 0.01 mm，平行度 0.03 mm/100 mm，接触点 10～12 点/（25 mm×25 mm）。

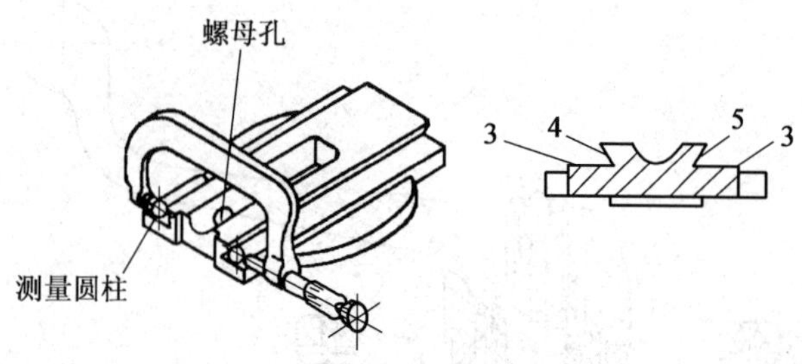

图 4—1—46　测量燕尾平行度

（1）用上刀架底板及角度角尺底座配合刮研表面 3、4、5。

（2）表面 4 的直线度测量方法如图 4—1—26 所示。表面 5 对表面 3、4 的平行度测量方法如图 4—1—46 所示。

（3）各表面的精刮与配楔铁一起完成。

（4）综合检验。将楔铁调节适当，上刀架底部的移动应无轻重现象，即使拉出刀架中部的一半长度，也不应有松动现象。

4．刮刀架转盘表面 7（见图 4—1—47）

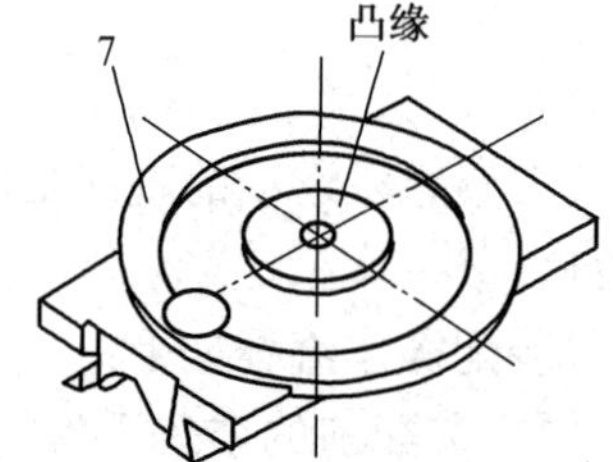

图 4—1—47　刀架转盘

（1）如图 4—1—48 所示，以刀架下滑座表面为基准刮研刀架转盘表面 7，并测量表面 7 相对于表面 3（见图 4—1—46）的平行度（见图 4—1—48）。测量时使刀架回转 180°校核。

（2）测量位置应接近主轴箱一端，以符合实际使用情况。

（3）接触面间用 0.03 mm 塞尺检查，不得插入。

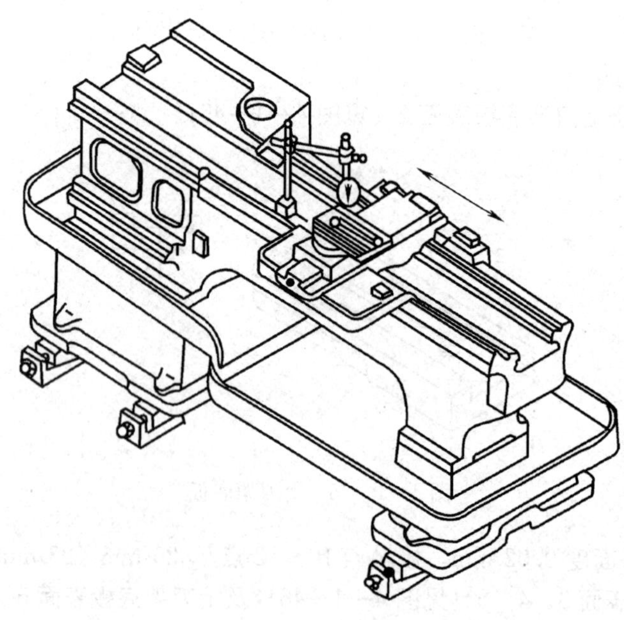

图 4—1—48　测量刀架导轨平行度

5. 刮刀架座表面8（见图4—1—49）

技术要求为：表面对定位销孔垂直度0.01 mm，平面度0.02 mm，接触点8～10点/（25 mm×25 mm）。

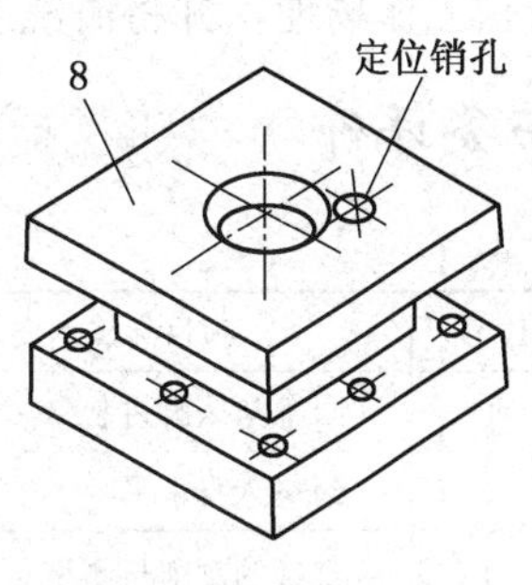

图4—1—49　刀架座

（1）表面8与上刀架底板表面配刮。因为刀架座在夹持刀具时会发生变形，所以使其4个角上的接触点淡一些。也可夹上刀后，再刮去其变形量。

（2）接触面间用0.03 mm塞尺检查，不得插入。

（3）装定位销。检查定位销与销孔的质量，配合不得出现松动现象。

6. 装配刀架

根据刀架结构图，将刮削和校验好的刀架各部分装配起来。装配后小刀架移动轨迹对主轴轴线的平行度要求为：全部行程上0.04 mm。

刀架部件安装以后，按如图4—1—50所示移动上刀架，测量小刀架移动轨迹与主轴轴线的平行度，然后将百分表顶在检验心轴的侧母线上校直，刻“0”度线。

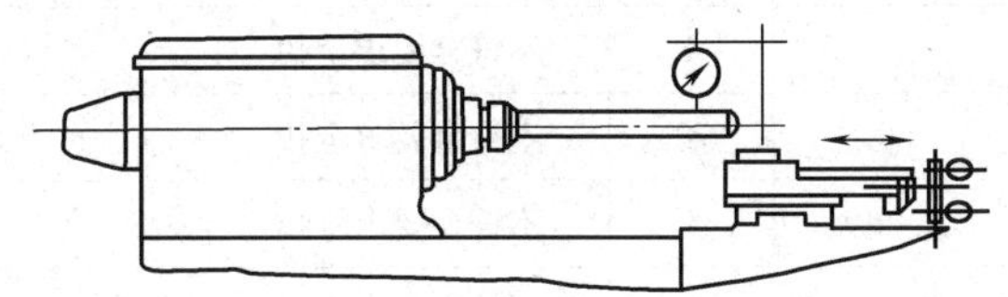

图4—1—50　小刀架移动轨迹对主轴轴线的平行度测量

八、其他部件安装

根据装配要求，安装电动机、挂轮架及安全防护装置和操纵机构等。

（1）安装电动机，调整好两带轮中心平面的位置精度及V带的预紧程度。

（2）安装交换齿轮架及其安全防护装置。

（3）完成操纵杆与主轴箱的传动系统连接。

九、试车和检验

车床总装配后，必须经过试车和检验，认真做好记录，合格后方可使用。

十、文明操作

（1）禁止使用有裂纹、带毛刺、手柄松动等不合要求的工具，并严格遵守常用工具安全操作规程。

（2）装配工具摆放应有一定的规律性，严禁乱堆乱放。

（3）检查拆卸或装配工作中间停止或休息时，零件必须放稳妥。

（4）清除铁屑必须采用工具，禁止用手拿及用嘴吹。

（5）保持工作场地的清洁。装配工作结束后，对所用过的设备都应按照要求清理，及时清扫工作场地，并将清洗纱布等放至指定位置。

任务评价

评分标准

序号	项目与技术要求	配分	评分标准	检测结果	得分
1	床身与床脚拼装	4	不符合要求全扣		
2	调整床身水平	4	不符合要求全扣		
3	床身的刮削与测量	4	不符合要求全扣		
4	配刮横向燕尾导轨	4	不符合要求全扣		
5	配刮床鞍下导轨面	4	不符合要求全扣		
6	刮床身下导轨及配刮压板	4	不符合要求全扣		
7	复检导轨几何精度	4	不符合要求全扣		
8	安装溜板箱和齿条	4	不符合要求全扣		
9	安装进给箱和后托架	4	不符合要求全扣		
10	安装主轴箱	4	不符合要求全扣		
11	尾座配刮	4	不符合要求全扣		
12	精度检验	4	不符合要求全扣		
13	安装尾座	4	不符合要求全扣		
14	丝杠的装配和检验	4	不符合要求全扣		
15	光杠、开关杠的安装	4	不符合要求全扣		
16	在平板上刮研上刀架底板表面 2	4	不符合要求全扣		
17	刮刀架转盘表面 3、4、5 及上刀架底板表面 6	4	不符合要求全扣		
18	刮刀架转盘表面 7	4	不符合要求全扣		
19	刮刀架座表面 8	4	不符合要求全扣		
20	装配刀架	4	不符合要求全扣		
21	其他部件安装	5	总体评定		
22	试车和检验	5	总体评定		
23	安全文明操作	10	酌情扣分		

思考与练习

1. 安装主轴时应满足哪些要求？超差时如何修刮？

2. 如何保证进给箱、溜板箱、后托架丝杠安装孔的同轴度？

3. 在溜板的结构中（见图 4—1—51），若横向进给机构出现刀架窜动现象，应如何调整？

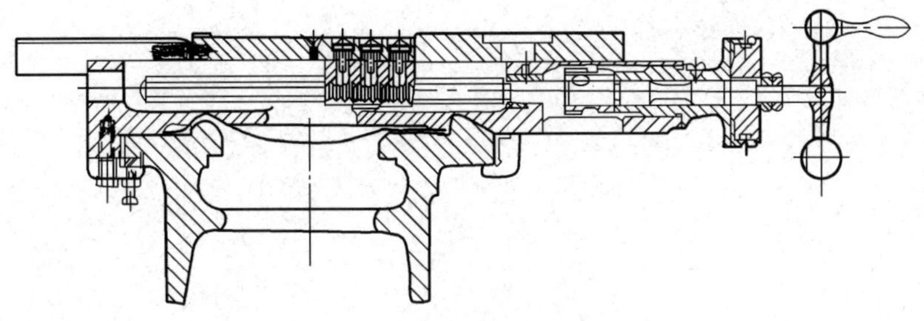

图 4—1—51　溜板的结构图